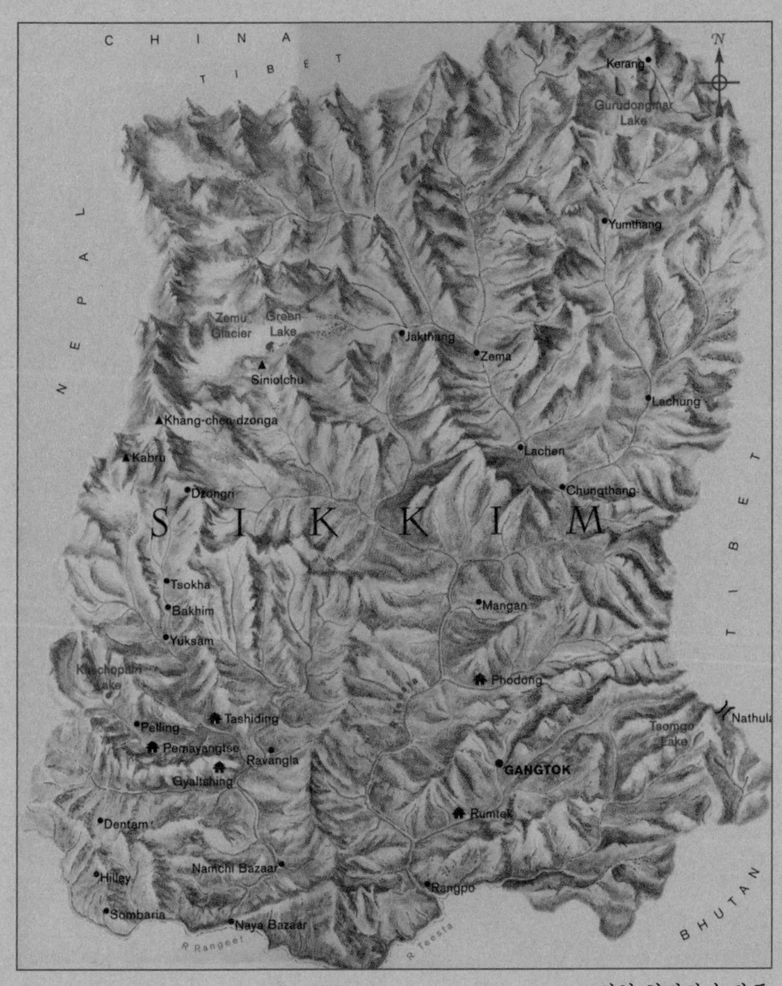
C H I N A
T I B E T
N E P A L
T I B E T
B H U T A N
S I K K I M
Kerang
Gurudongmar Lake
Yumthang
Zemu Glacier
Green Lake
Jakthang
Zema
Siniolchu
Lachung
Khang-chen-dzonga
Kabru
Lachen
Dzongri
Chungthang
Tsokha
Bakhim
Mangan
Yuksam
Phodong
Tashiding
Nathula
Pelling
Tsomgo Lake
Pemayangtse
Ravangla
GANGTOK
Gyaltshing
Rumtek
Dentam
Namchi Bazaar
Hilley
Rangpo
Sombaria
Naya Bazaar
R Rangeet
R Teesta

시킴 히말라야 전도

시킴 히말라야

雪蓮道場 2

시킴 히말라야
—히말라야의 진주

지은이 · 임현담
펴낸이 · 김인현
펴낸곳 · 도서출판 종이거울

2004년 5월 18일 1판 1쇄 인쇄
2004년 5월 25일 1판 1쇄 발행

편집진행 · 이상옥
디자인 · 안지미
영업 · 법해 김대현, 혜국 정필수
관리 · 혜관 박성근
인쇄 및 제본 · 동양인쇄(주)

등록 · 2002년 9월 23일(제19-61호)
주소 · 경기도 안성시 죽산면 용설리 1178-1
전화 · 031-676-8700
팩시밀리 · 031-676-8704
E-mail cigw0923@hanmail.net

ISBN 89-90562-12-0
89-90562-11-2(세트)

· 책값은 뒤표지에 있습니다.
· 잘못된 책은 바꿔드립니다.

眞理生命은 깨달음〔自覺覺他〕에 의해서만 그 모습〔覺行圓滿〕이 드러나므로
도서출판 종이거울은 '독서는 깨달음을 얻는 또 하나의 길' 이라는 믿음으로 책을 펴냅니다.

히말라야의 진주

시킴 히말라야

임현담 글 · 사진

종이거울

시킴 야훔 계곡의

레통택과 그의 아내 니콩갈에게

이 책을 드립니다

『완적집(阮籍集)』에는 사람이 아름다움에 접근하는 방법에 대해 씌어 있다. "바람이 나부끼듯 황홀하니 곧 깊고 그윽하여 어둠을 꿰뚫는다. 얼음처럼 깨끗하고 옥처럼 밝으니 곧 맑고 깨끗하여 생각이 떠오르며 담박하게 아무런 욕심도 지니지 않으니 뜻이 커지고 정감이 어울릴 수 있게 된다." 이른 아침, 설산을 올라갈 때, 이 모든 것이 해당된다. 이 이야기는 어떤 심리상태 혹은 형이상학이 아니다. 무사무욕(無事無慾)을 걸음걸음에 밟는다.

서문

사물을 보고, 산과 절벽과 골짜기, 새와 짐승과 벌레와 풀,
초목의 꽃과 열매, 해와 달과 뭇 별들, 비와 바람과 물과 불, 번개와 천둥,
노래와 춤과 싸움, 천지 사물의 변화,
기뻐하고 놀라게 할 수 있는 것들을 보고, 글에 하나로 모아.
—한유(韓愈)

히말라야에 처음 발을 들여 놓고, 여러 차례 행장을 풀었다 꾸리는 동안, 겨울이 열 몇 차례 지나쳤다. 물론 여름도 그만큼 따라 가버렸다. 흘러간 계절만큼 몸이 굼떠지고, 내 육신처럼 배낭은 차차 빛바래며 남루해졌다. 배낭 부피가 해마다 줄어들었음에도 불구하고 등짐의 느낌은 점점 무거워졌다.

그러나 솔직히 말하자면 이렇듯 모든 것들이 변화하며 흘러가는 동안, 아직 히말라야 산괴의 백 분의 일도 알지 못하고 있었다. 적지 않은 시간이었는데 설산에 대한 지식이나 지혜가 흘러간 세월에 비례하며 늘어나지 않았다. 더불어 그동안 떠들었던 모든 이야기는 거대한 병풍의 한 구석을 이야기한 것보다 너무 많이 모자란다는 사실을 보다 깊게 알아차렸다. 열심히 다

리품을 팔며 오르고 내려왔던 히말라야 앞에 서면 그래서 늘 난감했다.

결국 깊고, 높고, 넓은 이 지역에서 어김없이 만나는 감정은 당혹감과 왜소함이었다. 아는 바가 없는 행자 수준의 나로서는 마치 깨달음에 든 새로운 선지식들을 만나 뵙는 듯 늘 작아졌다. 자연스럽게 '선사(禪師)'의 다른 이름인 '히말라야'의 입구에서부터 조심스러울 수밖에.

가끔 누군가 내게 묻는다.

"히말라야, 거 뭐예요?"

"히말라야, 왜 그렇게 자꾸 가세요?"

내 답은 늘 모른다든가, 그저 이 위기를 모면하기 위해 뒤통수를 긁으며 어색한 웃음으로 슬며시 넘어간다. 혹은 소주잔을 입으로 가져간다.

그렇다면 허송세월이었을까. 이곳에서 떠남은 저곳에서 만남이다. 이 자리에서 이별은 저 세상에서 해후다.

일단 문 열고 나서면 만나는 소음과 매연, 잊을 만하면 한 번씩 터져 나오는 이런저런 대형 사건들은 이곳의 특징이다. 없어야 할 것들은 없고 있어야 할 것들은 당연히 있어야 하는 세상이, 어찌 있어야 할 것들은 그토록 모자라고 필요치 않은 것들은 이렇게 많은지 알 수가 없다. 텔레비전을 켜고, 신문을 펼치면 쏟아져 나오는 많은 이야기들. 이들과 격해지는 감정을 통한 거친 만남은, 저 세상에서는 하얀 설산이 완벽하게 대신한다.

높이를 가늠하기 어려운 범상치 않은 고도를 가진 설산들과, 그 위에 무한하게 펼쳐진 청명한 하늘, 이 천지간에 둥지를 틀고 살아온 고산족들이 이 자리에서의 이런저런 힘든 환경, 사건과 사고로 채워진 신문과 화면을 대신해 준다.

밖으로 매달린 이 자리의 고단한 인연을 떨쳐내고 저편 세상에서의 맑은 만남은 그 자체만으로도 고맙다. 사실 내가 좋아하는 것은 눈을 뜨면 보이는 수많은 상품이 아니라, 인간이 만들어 내지 못하는 스스로 그러한 자연(自然)이다. 이들과 한철 어우러지며 자연 심성의 순수성에 물드는 일이 가장 큰 수확이었으니 허송세월만은 아니었다. 외출이나 여행이 아닌 살가운 귀향과 의미가 같았다.

이런 히말라야는 나를 조금씩 변형시켜 삶의 무게중심을 히말라야로 옮겨 놓았다. 우주비행사 슈카이카트는 '우주 체험을 한 뒤에 전과 똑같은 인간일 수는 없다' 고 했다. 심지어는 우주비행사 중에 가장 막가는 사람으로 인정받았던 엘렌 셰퍼드조차 이런 이야기를 했다.

"I was a rotten s.o.b.(son of bitch) before I left. Now i' m just a s.o.b.(떠나기 전에 나는 썩어빠진 개새끼였지만, 지금은 그냥 개새끼다.)"

히말라야가 그렇다. 우주가 아닌 지상에서 이런 정체의 변용을 준다.

더불어 결국은 히말라야라는 심지(心地)에 더 이상 질질 끌려 다니는(不隨萎萎地) 일은 그만하고 '가는 곳마다, 서는 곳마다 주인장(隨處作主)'이 되는 길을 찾게 해 주리라 믿는다.

이번에 다루는 지역은 시킴(Sikkim) 히말라야다. 이제 『히말라야 있거나 혹은 없거나』(2000, 도서출판 도피안사)라는 '총론' 을 지나 '각론' 으로 들어가 제일 먼저 동쪽 히말라야에 자리한 『시킴 히말라야』를 시작한다. 거대한 병풍을 설명해야 한다면, 오로지 한 부분씩 조각 내서 설명하는 방법밖에 없으니 그 첫번째 조각인 셈이다. 불행하게도 히말라야는 한 곳을 먼저 깨달았다고 그 나머지 부분까지 모두 통할 수(直須先悟得一處 乃可通其他妙處)는 없다.

히말라야를 이야기할 때마다 느끼는 일이지만 이런 작업은 참 무모하고 우매한 짓거리 같다. 시절 인연으로 인해 부득불 히말라야의 주민등록 등본을 만들기로 시작하면서 스스로에게 난감하다.

시킴 히말라야는 사실 어떤 운명 같은 느낌을 받았다.

지구상에서 가장 오르기 힘든 세 개의 벽은, 히말라야 낭가파르밧의 루팔 벽, 남미 아콩카구아의 남벽 그리고 알프스의 아이거 북벽이다.

이 아이거 북벽을 올랐던 정광식의 『아이거 북벽』에 서술된 이야기를 읽어보면 이렇다.

"산에 처음 입문한 대학 1년, 학교 뒤 할매집이라는 술집에서 산악부 선배로부터 아이거 북벽이라는 생소한 이름을 처음 대하였을 때 나는 언젠가 그 벽을 오르고 있으리라는 운명 비슷한 것을 느꼈다."

사람 사는 일이 그렇다. 나는 히말라야를 처음 보았을 때, 압도되면서 한편으로는 잃어버린 고향을 찾았다는 정다운 느낌이 들었다. 막말로 필(feel)이 꽂혔다. 가슴에서 나도 모르게 '어머니, 아버지' 이런 말이 흘러나왔다.

사람들 중에는 어떤 지역에 이르렀을 때 평범하지 않은 기운을 느끼는 경우가 많다. 탕아가 집을 떠나고 이런저런 이유로 기억상실에 빠졌다가, 다시 귀향했을 때 만나는 안개가 걷히는 묘한 기분이라고나 할까. 그리하여 히말라야를 자주 찾는 일은, 또 비유하자면, 어떤 아름다운 사람을 우연히(사실은 필연적이다) 만나서 그 사람을 보기 위해 매일 골목 입구를 어슬렁거리는 심정이라고나 할까. 알 수 없는 근원을 품은 그리움에 무슨 이유가 필요할까. 단 한 번이라도 더 보겠다는 심정으로 배낭을 자꾸 바라보고 등산화의 먼지를 탁탁 터는 수밖에.

그러다가 시킴 히말라야 이야기(사진과 글)를 들으면서 이번에는 정광식처럼 시킴을 걷고 있는 나를 보았다. 다른 히말라야 이야기에서는 받지 못한 어떤 미묘한 환시였다. 운명이라면 운명이라고 말할 수 있을까. 눈앞에 설산이 보이고, 빙하가 반짝였으며 호수에 큰 산이 너울너울 모습을 반영하더니 빨간 랄리구라스가 무시로 바람에 흔들렸다. 룽따의 펄럭이는 소리까지 들렸다. 소름이 돋았다.

히말라야는 8천 미터를 훌쩍 넘어서는 봉우리들을 여럿 거느리고 있다. 이 중에 불교적인 의미를 가진 유일한 고봉이 바로 캉첸중가다. 이 산 아래에 자리한 작지만 아름다운 왕국이 바로 시킴이다. 동부 히말라야의 진주이며 티베트 불교의 손 모음 안에 있는 불국토다.

위풍당당한 캉첸중가를 주산으로 그곳에서 흘러내리는 산세를 따라 아름답게 포진하고 있어 흔히들 이야기하는 '마지막 샹그릴라' 라는 찬사에도 전혀 손색이 없다.

오랫동안 문호를 닫았다가 열린 시절도 얼마 되지 않는다. 사실 고립되어 있다는 것은 그만큼 잘 보존되어 있다는 이야기와 같으며 더불어 자신의 색채를 가장 잘 유지하고 있음이다.

그러나 먼 길을 돌아가야 했다. 시킴은 녹녹치 않아 쉬이 내 두 발을 허락하지 않았다. 여름이 가고 겨울 역시 정처 없이 열 차례 이상 바뀌어 가는 동안 시킴 히말라야는 시간을 내세우거나, 알량한 호주머니를 핑계되거나, 혼자 찾아오는 일을 허락하지 않는 등, 내 발길이 닿는 것을 거부했고, 그렇게 계절이 지나가는 사이 나는 묵묵히 히말라야의 다른 산, 내, 능선을 넘어서야 했다.

내가 보았던 환시가 정말 환시로 끝나는 것이 아닌가, 걱정한 밤이 여러 날이었다.

히말라야 행을 거듭할수록 나는 전생에 히말라야에서 몇 생애를 살았다고 생각하게 되었다. 그리고 감히 전생을 돌아보건대 시킴 히말라야가 한때 한 번은 내 고향이었다고 말한다. 시킴 히말라야에 첫발을 내딛은 순간, 마치 송아지가 어미 소를 단박에 알아차리듯 경계가 탁 맞아떨어졌다. 환시가 아니었다.

이 책은 오래 전에 살아본 적이 있는 고향에 대한 이야기가 되어버린 셈이다. 그리고 조금 더 나를 변형시켜 주인장(隨處作主)이 되기 위해 내 머리를 낮추어 준 존재들에 대한 소개가 기록된 셈이다.

임현담 (林玄潭)

시킴 히말라야

차 례

시킴, 너는 누구니

동산(東山)의 오조법연(五祖法演)이 물었다.
"석가와 미륵이 모두 그의 노복이다. 어디, 말해 보라. 그는 대체 누구냐."

10여 년 전, 사는 게 무엇인지, 그리고 또 죽는다는 것이 무엇인지 궁금해서 인도를 떠돌 무렵이었다. 델리 역에서 북인도의 강변 도시 하리드와르로 떠나는 기차표를 예약하고, 돌아오는 길에 책방에 들렀다.

이것저것 들추던 중, 가이드북 하나가 눈에 언뜻 들어왔다. 반 이상이 사진으로 채워진 *Insight Guides INDIA*라는 제목의 이 책은 인도 여러 지역을 사진과 함께 간단하게 소개하고 있었다. 가지고 다니면서 여행에 직접 참고하기보다는, 인도 여행에 관심이 있는 사람들이 보기 좋은 지침서 같은 것이었다.

책을 산 이유는 책장을 넘기다가 보니 목차에 기록된 각 주(州)에 관한 간단명료한 소제목 축약이 눈에 확 들어왔기 때문이다.

가령 예를 들면 이랬다.

<Kerala> Land of Contrast.

<Tamil Nadu> A Visual Legacy.

<Assam> Brahma' s Gift.

목차까지 포함해서 겨우 350페이지 안에는, 광활한 인도 대륙 전체를 간단한 언어를 통해 마치 시(詩)처럼 풀어내고, 더불어 만만치 않은 내공을 지닌 사진들이 함께 어우러져 있었다.

밤 기차에서 때로는 이런 사진 책들이 위안이 되었다. 잘 읽히지 않는 영어가 가득한 서적보다 시원시원한 사진들이 흔들리는 기차에 실려 가는 여행객 마음을 편안하게 만들었다. 밤 기차 여행의 무료함을 달래기 위해 미리 읽지 않고 배낭 겉주머니에 꽂았다. 그리고 밤 기차에서 책을 꺼냈다.

2등 기차 천장에 매달린 어슴푸레한 불빛 아래에서 일단 책장을 후루룩 넘기자, 책장이 혼자 딱 멈춰 섰다.

<Sikkim> Buddhist State.

바로 시킴이었다. 시킴이란 '불교도 주(州)' 란 의미였다.

어떤 어려운 일이 생겼을 때, 신탁을 받기 위해서 성경을 넘기는 사람이 있었다던가. 그 페이지의 문구 중에서 난관을 헤쳐 나갈 해결책을 찾는다던가.

하여튼 시킴은 미래에 대한 어떤 암시처럼 책을 통해서 그렇게 왔다.

참, 묘한 기분이 들었다. 그 멈춤 안에서, 붉은 모자를 쓴 라마승들이 활짝 웃고 있었다. 이상스럽게 눈길이 떨어지지 않았다. 가슴이 찌잉 하며 사진 속에 내 모습이 보이는 듯하고 그곳을 걷고 있는 예시가 어른거렸다.

"여기야, 바로 여기야!"

나도 모르게 낮게 탄성을 내질렀다. 그리고 이미 시킴을 걷고 있는 환상을 보았다. 넋을 빼앗긴 채 뚫어지도록 바라볼수록 사진의 배경 안에 내 모습이 선명해졌다.

인도는 넓었다. 언젠가 가보겠다고 마음을 세우면서 그 '불교도 주'를 읽은 지 10여 년의 세월이 넘어서도록 정작 실행에 옮기지는 못했다.

선가(禪家)에는 일기일경(一機一境)이라는 이야기를 한다.

일기(一機)는 가령 스승이 제자를 대할 때, 자신의 심기에서 나오는 깨달음에 관한 미묘한 표현으로 '눈썹을 치켜올리거나, 눈을 깜박이던가, 돌아보고, 살펴보는가 하면, 피식 웃기도 하고, 억! 소리 지르는 것'이다.

일경(一境)이란, 외부의 '사상을 들어 가르치는 것. 꽃을 들어 보이던가, 동그라미를 그리고, 물을 가리키는가 하면, 달을 가리키고 또 지팡이를 세우는 따위의 행위'로 상대의 근기에 따라 나타나는 다양한 방법이다.

여기에 일언일구(一言一句)가 더해진다. 이것은 어려운 문제를 해결하

모습 밖의 모습, 경치 밖의 경치를 어찌 쉽게 이야기할 수 있겠는가(象外之象 景外之景 豈容易可譚哉). 이런 설산풍경에서 내외 경계가 무너지는 일은 너무 쉽다

는 간단한 대답을 말하는 것으로, 불성이 무엇이냐고 묻는 질문에 '없다〔無〕,' '뜰 앞의 잣나무(庭前柏樹子),' '마삼근(麻三斤)' 등이 그 좋은 예가 된다.

Sikkim, Buddhist State—'불교도 주' 혹은 불국토, 불국(佛國).

역시 온갖 일기일경이 일언일구로 축약되어 있는, 즉 시킴의 불성을 고스란히 담고 있는 문장인 셈이었다.

이 안에 바람에 휘날리며 펄럭이는 룽따〔風馬旗〕, 마니차-회전 기도기, 세월 속에 무너지며 풍화되는 초르텐〔塔〕, 바위에 걸쳐진 다루쪽, 시킴에 거주하는 사람들과 더불어 무수한 존재들이 일기일경을 품고 있었다. 또한 무엇보다 이 시킴을 지탱하는 히말라야—캉첸중가라는 거대한 산이 배경에서 큰 몫을 했다. 만나보지 못한 설산 캉첸중가가 상상 안에서 우뚝하니 하얗게 일어섰다.

한동안 이 책을 끔찍이 아꼈다. 소제목을 머리에 넣고 명상하는 일은 무척 즐거웠다.

기차를 타고 그 지역을 향하면서 이미지를 만들고 그려보는 이야기.

가령 한국이 '고요한 아침의 나라' 라는 부제가 달렸다면 그곳을 향하는 여정에서 이것을 가끔 의식 안에 꺼내 놓고 사진을 들척이며 '고요', '아침' 의 분위기를 느껴보는 것이다. 그리고 도착해서 여행을 하고, 모두 끝내고 돌아오는 길에 다시 그 소제목을 생각하면 아주 재미있는 비교가 되었다. '고요한 아침의 나라' 는 이제는 '분주한 한낮의 나라' 정도의 다른 이름으로 바꾸어야 하되, 이 책의 소제목들은 정말이지 표현 그대로였다.

이곳에 돌아와서 가끔 잠이 오지 않는 밤에는 서가에서 책을 꺼내 펼쳐 놓았다. '비하르'—붓다의 나라, '델리'—살아 있는 역사, '구자라트'—미묘한 균형 등등, 압축된 소제목을 읽으면, 이미 방문한 지역은 추억으로, 아직 가보지 못한 곳은 호기심으로, 어둠을 뚫고 멀리 남서쪽의 대륙으로 함께 실려 가곤 했다. 깊은 한숨이 뒤따라 나선 일이 한두 번이 아니었다.

특히 시킴 지역을 상상하면 하얀 설산을 배경으로 유서 깊은 불교사원, 신심이 깊은 신도들의 오체투지, 그곳에서 울려 나오는 장중한 만뜨라, 죽은 자들을 위로하는 다씨들의 펄럭임…….

미처 방문해 보지 못한 히말라야의 한 지역이 점차 친근해지는 이웃집처럼 다가섰다.

그러나 접근하기 어려울수록 신성을 가미하고 마음에서 신화를 만들어 내듯이, 시킴의 그리움이 상사병(相思病)으로 슬며시 변하더니 차차 깊어졌다.

계절이 오는 길목에 서서 가만히 바라보면, 자연(自然)은 온갖 표정을 통해 일기일경, 일언일구의 법문을 했다. 스승에 못지않은 우레와 같은 봉할기봉의 방법으로 다르마[법(法)]를 전수했다.

"그런데 스승은 누구를 위해 일기일경, 일언일구를 펼치는가?"

"봄이 다가와 저렇게 화려하게 일어나는 꽃은 누구를 위해 다르마를 설(說)하는가?"

빨간 랄리구라스가 만개한 숲은 다르마를 말하는 야단법석이다. 이런 숲 사이를 하루 종일 걸어 나가면서 귀를 쫑긋 세우면, 내가 왜 이토록 피었는가? 불성은 어디쯤 있는가? 꽃송이 하나하나마다 지나가는 행자에게 맹렬하게 묻는다.

"스승은 왜 '봄꽃은 누구를 위해 환히 피었는가(百花春至爲誰開)' 라고 묻는가?"

선가에서는 그러나 답하지 마라, 말하지 말라고 한다.

그것을 생각지 않고, 그것을 꺼내지 않고, 그것을 찾아내지 않는 자리가 바로 청천백일(靑天白日)이며 조계의 거울에 티끌 하나 없는 자리(曹溪鏡裏絶塵埃)라고 한다. 그러면서도 아주 중요한 문제이니 그냥 둘 수 없다(太孤

危生)면서, 알아내라고 윽박지르니 범부중생은 헷갈린다. 찾아낼 수 있어도 좋고 찾아내지 못해도 좋다(恁麼也得 不恁麼也得)니.

하지만 우리는 질문을 해야 한다. 대답이 필요 없는 자리에 이르는—은 무수한 질문을 통해야 도착한다.

"도대체 사는 것이 뭐요?"

"여행이란 무엇이오?"

"히말라야는 무엇이오?"

"시킴—불교도 주는 무엇이오?"

대부분의 사람들은 이런 질문조차 하지 않는다. 또한 히말라야에 사는 현지인들은 이런 질문을 좀처럼 던지지 않는다. 큰 산, 웅장한 계곡, 거침없이 흘러가는 꼴라〔강(江)〕, 아침 저녁으로 변화하는 풍경. 그것을 그대로 보고 있을 뿐이다.

여행객의 감탄이 그들에게는 일상이다. 이들에게 눈에 보이는 존재들은 목적 자체이며 그 목적은 바로 존재이기 때문이지만, 이 자리는 때로는 매너리즘의 자궁이다. 타성에 젖어 시간의 다람쥐 쳇바퀴를 타고 돌아간다.

묻지 않고 무작정 이리저리 휩쓸려 다니는 여행은 아무 생각 없이 죽이나 먹고 그릇을 치우는 저기 저 죽반승(粥飯僧)의 일상과 다를 바 없다.

질문은 매우 중요하다.

"수학에서 가장 중요한 것은 무엇일까?" "인수분해? 미분? 적분?"

"물리에서 가장 중요한 것은 무엇일까?" "중력? 상대성 원리? 끈 이론?"

"철학에서 가장 중요한 것은 무엇일까?"

『칸트의 도덕철학』에서 페이톤(H.J.Paton)이 명쾌하게 답한다.

"철학이란 무엇인가 하는 문제는 철학의 가장 중요한 문제라 할 수 있다."

철학이 가장 중요한 것은 철학이 무엇이냐 묻는 것이며, 질문을 던짐으로써 철학적 사유는 시동을 건다. 탁마(琢磨)의 길로 접어드는 것이다. 문처분명답처친(問處分明答處親)이니 바로 '묻는 곳이 분명하여야 답하는 곳에 이른다'는 이야기는 이런 기준으로 존재한다.

그렇다면 시킴에 접근하면서 가장 중요한 것은 바로 시킴이란 무엇인가? 하는 점이 된다.

이 질문 안에는 시킴의 역사, 문화, 토양, 동식물, 기후, 음식 등등이 각기 덩어리〔蘊〕로 자연 안에서 유기적이고, 상호관계를 유지하고, 통일되어 있다.

시킴에 연애 비슷한 감정을 품으면서 '시킴의 가장 중요한 것은 시킴이 무엇이냐?' 묻는 것이니 은밀히 '시킴, 너는 뭐냐?' 묻기 시작했다.

밤 기차에서 뚫어지도록 바라보고 책장을 덮으면서 긴 한숨을 쉬었고, 돌아와서는 책장을 펴며 '시킴, 너는 누구냐?' 질문을 반복하는 동안 시간은 흘러갔다.

질문을 시작하니 시킴은 이제 내게 친근해지기 시작했다. 묻는다는 일이 보다 가깝게 다가앉게 만든다는 사실을 처음 알았다. 나는 이미 오래 전에 시

시킴에서 북 시킴은 긴장 지역이다. 출입이 까다롭기에 많은 사람들이 방문을 꺼린다. 고립(孤立)은 자연에게는 도리어 선물이다. 아름다운 풍경은 아낌없이 보전되어, 사위는 따스하면서 강하고, 친절하면서 위엄이 있는 본래면목을 지키고 있다.

킴 안으로 들어서고 있었으니 가이드북을 만나고 나서 첫 물음표를 그린 날까지 거슬러 올라간다.

더불어 시킴을 가고자 발버둥쳤다. 마치 그곳에 내가 두고 온 어떤 탄생의 비밀이라도 있다는 듯이 서둘렀다. 삶과 죽음의 어떤 해답이 있다는 듯이 조급하게 굴었다. 당연히 번번하게 패퇴했다.

당시만 해도 시킴에 관한 가이드북조차 변변한 것이 없었다. 또 단체가 아닌 개인은 시킴의 입국 허가서를 내주지 않고, 설혹 편법으로 받는다 해도 시킴 지역 이곳저곳을 둘러보는 데 소요되는 경비가 만만치 않았다. 시킴 히말라야로 간다고 큰소리치고 떠나, 히말라야의 다른 산자락을 걸었던 해〔年〕도 두세 번이었다.

그렇게 좀처럼 다가서지 않던 시킴이 10년쯤 지나더니 이제는 와도 좋다는 신호를 드디어 보냈다. 만사를 젖히고 서둘러 짐을 꾸려 서천(西天)을 향해 날아올랐다. 책으로 보았던 일기일경 일언일구를 눈으로 직접 만나게 되었다.

시 킴 의 의 미 는

> 내가 그의 이름을 불러 주기 전에는
> 그는 다만 하나의 몸짓에 지나지 않았다.
> —김춘수의 〈꽃〉 중에서

성명학이란 특별한 것은 아니고

임현담(林玄潭)이라는 이름은 필명이다. '숲 속에 자리한 깊은 못'이라는 의미다. 지리산 토끼봉 아래 칠불암에 계신 통광 스님께서 주신 이름으로, 인도를 3번째 찾고 돌아온 무렵에 내 새로운 이름이 되었다.

우리 이름 안에는 모두 의미를 함축하고 있다. 특히 북미원주민들 이름은 명사, 형용사, 동사가 어울려지는 문구를 갖는다. 영화로 이미 널리 알려진 〈늑대와 함께 춤을〉 비롯해서 숲 속의 천둥, 열 마리의 곰, 작은 나무야, 머리 속의 새, 주먹 쥐고 일어 서, 저녁 구름처럼 붉은, 하늘을 향해 두 팔 벌려, 벌판을 달리는 바람 등등.

사실 우리가 흔히 사용하는 인디언이라는 표현은 적절하지 않다. 인도를 찾아 나섰다가 아메리카 대륙에 도착한 유럽인들이, 오래 전부터 정착해

"일월(日月)은 벽옥(碧玉)처럼 하늘에 매달리고, 산천(山川)은 금수(錦繡)로 형상을 펼친다. 이 모든 것이 누구의 작품인가." 제나라 유협은 노래했다. 자연스럽게 만들어진 가깝고 먼 문채(文采)가 풍경으로 어우러져 시킴 히말리아를 이룬다.

서 평화롭게 살아온 원주민을 인도인으로 착각하고 인디언이라 불렀다. 대륙의 주인을 착각으로 비롯된 이름인 인디언으로 부르는 일은 옳지 않다. 땅 주인을 대접하는 의미에서 정식으로 북미원주민이라 칭하는 것이 백 번 옳다.

자연과 오랫동안 빈틈없이 밀착하고 조화를 이루며 살아온 이들의 이름을 듣다 보면 아름다움을 지나 천지만물은 자연의 근거이며 인간 역시 이 범주에 들어 있다는 그들 철학이 가슴에서 공명한다.

이름이란 일종의 상징 역할을 떠맡는다. 사과라는 말은 사과 자체가 아니라 사과의 상징이며, 남자는 남자 자체가 아니라 남자를 상징한다. 종이 위에 적힌 메뉴는 음식이 아니라 모조리 상징이다. 존재가 이름을 가짐으로써 의미를 품고 의미를 품으면서 가치를 가진다. '내가 그의 이름을 불러 주었을 때, 그는 내게로 와서 꽃이 되' 면서 새로운 발견이 시작된다.

이름이 좋은 의미를 가지면 긍정적 행위를 통해 밝은 길로 나아간다. '숲 속에 자리한 깊은 못' 이라는 이름을 가진다면 물을 오염시킬 수 있을까. 오가는 다른 존재들에게 맑은 물을 나누어 주지 않을 도리 있겠는가.

숲을 해(害)할 수 있는가. 나무 한 그루 한 그루가 소중하다.

복잡한 '성명학' 이라는 것도 알고 보면 그런 원리를 푸는 학문이다. 따라서 이름값을 못하는 사람들의 책임은 자신을 알지 못하고 삶을 머뭇거리는〔冷噤噤地〕본인 스스로에게 귀속된다.

우리 이름 역시 북미원주민 못지않다.

"저 임현담이라고 합니다."

상대편에게 인사를 하면서 '저는 숲 속에 자리한 깊은 연못이라 합니다'

이렇게 소개하고 싶은 충동을 자주 느낀다.

한편으로 '여기는 사가르마타입니다' 라는 이야기를 들으면 '사가르마타가 뭘 의미하죠?' '캉첸중가란 무슨 의미죠?' 꼭 물어보고야 만다. 그 의미를 알았을 때, 사가르마타는 내게로 와서 진정한 사가르마타가 되는 경험을 해왔다.

에베레스트라는 이름의 뜻을 알았을 때 그 싱거움이라니……. 가능하면 세계 최고봉에 주어진 영국인의 이름을 회피하고 싶다.

의미를 짚고 그들을 향해 배낭을 메고 걸어 들어갔을 때 내면이 보다 환하게 보이며 진정한 여행이 진행되었다. 이것이 없다면 사진촬영을 위한 관광이고, 책상 위에 놓여 있던 '나' 라는 칠통(漆桶)을 장소만 바꾸어 식탁 위에 올려놓는 공간적이고 물리적인 변화가 있을 뿐이다.

의미를 찾아가면서

● ● ●

"시킴의 뜻은 무엇일까?"

의미를 알지 못하니 가치는커녕 내내 안개 속이었다. 시킴을 찾아 나섰으니 당연히 발음이 비슷한 씻김굿이 우선이었고 'ㅆ'·'ㅅ' 계통의 단어들과 한동안 언어적으로 친근하게 지냈다.

덕분에 이승에서 쌓인 원한을 모두 풀어내고 맑게 저승으로 보내는 집가심, 자리걷이, 지노귀, 오구굿, 씻김굿, 망무기, 모기굿 등등이 귀에 익숙해지도록 씻김굿을 공부하며 저승 세계를 기웃거렸다.

그러다 어느 날인가 가장 비슷한 발음인 시킨(Sikkin)을 보았을 때, 정신이 퍼뜩 들었다. 붓다가 고향에 돌아와, 자신의 아버지 숫도다나〔정반왕(淨飯王)〕와 대화한다.

『불조통기(佛祖統記)』이다.

"그렇지 않으면 어찌하여 그대는 분소의(糞掃衣)를 입고 발우를 가지고 거리를 배회하며 걸식하는가?"

"저는 오직 제 조상의 법을 이어받았을 뿐입니다."

"무엇이라고? 조상의 뜻을 받는다고, 너의 조상 마하 아삼마타 왕 이후로 우리 집에서는 아무도 걸식하는 사람이 없었다."

"왕이시여, 그것은 대왕님의 왕통입니다. 저의 가계(家系)는 부처입니다. 부처는 진리를 깨달은 사람, 진리를 깨닫고 부처가 된 사람은 과거에도 수없이 많이 있지만, 대왕께서 7대의 선영을 선묘하는 것같이 7대의 부처님만을 든다면 비파시불(毘婆尸佛), 시기불(尸棄佛), 비사부불(毘舍浮佛), 구류손불(拘溜孫佛), 구나함모니불(拘那含牟尼佛), 가섭불(迦葉佛)이 그 여섯이고 제가 제7대가 됩니다. 그리고 다음에는 또 미륵불(彌勒佛)이 탄생할 것입니다. 그런데 이 모든 부처님들은 한결같이 탁발로 목숨을 유지하였을 뿐 스스로 경영하는 바 없었습니다."

말을 듣고 보니 일생, 일회, 일족, 일가에 그쳤던 자기의 생각이 너무나도 어리석었음을 생각한 대왕은 비로소 어두움의 눈이 트이는 듯 스스로 눈물을 흘렸다.

"내 지금에야 비로소 출리(出離)의 도를 얻었다. 먼저 내 마음을 오해시킨 것은 왕과 족, 그리고 나의 명예와 자손에 대한 집착 때문이었다. 그런데 지금은 모든 번뇌가 씻은 듯이 사라지고 말았다. 싯달타여, 네가 없었더라면 나는 영원히 이 인생의 고민을 벗어날 수 없었을 것이다."

역사적으로 붓다라고 칭하는 인물은, 인도의 싯달타라는 왕자가 출가하여 용맹정진 끝에 가없는 위대한 깨달음을 얻어낸 석가모니불을 일컫는다. 그러나 진리를 깨달은 사람은 붓다 이전에도 여럿 있었다는 이야기다. 바로 다불(多佛) 사상이다.

순서대로 보면 비바시불(昆婆尸佛, Vipasyin), 시기불(尸棄佛, Sikhin), 비사부불(毘舍浮佛, Visvabh), 구류손불(拘留孫佛, Krakucchanda), 구나함모니불(拘那含牟尼佛, Kanakamuni), 가섭불(迦葉佛, Kasyapa), 마지막으로 석가모니불(釋迦牟尼佛, Sakyamuni)이다.

불가에서는 앞의 세 부처를 과거장엄겁(過去莊嚴劫)의 삼불(三佛)이라 하고 뒤의 네 부처를 현재현겁(現在賢劫)의 사불(四佛)이라 한다.

두 번째 출현한 붓다가 시킨(Sikkin)—시기불(尸棄佛), 즉 산스크리트어로는 시키붓다(Sikhi-Buddha)이니 시킴(Sikkim)과 유사했다. 식불 · 식힐불 · 식기 · 시힐 · 식기나 등으로 음사되며, 정계 · 유계 · 지계 · 화수(火首) · 최상(最上) 등으로 의역된다.

시킴을 가슴에 넣고 있었으니 시킨을 보는 순간 눈이 번쩍 뜨이는 수박

시킴의 한 식당 주방에서 일하는 사람들을 보면 이곳의 민족 구성표가 보인다. 부티아, 렙차, 네팔리, 그리고 인도에 편입된 후 시킴으로 이주한 인도인까지 모두 보인다. 이들 모두가 한 지역에서 오순도순 모여 상가람을 이룬다.

에. 그러나 시킴과 시킨 사이 또렷한 연결고리는 발견되지 않고 대신 설화가 전해져 온다.

아주 오래 전, 이 과거칠불 중 한 붓다가 열반에 들어 다비식을 거행한다. 그런데 육신이 타오르면서 재의 일부가 바람을 타고 동쪽으로 멀리멀리 날아 히말라야 자락인 시킴 지역에 떨어져 내렸다고 한다.

말하자면 붓다 이전부터 시킴은 이미 불교의 축복을 받았다는 이야기로, 정식으로 불법이 이 땅에 전해온 시기보다 까마득한 과거로부터 불교와의 인연이 존재했다는 주장이 된다.

그것이 어느 붓다인지 아무도 모르지만 결국 아전인수(我田引水)스러운 해석이라도 시킴의 일기일경 안에는 제2불 시킨도 있을 수 있다고 생각하기로 했다.

하기야 전생윤회를 따르는 시선으로 본다면 현세의 불교도 혹은 힌두교도가 어찌 이번 삶에서 처음 교리를 접했을까. 아득한 저 과거의 어느 날, 등짐을 지고 가다가 스님의 독경에 짐을 내려놓고 음미했던 시절이 없었겠는가. 이미 쇠락한 탑에 기대어 앉아 어찌 탑 주인의 생각을 단 한 번이라도 하지 않았겠는가.

붓다의 한 티끌이 시킴에 내려앉았다는 이야기는, 그리하여 작은 티끌 하나를 불교와의 소중한 인연으로 삼고 있다는 일담은, 가슴에 오래 남기고 싶을 정도로 도리어 아름답고 순진한 표현이다.

부족들이 꽃씨처럼 이주하면서

● ● ●

"저는 숲 속에 자리한 깊은 연못입니다."

내 소개를 했지만 씻김굿, 시킨 붓다라 적어 넣은 패스워드가 옳지 않았으니 시킴은 여전히 대답 없이 오리무중이었다.

결론부터 이야기하자면 시킴은 수킴(Sukhim)에서 유래되었다.

이 이름을 파고들다 보면 제일 먼저 만나는 것이 시킴 구성원들이다. 시킴 주민은 크게 나누자면 원주민(原住民)과 이주민(移住民)으로 나뉘어진다. 현재 75% 가량을 차지하는 네팔인들과 10%의 부티아족(族)은 외부에서 들어온 이주민이다. 원래 터줏대감인 렙차족은 이주민에 비해 상대적으로 적다. 그 외 림부족과 인도인 등등이 역시 소수를 구성하며 함께 시킴에서 살아가고 있다.

선사시대 시킴 지역에는 낭 · 창 · 몬의 세 씨족이 살고 있었다고 한다. 이들 이전 역사에 대해서는 아무도 모르고 알 필요도 없어 보인다.

이상스럽게 씨족 혹은 부족이라는 단위에서는 은근한 평화로운 분위기가 풍겨난다. 하나의 목적을 위해 승가(僧家)를 이루듯이 서로간의 혈연으로 꽁꽁 묶여 함께 나누는 단순 소박한 삶이 연상된다. 농경의 노동을 공유하고, 결과로 얻어지는 수확물을 서로 나누고, 사냥을 함께 나가며, 평화롭게 유지되는 촌락 공동체. 외부의 간섭 없이 무위로 흐르는 취락 단위. 그리고 커다란 다툼이 없는 기본적 동아리 단위다.

그러나 이 작은 단위가 커지면 유위로 발돋움하면서 나라〔國〕가 서게 되고, 군웅(軍雄)이 나서고 성인(聖人)이 나타나며, 법(法)과 예(禮)를 등장시키면서 평등하지 못한 관계가 일어난다. 통치자와 기득권자는 자신의 권력과 부귀를 유지하기 위해 불평등한 관계를 만들어, 과거 해가 뜨면 일을 나가고 해가 지면 들어와 휴식을 하는(日出而作 日入而息) 일상은 사라진다. 차차 하위 개체를 향하여 착취와 억압이 등장하고, 위로는 저항이 쌓인다.

이 흐름이 바로 역사(歷史)다. 여러 개의 작은 단위들이 물리화학적으

히말라야를 배경으로 사는 사람들은 대체로 평화로운 눈빛을 지녔다. 더구나 고산에서 고립되어 사는 사람들은 키우는 짐승과 눈빛이 닮아 순박하다. 이들을 둘러싼 높고 밝은 풍경이 그들을 그렇게 키워냈다.

로 통합되면서 일어나는 작용—반작용 잡음의 기록이다. 역사책에서 우리는 '커짐' 으로 일어나는 부작용을 책장을 넘기면서 누누이 목격한다.

이 씨족 혹은 부족시대를 되돌아 가볼 수 없지만 『노자』의 80장에 나오는 유토피아〔理想鄕〕, 즉 가장 기본 조건인 작은 나라의 작은 백성이라는 소국과민(小國寡民) 혹은 소방과민(小邦寡民)을 통해서 알 수 있다.

『장자』의 「마제(馬蹄)」를 보면 모습이 또렷이 그려진다.

> 지극한 덕으로 훌륭하게 다스려지는 세상에서는 백성들의 행동이 진중했고 순박하여 사심이 없었다. 그런 시대에는 산 속에 길도 나지 않았고 못에는 배나 다리도 없었으며 만물은 무리지어 살면서 이웃이 되었고 새와 짐승은 떼를 이루고 살았으며 초목은 무성하게 자랐다. 그래서 짐승들을 끌고 다니며 노닐 수가 있었고 새나 까치의 둥지에도 기어올라가 들여다볼 수가 있었다. 무릇 덕이 충만한 세상에는 새나 짐승들과 함께 살았고 만물과 공존했나니 어찌 군자와 소인의 구별이 있었으리요. 모두가 무지하고 순박하여 그 덕을 잃지 않았고 모두가 욕심이 없이 소박했는데 소박해야만 백성들의 본성이 지켜지는 것이다.
>
> 그런데 성인이 나타나자 허겁지겁 인을 행하고 허둥지둥 의를 행하게 되

렙차족의 젊은이가 전통복장을 입고 있다. 전통복장은 자연에서 빌려 온 여러 색들의 줄무늬가 절묘하게 엮여 있다. 남자 옷은 토크로듬, 여자 옷은 듬디암 혹은 듬붐이라고 부른다. 이마에 붙인 것은 부끄리라고 한다. 시킴의 산악지대에 자생하는 양파처럼 생긴 나무열매로 만든다. 이마에 붙이면 다쵸-축복을 받아 한 해가 무사하다고 이야기한다.

어 천하는 드디어 의혹에 빠지게 되었다. 제멋대로 음악을 만들고 쓸데없이 예의를 만들어 천하가 드디어 분열되기 시작했던 것이다.

시킴 히말라야라고 다르지 않아 이 과정을 겪는다. 세 씨족이 그림처럼 오밀조밀하게 살던 시절은 「마제」에 충분히 표현되어 있다. 그러던 어느 날 렙차족이 이주해 왔고 자연스럽게 서로 흡수되었다. 이 과정까지는 이 지역에서 물에 또 다른 물을 섞는 듯 아주 평화스럽게 보인다. 협조하지 않으면 살아남기 어려운 지형 탓과 부족들의 성격에 인한다.

렙차족이 어디서, 어떤 경로로 들어왔는지는 아직 정확히 알지 못한다. 브라마푸트라 계곡의 남쪽에 자리한 언덕이 출발지라는 이야기, 몽골이라는 이야기, 또는 티베트와 미얀마의 국경 부위에서부터 이주했으리라는 다양한 가능성들이 제기되고 있다. 렙차족의 전설에 의하면 구체적인 출발지는 없이 지도자를 따라 동쪽으로부터 이주해 왔고 일부는 네팔 쪽으로 계속 옮겨 갔다고 이동경로만 이야기한다.

정설에 따르자면 본래 중국의 남동부에 거주하고 있었으나 어떤 이유로 이주를 시작했다. 일부는 태국과 미얀마에 정착하고 나머지는 다시 서쪽으로 이동하며 살윈 강을 건너 고대 인도로 들어선다. 그리고는 북쪽으로 방향을 틀어 이 일대에서 가장 우뚝하게 일어선 캉첸중가 지역에 자리를 잡았다고 추측한다.

렙차족이 이동하면서 길에 남긴 흔적, 즉 렙차족의 고유 언어인 롱그리아(티베트—미얀마족의 언어)와 렙차족이 가지고 있는 고유한 전통이 그 길을 따라 아직 남아 있는 것이 증거로 제시된다.

“저희들은 해가 뜨는 동쪽에서 온 렙차족입니다.”

“어서 오세요. 우리 세 씨족은 당신들을 환영합니다. 우리는 보리와 조를 수확합니다. 당신들은 다른 품종을 수확해서 서로 교환합시다.”

이들의 첫 머뭇거림에 이어 우호적으로 통합하고, 결혼을 통해 혈연으로 이어지며 하나의 공동체를 이루는 모습이 그려진다.

렙차들은 이 지역을 천국으로 생각하고 그들의 언어로 ‘네마엘랑’, 즉 ‘천국만큼 순수한 땅’으로 불렀다. 이 렙차(현재 렙차의 광범위한 의미는 렙차 이주 이전의 씨족 낭 · 창 · 몬을 모두 포함한다)가 바로 현재 시킴 지역의 원주민이며 토속민이다.

스스로 ‘콩빠’라고 부른다. 위대한 어머니 대지의 힘으로부터 자신들이 창조되었다고 믿어 스스로를 ‘어머니의 사랑하는 자식’이라는 의미의 ‘무탄치 롱컵’이라는 다른 이름도 가지고 있다. 자연이라는 단어 앞에는 ‘어머니’라는 말이 붙어야 완성된다고 생각한다. 나는 개인적으로 nature라는 단어를 쓰지 않는다. 대신 반드시 mother nature라 말한다. 자연은 대자연, 아니면 어머니 자연이다.

이들은 본래 산, 강, 숲 등 자신을 감싸고 있는 모든 어머니 자연을 숭배했다. 북미원주민처럼 신령스러운 거대한 돌, 나무, 동물 등에 대한 예배와 함께 조상령(祖上靈)에 대한 믿음을 가지고 있었다.

콩빠들은 시킴 히말라야의 세상은 충분히 아름다우며, 인간의 내부에는 저 자연에 대한 어떤 힘과 연결되어 있다는 의식이 저변에 있었다. 자연을 존경하고, 자연의 모습을 반영하며, 자연을 존중하는, 자연에 대한 수동태로서의 삶을 살아왔다.

아름다워라, 어머니 자연의 자식들.

『25시』, 『마호메트 평전』으로 유명한 게오르규에 의하면 '어떤 종교는 사랑 위에 구축되고, 어떤 것은 희망 위에 구축된다' 고 했다.

이들의 종교는 사랑이나 희망이 아닌, 그 이전 단계인 생존과 관계된 자연에 의해, 자연 위에 구축되었다. 렙차족의 종교는 사랑이나 희망 이전에 주변의 자연과 사람이 조화롭게 만들어 낸 형이상학으로 이 정신은 우리네 시골에도 아직 살아 숨쉬고 있다.

이들은 산기슭에 정착한 후, 수천 년 동안 산을 응시하고 살았다. 산 역시 그 시간 동안 이들을 바라보고 거두었다. 이들 사이에는 알 수 없는 서로간의 배려의 에너지가 흘렀을 것이다.

자연을 믿고 따르는 종족이 산에 있다는 사실은 함부로 산을 파괴하지 않는 지킴이가 버티고 있음이다. 산악 운무림, 아열대 강우림, 열대 건조림이 폭넓게 자리잡은 시킴 히말라야에서는 이들이 있음으로 오랫동안 '희망의 숲' 이 유지되어 왔고, 앞으로 보존될 수 있다. 후에 들어온 민족, 특히 네팔인들은 산을 깎아 계단식 논을 만들고, 영국인의 테이블에 오를 차를 경작하기 위해 숲을 베어 내고 찌아바리〔茶田〕를 구획했다.

주인이란 의도적이 아니라도 그 행동이 역시 주인이다. 렙차족들은 손님으로 들어와 시킴 왕국에서 함께 살게 된 네팔인들과 행동이 달랐다. 주인

의식이 몸에 배어 있다고나 할까. 아름다운 시킴 히말라야의 숲이 유지되고 남아 있는 것은 주인이 주인답게 제 몫을 해냈기 때문이다.

사실 범부조차 큰 산을 바라보면 순식간에 마음이 비워지니, 안과 밖이 합치되어 그 길이 하나가 된다(合內外而一之道也). 지식 따위는 일순간에 날아가며 비어버리는 경험을 만난다. 종교의 첫걸음은 이런 지식들이 버려지고 비워지는 자리에서 시작한다. 그 빈자리에 참된 것들이 들어앉을 은혜로운 공간이 확보된다. 그들의 모습 안에서 산과 그 주변의 모든 것을 아끼고 존경하는 고대 정령주의(精靈主義)의 이미지를 읽어낼 수 있다.

무릇 산은 나라에 귀속되어 있지만, 산을 사랑하는 사람에게 속해 있다.

부티아족의 전통적 복장은 티베트와 많이 다르지 않다. 시킴에서 스님이 되려면 첫번째 조건이 부티아 혈통이어야 한다.

산이 거기에 사는 사람을 사랑할 때 그 산에는 성현과 고덕이 들어가 살게 된다. 성현들이 산에 살게 되면 그 산은 성현들에게 속해 있기 때문에 그 산에 있는 나무와 돌은 울창하고 무성하게 되며, 그 산에 사는 짐승들은 영특하게 된다.

—『산수경(山水經)』

부티아족은 시킴에서 두 번째 오래된 종족이다. 대부분 시킴 주 북부, 즉 히말라야 산맥 남쪽 사면을 따라 거주하고 있다.

이들은 7~9세기경부터 티베트에서 조금씩 이주해 왔으며 일부는 부탄에서 옮겨오기도 했다. 15세기경 가장 많이 이동해 온 것으로 알려져 있다. 종교는 그들이 출발한 티베트 고원과 동일하게 당연히 불교다.

세월이 지나면서 부티아족들이 지역사회에서 지도층으로 자리잡고 영향력이 커지면서 렙차족의 종교를 금지시키고 교화시켜 가며 불교도로 바꾸어 놓기 시작했다.

이런 꾸준한 개종 시도에도 불구하고 아직 어머니 자연에 대한 숭배는 여전하며 렙차족 자신만의 풍부한 전통 문화를 꾸준히 이어온다. 자연은 눈만 뜨면 보이는 권능을 가진 실존이기에 비록 불교도의 옷으로 갈아입었으되, 마음 깊숙한 곳에 자리한 자연 숭배가 쉬이 떠나지 못한다. 포이에르바이야기처럼 자연은 그들에게 '너는 나의 또 다른 나(Alter ego)'로 남아 있다.

부티아족은 이 지역을 '베율데모종'—'쌀이 숨겨진 계곡'으로 불려왔다. 농사를 짓기 너무 척박한 티베트 고원을 떠나 험한 히말라야를 넘어 남쪽으로 이주한 목적이 노골적으로 선명하게 보인다.

부티아족은 결국 17세기에 왕국을 세우고 부티아 혈통의 왕을 내세워 시킴을 통치하기 시작한다.

시킴이라는 말은 본래 렙차족이 아니고 부티아족도 아닌, 이 지역의 낭 · 창 · 몬 씨족들이 이야기하던 즐거운 집〔樂家〕 혹은 새로운 집〔新家〕이라는 뜻의 수킴으로부터 유래되었다.

현재 이곳 구성원을 이루는 부족들은 문화, 언어, 의복 등등이 서로 다르다. 그러나 모두 시킴을 시킴이라고 부르고 있으니, 가장 먼저 이 땅에 자리 잡은 씨족이 이 땅을 부른 이름이 오랫동안 그대로 유지되고 있다.

후에 새롭게 입주한 부티아족, 네팔인들에게 다른 이름이 필요하지 않았음은 당연했다. 살다 보니 이 땅이 즐겁고〔樂〕 늘 새로운〔新〕 기운을 가지고 있음을 모두 공감한 탓이리라. 그 상징을 다른 것으로 바꾸기에 시킴 풍경은 늘 새롭고, 시킴에서의 나날은 즐거웠기 때문이리라. 얼마나 좋은 이름인가.

이제는 이름을 불러 주고

● ● ●

드디어 시킴의 어원을 알게 된 순간, 서둘러 시킴에게 인사했다.

"저는 숲 속에 자리한 깊은 연못입니다."

깊은 숲 속에 바람이 슬며시 불었고, 나뭇잎 하나가 연못 위에 떨어졌다. 동심원이 물위에 둥글게 무늬를 그렸다.

그러자 글 안에 패스워드가 풀린 시킴이 이야기했다.

"나는 늘 즐겁고 항상 새로운 집이란다."

하얗고 아름다운 설산에 매일매일 새롭게 태어나듯 맑았다. 그 밑에 자리한 마을에서 사람들의 웃음소리가 들려왔다.

이래서 씻김굿의 저승세계와 과거칠불 등등의 공부 끝에 패스워드를 풀고 들어가 서로의 통성명은 끝났다. 그 즐겁고 새로운 집에 이주하고 싶은 생각은 당연했다. '내가 그의 이름을 불러 주기 전에는 하나의 몸짓에 지나지 않았' 지만, '내가 그의 (의미를 이해하고) 이름을 불러 주었을 때, 그는 나에게로 와서 꽃이 되었다.'

시킴이라는 하얀 꽃이 피어나기 시작했다. 한 번 피어나면 결코 지는 법이 없다는 만년설화(萬年雪花)였다.

렙차

1907년 다르질링의 지명사전을 편찬한 인도 행정관리인 오말리는 시킴의 민족을 이렇게 간단하게 표현했다.

"건장한 시킴 부티아족, 차분한 렙차족, 활동적이고 조심성 있는 네팔인."

시킴의 원주민(原主民), 그리고 원주인(原主人)은 렙차족이다. 렙차족은 자신들의 정체성을 잘 유지해 왔으나 최근 반세기 동안 많이 흔들리고 있다. 본래 렙차족, 부티아족과 소수의 림부족이 살던 시킴은 네팔인들의 이주와 인도와의 통합 결과로 격변을 겪는다. 외부의 문화, 경제, 정치 등등 여러 가지 요소들이 시킴을 잠식하면서 급격하게 흔들리게 되었다.

선조들은 높고 아름다운 산을 포함한 자연을 숭배하는 렙차의 전통(렙차이즘)을 고수하며 대대로 살아왔지만, 부모 중에는 하나는 불교도인 경우가 있고, 자신의 배우자를 힌두교도로 맞이하기도 한다. 자신의 아들딸에게 무엇을 권유할지도 혼란스러워한다.

본래 고유 언어인 티베트어—미얀마어의 한 줄기인 렙차어 룽아링(룽링, 룽그리아라고도 부른다)의 비중은 줄어들고 학교에서는 영어, 힌디어 등을 배우고 있다. 더구나 네팔인들 이주 이후에 시킴 사회 전반에 폭넓게 스며든 네팔어 등등으로 언어적 입지가 위태롭게 흔들린다. 렙차족끼리의 결혼이 이루어지지 않으면 가정에서 그나마 렙차어를 쓸 처지가 아니다. 렙차족만의 축제를 정기적으로 개최하고 유지해 나가는 것은 더 이상 잃을 것이 없다는 렙차족 지도층의 위기감의 반영이기도 하다.

주로 헐렁한 바지와 셔츠를 입고 바깥에는 흰색, 나무색, 흙색의 줄무늬가 그려진 치마를 걸치고 허리를 끈으로 묶는다. 축제에서는 이 전통복장으로 통일해서 착용하며 단일성을 내보인다.

렙차족들은 숲을 가능한 최소한으로 사용하며 농업에 치중했다. 또한 고대부족들의 특징인 사냥을 병행했다. 과거 한 시절 화전(火田)을 일궈가며 산기슭에서 살았고, 한 번 화전을 일으켜 수확한 땅은 아무리 풍성한 결과를 얻더라도 7년 동안 같은 자리에서 다시 화전을 하지 않는 전통을 고수해 왔다. 소망이 그리 크지 않고 항상 먹을 만큼 농사를 지었기에 무리한 남벌은 없었다. 자연숭배가 종교의 핵심이므로 캉첸중가 주변의 자연은 잘 보호되어 왔다.

주로 옥수수와 꼬도라는 기장의 일종인 곡식을 경작했다. 쌀은 귀한 곡식이라 결혼식 때, 새 집에 입주할 때, 그리고 남분이라 부르는 렙차족의 설날에만 먹을 수 있었다.

렙차들의 오래된 역사서인 『추낙 악켄』에 의하면, 렙차 왕 포하탁 파누〔王〕는 인도를 침범한 알렉산드로스의 군대에 대항하는 찬드라 굽타를 지원하기 위해서 군대를 탁사실라로 파병했다는 기록이 있다.

탁사실라는 현재 탁실라로 불리는 파키스탄 이슬라마바드 북쪽에 위치한 도시다. 찬드라 굽타는 기원전 320년경에 마우리아 왕조를 세웠기에, 렙차들은 이 시기에 왕국의 형태를 갖추지는 않았으나 이미 막강한 힘을 소유한 것으로 보인다. 인도 대륙의 국가들과 교역을 포함한 어떤 교류 역시 활발했던 것으로 추측된다.

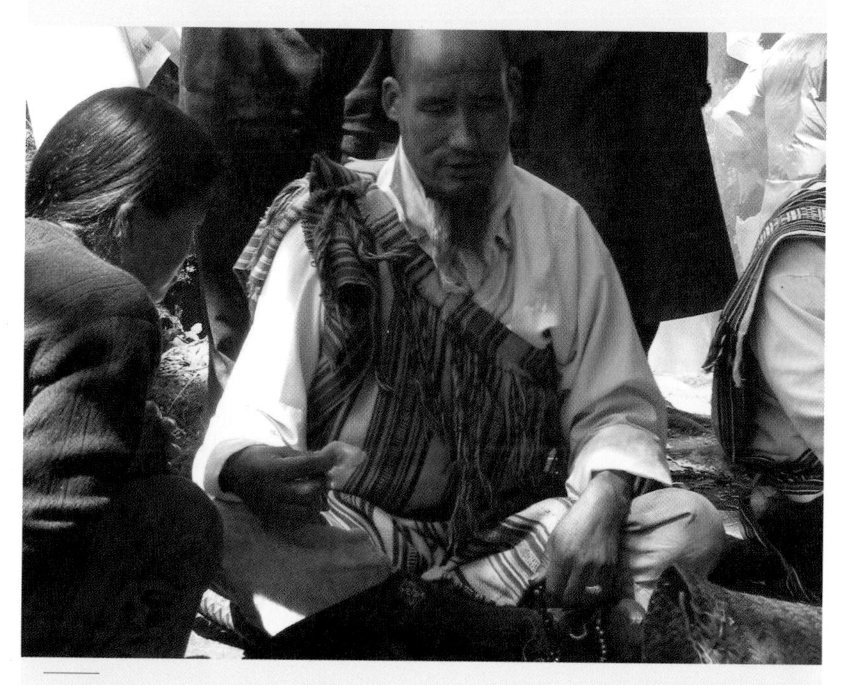

렙차족은 렙차이즘이라는 자신만의 자연숭배 의식이 있다. 렙차족의 샤먼이 한 노파의 올해 운을 보기 위해 신탁을 기다리며 무아지경으로 들어가고 있다.

히말라야 동쪽 끝에서, 히말라야 서쪽 끝까지의 렙차족의 파병을 생각해 보자. 한반도에서의 기원전 320년경의 상황과 비교하면 렙차들의 위용이 크게 느껴진다.

더구나 알렉산드로스가 인도 침략의 통로로 선택했던 고지대에 위치한 인더스 강의 좁고 험한 회랑을 생각한다면, 물러나는 군대를 끊임없이 괴롭힌 것은 (네팔의 고르카는 영국의 용병으로 1차대전에 25만 명, 2차대전 중에는 8천 명이 참전했다. 유럽 산악전에서 용맹을 증명한 이들은 고산족답게 별다른 등반

장비 없이 산꼭대기 요새로 올라가 단검으로 적의 기지를 기습하고 점령했다. 산악전에서 영국군 선봉에 고르카가 있다는 첩보는 상대편에게는 늘 공포를 불러일으켰다.) 역시 산악 민족 렙차족이라는 사실은 역사가가 아니더라도 쉽게 헤아릴 수 있다.

인도 델리에 히즈르 칸이 무슬림 왕조인 사이이드 왕조(1414~1451년)를 열었을 때, 렙차에는 걸출한 인물이 하나 있었다. 이름은 투르베로 아직까지 시킴에서 이름이 회자되는 영웅이다.

그는 이 시기에 시킴 영토를 확장하고 세력을 키우기 위해 주로 젊은이들로 구성된 막강한 군대를 구축한다. 이들이 선택한 전략은 숫자와 장비로 상대와 싸우는 것이 아니라 게릴라전으로 적의 기지를 전광석화처럼 기습하고 빠져 나오는 전법이었다. 이 군대는 순수하게 투르베의 뛰어난 용병술로 전승을 거두며 영토를 확장했다. 그들은 농사짓기 좋은, 특히 쌀을 경작하기 적당한 저지대의 비옥한 땅을 향해 내려갔다.

렙차가 산을 내려가기 위해서는 시킴과 인도 평원 사이에 위치한 역시 고산에 사는 림부족들과의 충돌이 걸림돌이었으나, 투르베는 렙차족과 림부족 사이의 동맹을 맺어 통합하고 여러 명령 조직 등등을 만들어, 미숙하지만 다음 세기에 생겨날 왕국 형성에 디딤돌을 놓았다.

그를 사람들은 '파누〔王〕'라 호칭했다. 파누라는 직책과 이름은 이때 처음으로 나타났다(역사서에 나오는 기원전의 포하탁 파누라는 표현은 파누라는 명칭이 생긴 이후에 기술된 역사서이기 때문이다). 당시의 수도는 현재 서 벵골 다르질링 근처의 쿠셍으로 알려져 있다.

렙차 문화

렙차들은 자신의 민속춤은 물론 민속음악을 가지고 있다. 그들이 자주 부르는 민속음악으로는 다음과 같은 것이 있다.

1. 뮤탄치 : 렙차족은 어떻게 생겨났는지, 렙차족은 어떻게 부족을 이루어야 하는지, 렙차족으로 어떻게 살아야 하는지 알려 주는 노래.

2. 담부라조 : 농가로 수확을 하면서 부르는 노래.

3. 피아수 로마 로리마 : 전쟁 중에 용기와 힘을 얻는 일종의 군가.

4. 타라탑 수키탑 : 성스러운 어머니 자연〔聖母〕을 찬양하는 노래.

5. 펜략 : 과거 전쟁에서 영웅들의 공훈을 이야기하는 노래.

할아버지 할머니로부터 전승되는 옛날이야기 – 민속담도 유명하다.

1. 펨리사 : 축제에 관한 이야기.

2. 고붕사 : 사랑에 관한 이야기.

3. 엔붕사 : 유머스러운 이야기.

4. 유묵사 : 슬프고 비통한 이야기.

렙차들 자신만의 문화적 축제.

1. 남분 : 새해맞이.

2. 쿰춤종부 : 3~4월 사이에 벌어지는 캉첸중가 산신제. 지구상에 몸을 드러낸 첫 남녀는 캉첸중가로부터 왔다는 고대 렙차의 신화

에 근거한다.

3. 텡동 : 아주 오래 전 지구가 물에 흠뻑 젖는 홍수가 닥쳤을 때, 한 쌍의 남녀가 현재 다르질링 근처의 한 마을—텡동으로 찾아와 화를 면한 사건을 기념하기 위한 축제.

4. 사큐 : 11월에 벌어지는 축제로, 곡식을 영글게 하고 수확하도록 만들어 준 신성한 힘에 대한 일종의 추수감사절이다. 감사함과 함께 미래에도 풍년이 되기를 부탁한다.

Vowel diacritics and final consonant diacritics

kâ ká ki kí ko kó ku kú ke

kak kam kal kan kap kar kat kang

Numerals

0 1 2 3 4 5 6 7 8 9

렙차족은 롱아링, 롱그링이라는 고유한 언어를 가지고 있다. 후에 이주한 부티아족 출신의 3대왕 차도르 남걀이 렙차족의 문자를 창제했다고 주장하지만 렙차족은 이 이야기를 믿지 않는다. 그 전부터 사용되어 왔기 때문이다. 전승에 의하면 티쿵맨사롱이라는 렙차 학자가 글자를 만든 것으로 이야기하고 있다.

시킴의 수도, 강톡

눈 밝은 사람은 험악한 길을 피해 갈 수 있듯 세상의 총명한 사람은
능히 모든 악을 멀리 여의네(譬如明眼人 能避 惡道世有聰明人 能遠離諸惡).
—『사분율』 비구계본

시킴으로 면산천을 오면서

어제 시킴의 수도 강톡에 도착했다. 침대에서 일어나 창문으로 다가서니 가까운 능선 뒤로 자리한 하얀 히말라야 고봉들이 이마가 서늘하도록 화악 달려든다. 창문을 여는 동안 방 안을 채우고 있던 나무 바닥과 카펫의 냄새가 빠져 나가고 대신 설산 향기가 스며들어 왔다.

이런 모습과 향기를 찾아 하늘로 날아올라 수만 리 달려왔다. 한 해에 한 번씩 이렇게 설산 기슭으로 달려오니 나는 철새 과(科)에 속한다.

철새들이 자신의 도래지에 회귀하면 어떤 심정이 되는지 잘 안다. 청복(淸福)의 부자가 된 듯한 마음, 무사히 도달했다는 안도감, 그리고 어떤 야릇한 기대감이 도착지의 풍경을 두리번거리게 만든다. 이제 이 히말라야 도래지에서 운수(雲水)가 되어 다시 한철을 보내야 한다. 시킴의 많은 유정무정의 선지식과 어묵동정(語默動靜)을 함께 해야 하니 모두가 내 공부다(江山雲水地 何物不渠禪).

짐을 하나씩 꺼내 놓는다. 이곳까지 오는 며칠 동안 비행기, 기차, 버스 등등, 여러 교통수단을 바꾸어 가며 달려오느라 짐들이 이리저리 쏠려 엉망이다.

짐을 정리하는 동안에도 시선은 자꾸 누가 부른다는 듯이 설산으로 향한다. 히말라야 연봉들이 적멸을 일구어 낸 고승들의 하얀 부도를 이루어 가깝지도 않고 멀지도 않게 비림(碑林)을 이루고 있다. 귀환한 철새를 반기려는지 맑고 신령스러운 백색 뼈대—법신을 남김없이 보여 주고 있다. 천석고황(泉石膏肓)에게는 바로 제자리로 깃들게 만드는 풍경이다.

결국 배낭 안에서 사진기를 꺼내 몇 컷을 잡는다. 파인더 초점 안에서 하얀 주름들이 더욱 선명해지니 들여다보는 우측 눈가가 기쁨과 반가움으로 촉촉해진다.

콜카타에서 밤새 달려온 기차는 뉴잘패구리 역에서 사람들을 우르르 내려놓았다. 이곳에서 시킴의 수도 강톡까지는 126㎞.

최근 인도 정부는 오랫동안 사용했던 도시 이름을 바꾸고 있다. 점령군 영국인들이 영어표기가 쉽게 행정 편의적으로 바꾸었던 영어식 이름을 되돌리는 작업이다. 봄베이는 뭄바이, 마드라스는 첸나이, 트리반드룸은 티루바난타푸람, 그리고 캘커타는 콜카타로 돌려 놓았다. 언젠가 다르질링 역시 천둥번개가 번쩍이는 언덕이라는 의미의 본래 이름 도르제링으로 귀환할 것이다.

자동차는 처음에는 무더운 평원을 달리다가, 강을 건너고, 어느새 슬며시 아열대 우림으로 치장한 언덕으로 올라서더니, 이어 구불거리는 지그재그의 산길을 따라 힘겹게 상승했다. 자동차는 언덕을 돌 때마다 경적을 짧게 울려 이쪽에 자신이 있음을 꾸준히 알렸다. 회색 긴꼬리원숭이들이 지나가는 사람에는 아랑곳없이 길가에 나와 앉아 과일을 먹었고, 곳곳에 만장(輓章) 같은 형형색색 룽따가 계곡을 흐르는 바람에 싱싱한 물고기들처럼 펄떡였다.

열어 놓은 자동차 창문을 통해 스며들어오는 향기는 익숙한 것이었다. 10여 년 전, 덜컹이는 기차 안에서 호기심 가득한 눈으로 펼쳐보던 가이드북 안에서 풍겨 나오던 바로 그 냄새였다. 풍경 또한 그대로였다. 예감이 움직였다.

"사는 게 무엇이더냐, 그리고 죽는다는 것은 또 무어냐?"

이것이 궁금해 배낭 메고 혼자 인도대륙을 떠돌던 한 남자가, 차창에서 그 사이 흘러간 세월을 덧쓴 얼굴을 마주했다. 손을 뻗어 시킴 풍경을 배경으로 하고 있는 유리창에 비치는 그 남자의 얼굴을 더듬었다.

시킴은 인도 대륙의 우측 상부에 손톱 모양으로 조그맣게 자리하고 있다. 인도와 네팔 북쪽에 자리한 히말라야의 긴 줄기 중에서 동쪽 끝에 위치한다. 지도상 위치는 북위 27도 42분으로, 우리 나라 제주도 아래에 자리잡은 최남단 마라도 북위 33도와 견주면 보다 남쪽에 자리잡은 셈이다.

시킴의 수도 강톡은 크기만 작을 뿐 인도의 다른 도시를 빼닮았다. 많은 차들이 다니고 육교까지 설치되어 있다. 개방 이후에 인도인이 밀려들어와 일자리를 구하고 있다. 앞으로 매우 빠르게 더욱 심하게 도시화가 진행될 것으로 보인다. 그러나 강톡의 높은 곳으로 오르면 히말라야가 보이는 점이 여느 도시와는 차별된다.

면적은 7천96㎢, 남한 면적인 9만 9천66㎢와 비교하면 13분의 1 정도 크기다. 바다와 맞닿지 않은 유일한 내륙도(內陸道)인 7천432㎢ 넓이의 충청북도와 거의 맞먹는다.

북쪽과 북동쪽으로는 초라 산맥을 경계로 현재 중국이 강제 점령하여 수탈을 거듭하고 있는 '눈의 나라' 티베트와 220㎞ 접하고 있고, 남동쪽은 판골리아 산맥에서 '은둔의 나라' 혹은 '뇌룡(雷龍)의 나라'라 불리는 부탄 왕국과 30㎞ 가량 맞닿아 있다. 서쪽은 싱가리아 산맥을 통해 100㎞ 길이로 네팔과, 그리고 남쪽으로는 평지로 이어지며 람지트 강과 티스타 강에 의해 인도의 또 다른 행정구역인 벵골과 80㎞ 접경으로 연결된다.

여행 사전점검에서는 면적을 포함해서 여러 정보를 알아보고, 더불어 우리 나라의 특정 지역과 비교해 본다.

가령 면적을 비교할 때는 이렇게 묻게 된다.

"이 지역은 우리 나라 어디와 비슷할까?"

숫자는 머리에 잘 들어오지 않으므로 내가 살고 있는 지역과 견주면 이해가 빨라진다. 큰 밑그림을 짜는 데 유용하다.

가장 최근 2001년 3월 1일 인도 정부가 실시한 인구 센서스에 의하면 시킴의 총인구는 54만 493명이다. 남자가 28만 8천217명으로 여자 25만 2천276명보다 약간 많다. 우리 나라와 비교해 보면 제주도 인구보다 적으며 같은 크기의 충청북도와 비교하면 1/3 수준이다.

민족으로 보자면 네팔인 75%, 렙차족 14%, 그리고 부티아는 10%이다. 종교는 네팔인이 다수인 탓에 힌두교 67%, 불교 28.6%, 기독교 2.4%, 회교 2.4%, 기타가 1%로 집계되었다. 글씨를 읽을 수 있는 사람은 56.5%로, 렙차족과 부티아족은 가능하고 문맹의 대부분은 네팔인이다.

수치상 거리는 남북으로 장축이 112㎞, 좌우로 가장 긴 곳은 64㎞에 불과하다. 그러나 고도를 보면 가장 낮은 지역은 해발 224미터, 높은 곳은 서북쪽에 자리한 해발 8천534미터의 세계 3위 높이의 캉첸중가가 있으니 그 표고 차이가 엄청나 무려 8천300여 미터에 이른다.

시킴 지형은 오로지 산이 중심처가 되어 상상만으로도 숨가쁘게 급격한 경사를 이루며 드라마틱하게 수직 상승하는 모습을 품는다. 따라서 흐르는 강물은 일부 구간을 제외하고는 급한 경사를 가진다는 사실을 쉬이 추측할 수 있다.

길은 지형(地形)을 반영한다. 자동차는 무더운 논밭과 아열대식물들이 자라는 지역을 가로지르더니, 고산으로 향하는 지그재그 언덕을 통해 거친 엔진소리를 내지르며 급박한 상승을 거듭했다. 기온 역시 찌는 듯한 무더위에서 긴 팔을 가방에서 꺼내야 하는 서늘함으로 급격하게 바뀌어 나갔다.

길은 지형을 반영하지만, 변형(變形)을 수반하기도 한다. 시킴으로 접근하면서 환경이 변화를 거듭해서 차차 과거의 것들과 결별했다. 변형은 접근(接近)이 된다. 한국에서 멀어지면서 인도로 왔고, 인도스러움에서 빠져나오면서 시킴 내부로 들어왔다.

인생도 그럴 것이다. 젊은 시절의 모든 것을 내려놓고 차차 노병(老病)을 겪으며 변화되어 나가며 죽음〔死〕에 접근한다.

깨달음도 그렇지 않겠는가. 범(凡)에서 성(聖)으로 나가는 길, 세속의 먼지를 하나씩 떨어뜨리고 멀어지면서 피안으로 간다.

차창 밖의 변화해 가는 모습을 보니 '왜 산에 가냐' 물으면 머뭇거릴 필요가 없다고 생각했다. 시인 황동규 선생의 표현처럼 그 시간은 면벽(面壁)이 아니라 배낭을 둘러메고 면산천(面山川)하러 간 것이다. 면산천을 하면서 과거를 내려놓고 새로워지기 위해서니 말하자면 우화(羽化)가 아니겠는가.

풍경들은 예감을 배반하지 않았다. 언덕을 돌 때마다 무수한 룽따가 건강하게 펄럭였다. 길가에 앉은 사람들 역시 인도와는 판이하게 맑고 깨끗했다. 그리고 무엇보다도 고통에 힘겨워하는 듯한 인도 저지대의 사람들과는 달리 부족함이 없다는 산사람들의 당당한 표정이었다.

어느새 유리창의 내 얼굴은 잊어버렸다.

짐을 정리하는 사이에 구름이 슬며시 한쪽 구석으로 몰려온다. 히말라야 특유의 눈부시게 훤칠한 백색 고봉들이 구름보다 빛난다.

가슴을 꿰뚫는 듯한 평안이 봉우리부터 밀려온다. 백색 침묵으로 서북쪽 하늘에 당당하게 주석하고 있어 도착한 날치고는 최고의 선물이니, 친구들을 모두 불러 함께 줄지어 앉아 산 바라기하고 싶은 자리다.

휴정 스님의 『선가귀감(禪家龜鑑)』에 의하면 '말 없음으로써 말 없는 데 이르는 것은 선이요, 말 있음으로써 말 없는 데 이르는 것은 교(以無言 至於無言者 禪也 以有言 至於無言者 敎也)다.'

저토록 당당한 봉우리들은 그야말로 말없이 근원에 머무르는 선지식이라는 생각을 떨쳐낼 수 없다.

도착한 후 히말라야에 아직 정식으로 인사드리지 못했다. 지그재그 길을 올라왔던 어제 저녁은 흐림이었다. 창문 앞에 바짝 다가서 차분히 앉아 바라보며 정식으로 나마스카람 다르샨〔친견(親見)〕한다.

침묵의 선지식 같은 봉우리를 향해 뜬금없이 슬며시 물어본다.

"어느 것이 조사께서 서쪽으로 온 이유입니까?"

그러면 그렇지, 아무런 대꾸가 없으시다. 말 없음으로 말 없는데 이르라고 하시니 '앉은 채로 천하의 혀를 끊는다.'

시침의 외모를 알려 주는 지도

● ● ●

짐정리를 끝내고 지도를 꺼내 본다. 여행을 본격적으로 떠나기 전에 지도를 바라보는 것은 의미가 있다.

손가락으로 천천히 더듬어 가며 바라보는 지도에는 은빛을 품은 견실한 설산이, 반짝이는 빙하가, 거침없는 급류가, 온갖 돌무더기로 장식된 너덜지대와 급박한 경사면이 보인다. 현지인의 미소를 빼놓을 수 없고 따뜻한 차 한 잔이라고 왜 이 지도 안에 없을까.

지도를 보면 호흡은 어느덧 슬며시 빨라진다. 평면적인 지도에 자리잡은 웅장하고 거친 자연이 자신을 아낌없이 반영하고 있기에, 내 몸은 어느덧 고산의 품안에서 걸어 나가는 듯이 반응한다.

공자는 『논어』「팔일(八佾)」에서 '제사를 지낼 때는 조상이 앞에 계시듯이 해야 하고, 신에게 제사를 지낼 때는 신이 앞에 있는 것처럼 해야 한다(祭如在 祭神如神在)' 고 했다. 십자가 앞에서 성호를 긋는 일, 불상을 모시고 절을 올리는 것은 모두 그 앞에 자신이 믿고 따르는 예수와 붓다가 있는 것으로 여겨야 하며, 더불어 이런 지도를 보는 작은 행위 안에서도 그 지형을 고스란히 앞에 두고 있는 것처럼 바라보는 일이 옳지 않을까.

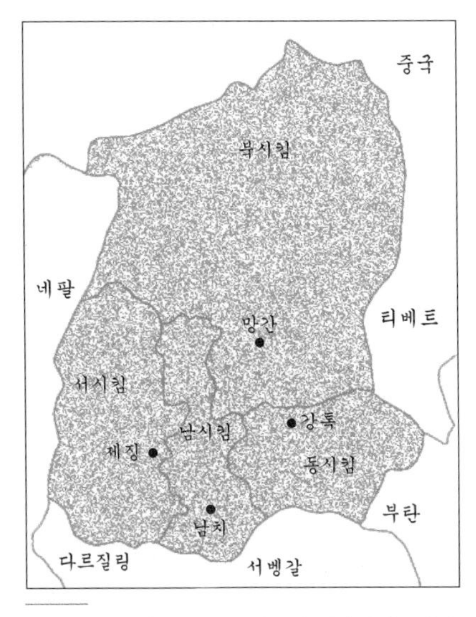

시킴은 4개의 행정 구역으로 나뉜다. 가장 험하고 거주자가 적은 북시킴 지역이 가장 넓다.

십자가, 불상, 지도, 경전을 생명화시키고 그것을 통해 생각을 낳고 또 낳아, 즉 생생지위역(生生之謂易)으로 진행한 후, 다음 단계로 나서는 일이 필요하다.

이런 일을 반복하다 보면 실제로 그 풍경 앞에 섰을 때, 단번에 물아(物我)의 경계가 무너진다. 모든 것들에게 생명을 불어넣어 주는 일을 반복하다 보면 세상에 존재하는 모든 사물에 신성—불성이 있다는 사실을 감지하니, 우리 모두가 석(釋)씨가 되는 순간이기도 하다.

따라서 지도는 경전과 어떤 의미에서 같다. 실천을 요구하는 밑그림이다. 경전 안에 써 있는 말씀이 행동이 되고, 그것이 반복될 때 아뇩다라삼먁삼보리라는 목표지점은 가까워져 온다. 바라보고 읽기만 한다면 그것은 단순히 종이 위의 점과 선일 뿐이라, 심불반조(心不返照) 간경무익(看經無益), 즉 '마음으로 반조하지 않으면 경을 보아도 이익이 없다' 함이리라.

"산봉우리를 우측으로 끼고 돌아, 이 길을 따라 올라가서, 이쯤에서 야영을 하면 좋을 거야."

"저 빙하 근처에서 해 떨어지는 모습을 본다면 아주 좋을 거야."

이렇게 상을 세워 뜻을 다하는 입상이진의(立象以盡意)라는 것은 가야 할 곳의 산수성신(山水星辰)에 대한 예경이다. 한 편 경전을 읽으며 스승의 기침소리, 숨소리를 모두 들으며 마음자리를 다듬는 것은 도덕의 규범, 계의 준수의 체득을 위한 길이다.

따라서 가만히 응시하는 지도 안에 눈 밝은 사람으로 살아가며 걸어가야 할 길이 더불어 오고 있다. 결국 우리가 살아서 죽음 이후에 겪어야 할 일을 소상히 밝힌 『사자(死者)의 서(書)』를 읽어야 하는 이유까지 도달한다.

그러나 서울에서 가지고 온 지도는 정보가 충분치 않다. 이 지역이 분쟁지역인 탓이다. 중국은 티베트를 점령하고 자신의 영토인 양 시킴과의 접경에 군대를 주둔시켰다. 실제로 1965년에는 시킴 지역에서 인도군과 중국군 사이에 교전이 발생하기도 했다. 안타깝다. 이 아름다운 히말라야에서 총알과 대포알이 날아다녔다니.

이에 인도 정부 역시 맞대응으로 군대를 계속 포진시킴으로써, 시킴 지역의 정확한 고도, 지형, 거리에 대한 정보는 차차 분명치 않아졌다. 또한 여행자들이 갈 수 있는 지역이 지극히 제한되었다.

정확한 지도를 보면 모두 살아 나오고 몇 가지 통계수치는 생명까지 불어넣는데, 인간의 영토 다툼으로 여행자는 반을 잃고 들어서야 한다.

큰 산에서 말없이 느끼는 기쁨[無言心悅]과 지락무락(至樂無樂)은 선물이다. 시각적인 기쁨뿐이 아니라, 크게 한 발 더 나가 차원을 달리하는 기쁨을 만나는 자리다. 감각기관을 이용해서 풍경을 받아들여 나를 잊는 경지로 나갈 수 있는 실마리가 있는 자리다. 이런 곳은 인간에 의해 오염되어서는 안 된다.

오로지 풍경만이 위안이다. 창가에 다가선다. 설산이 말 없음 가운데 희열을 느끼는 무언지미(無言之美) 무언심열(無言心悅)의 심미적인 상태로 인도한다. 깨침이 묻어 나오는 풍광이다. 납자들은 이 갸륵한 '말 없는' 가풍을 따라야 한다. 말없이 말하고 듣지 않으며 듣는 선풍을 이어 받아야 한다.

백의관음은 말하지 않아도 말한다네(白衣觀音無說說).
남순동자는 듣지 않아도 듣는다지(南巡童子不聞聞).
—관음청(觀音請)

강톡, 언덕 위의 평지

● ● ●

시킴 주의 수도, 강톡에 들어서면 당혹스럽다. 시킴이라기보다 리틀 인디아다. 시킴 인구의 1/3이 모여 사는 이 도시의 다운타운은 인도의 어느 도시를 그대로 옮겨 놓은 듯, 소음 · 공해가 기본적으로 깔려 있고 힌두인들의 비중이 유달리 많다. 그러나 인도의 다른 도시처럼 유유자적한 소들은 보이지 않는다. 도시의 위쪽으로 올라서면 히말라야가 보이며 비교적 한적하고 볼 만한 명승지들이 자리잡고 있다.

강톡은 '언덕 위의 평지'라는 뜻으로 언덕 능선 위를 중심으로 펼쳐진 도시다. 1716년, 지금은 사라진 강톡 사원을 지으면서 언덕 위에 땅을 다진 것이 지명으로 굳어졌다.

해발 1천550미터부터 1천700미터에 이르기까지 경사면을 따라 거주지, 관공서, 상가, 시장, 버스터미널, 옛 왕궁, 사원 등이 자리잡고 있다. 다운타운은 여행사들이 많이 모여 있어 여행객들이 도움을 받을 수 있다.

여행자들이 보통 방문하는 지역은 이렇다.

티베트학 연구소 ______

산목련, 벚꽃나무, 참나무 숲 사이에 티베트의 전형적인 형태로 지어진 건물이다. 초석은 1957년 2월 달라이 라마가 놓았고, 다음해 1958년 10월에 당시 인도 수상이었던 네루에 의해 낙성식이 거행되었다. 많은 티베트 불교 경전을 소장한 도서관이 있고 아래층에는 주로 불상, 동전과 귀중한 탕카를 전시하는 박물관이 있다.

두들 초르텐 ______

일명 푸루바 초르텐으로 티베트학 연구소에서 300여 미터 떨어진 언덕 꼭대기에 위치한다. 현지인은 지나가면서 이 초르텐에 정중한 마음으로 합장한다. 닝마파의 트룰식 린포체가 11대 시킴 왕 따시 남걀의 후원으로 시킴 왕국의 평화와 안정을 희구하는 소망으로 건립했다.

주정부 면화 연구소 ______

시킴의 수공업, 카펫, 가구 제품 등을 알리고자 설립되었다. 일종의 기념품 가게로 시킴의 여러 특산물들이 팔리고 있다. 시킴의 자원으로 소박하게 만들어지는 제품들을 둘러보는 장소다.

강톡을 포함한 시킴 전 지역은 인도령이지만 인도와는 달라 모든 물가는 거의 정찰제다. 몇몇 품목을 제외하고 가격 할인이 어렵다. 인도로 생각하고 무리하게 가격흥정을 하지 않도록 한다.

난초 원예 박물관

각종 난초를 한자리에 모았다. 시킴은 세계에서 가장 다양한 난초들이 자라난다. 시킴 정부는 난의 품종개발과 수출에 주력하고 있다.

입구에는 어울리지 않게 시계 판매소가 있다. 시킴의 크기와 지형적 위치가 유럽의 스위스와 유사함에 착안하여, 최근 시킴에 손목시계 공장을 건립했다. 방문객이 많은 난초 원예 박물관 앞에 향후 주력할 품목을 소개한다는 의미가 있는 듯하다.

예로부터 탈속(脫俗)의 분위기를 품은 난초를 예찬하지 않은 사람들은 없었다. 시킴 산길을 걷다 보면 숨어 있듯이 피어난 이런 난초를 심심치 않게 만난다. 시킴의 우림은 충분한 습기와 함께 어둑한 분위기로, 난의 자생지로는 세계 최고가 된다. 현재 시킴의 주요 수입원이다.

강톡에서는 오래 머물기 주저된다. 장소가 좋은 곳에서는 히말라야가 선명하게 보이지만 여행 허가서를 받는 순간 떠나는 것이 좋다. 강톡에서 멀어지면서 시킴 히말라야의 본래면목이 보인다.

허가서라는 이름의 종이 조각

• • •

히말라야 주변 민족들은 국경에 대한 뚜렷한 개념이 없었다. 국경에 선을 긋고, 일정 지역을 통과하려면 여권이나 특별한 서식이 필요한 상황까지 내몰린 일은 서구적인 발상의 결과다.

자신과 남을 구별하려는 이원론적인 사고방식으로, 자신의 영토에 울타리를 침으로써 외피를 뒤집어 쓴 채 상대와 또렷이 구별됨을 원한다.

히말라야 문화권에서는 과거 국경의 개념이나 눈에 보이지 않는 국경선이란 의식에서 두루뭉실 희미했다. 한 부족은 가축을 방목하기 위해 계절에 따라 이 선을 넘나들었고, 형제를 만나기 위해 산을 넘었다. 또한 성지 순례를 떠나면서 별다른 제지 없이 오갈 수 있었다.

이들에게 국가라는 개념보다는 한 부족, 공동체, 그리고 자신이 활동하는 영역의 반경이 있을 뿐이었다. 비록 전쟁으로 땅을 뺏고 빼앗아 국경이 있다 해도 비석 하나, 돌무더기, 이런 표식을 남기는 정도로 관용적이었다.

만약 아리야발마, 혜업, 현태, 현각, 혜륜 같은 구법승들이 요즈음 육로를 통해 천축(天竺)까지 순례한다고 하면 어디까지 갈 수 있을까. 불행하게도 다리 근육이 걷기 좋게 풀리기도 전에 세계 최악의 국경선인 휴전선 철책선이 가로막는다.

그렇게 국경 전체를 몇 겹으로 철조망을 쳐놓고—더구나 숫자도 셀 수 없는 지뢰를 깔아 놓은 지역이 지구상에 어디 또 있을까. 히말라야에 자리한 대치 지역이라도 이렇게 심하지는 않다. 그것도 같은 핏줄끼리. 국경에 대한 개념을 돌아보다 보면 이 세상에 단 하나 남겨진 분단이 섭섭하다 못해 지독하다는 감정을 숨기기 어렵다.

구법승들이 서쪽으로 향하던 시절은 길 위에 더 많은 토호들과 국가들이 있었다. 그들의 활활 타오르는 구도심은 국경 개념의 느슨함에 힘입어 어렵지만 목적지인 천축에 도착할 수 있었다.

식민지 시대 열강들에 의한 정확한 줄 긋기는 아시아에 그대로 남아 점차 심화되었다. 대치 관계가 심할수록 이 선은 단 할 걸음의 오차가 없이 유지된다. 이제는 구도심도 어쩔 수 없다.

세월이 지나고 소득이 늘어나면서 인간 의식은 따라 발전하는가?

아무런 답을 내놓을 수 없다.

이런 피해가 심한 지역이 히말라야 권에 몇 곳 있다. 시킴은 그 대표적인 곳이다.

티베트가 중국의 수중에 떨어지고 나서 인도는 강대국 중국과 자신의 영토 사이에 완충지가 필요했다. 부탄, 시킴, 네팔은 그리하여 지역 패권자

인도의 특별관리 하에 들어가야 했다. 중국이 비록 온갖 사탕발림으로 이들 국가를 회유하려 하지만, 수천 년 간 면면히 이어 내려온 같은 히말라야 문화권의 종교, 전통으로는 자신의 편으로 끌어들이는 일이 용이하지 않았다.

시킴이 인도의 한 주로 편입된 것은 저간에 여러 사정들이 복합적으로 작용했다. 그 원인 중에 하나는 네팔인들의 이주다.

영국은 1817년 네팔의 고르칼리 샤 왕조를 무너뜨렸다. 이어 1840년경부터 캉첸중가 경사면에 차밭을 일구면서 부족한 노동력을 위해 네팔인들을 시킴 왕국으로 대거 이주시켰다. 네팔인들은 영국인들 식탁에 오를 차를 경작하기 위해 산을 깎아 새로운 차밭을 만들었고, 산악지역에 도로를 건설하기 위해 동원되었다. 이들 숫자는 하루가 다르게 늘어나 얼마 지나지 않아 시킴의 최다수로 자리잡는다.

이때까지만 해도 렙차족과 부티아족 등, 이 땅에 살고 있던 주민들은 이주민의 심각성을 감지하지 못했다. 네팔인들은 자신들이 들어온 이 국가에서 힌두교 카스트를 유지했다. 집안에는 시킴 왕의 사진이 아니라 네팔 왕의 사진이 제일 좋은 자리에 모셔지고 본래의 시킴 왕국의 문화와 전통은 따르려 하지 않았다.

1960년대 후반과 1970년대에 이르러 시킴 왕국 내부에서 민주화 바람이 불면서 왕정을 폐지하고 민주사회를 만들자는 움직임이 일어났다. 그 중심에는 시킴 왕국의 최고 다수를 차지하고 있는 네팔인들이 있었다. 시킴 안에서 이미 60~70% 차지하며 대다수가 된 자신들이 적절한 대우를 받지 못함을 주장했다. 굴러온 돌이 박힌 돌을 빼는 격이었다. 이를 밀고 나가려는 세력과 저지하려는 세력이 맞서면서 시킴 왕국은 혼란스러워졌다.

여기서 시킴 히말라야의 역학을 살펴보면 이렇다.

1890년 시킴 전역은 영국령 인도의 보호 하에 들어갔고, 시간이 흘러 1947년 8월 인도가 독립하게 되면서 시킴에 대한 영국의 지상권(至上權)은 자동적으로 소멸된다.

이어 1950년 중국이 티베트를 침략하면서 시킴과 중국의 국경은 폐쇄된다. 그동안 초모랑마를 가기 위해 다르질링에서 출발하던 북쪽 접근로는 이후 30년 이상 막혀버린다.

1964년 12월 파키스탄은 인도의 서쪽 카슈미르 지방을 공격했다. 그리고는 다음해 전선은 인도—파키스탄 국경 전체로 넓어진다. 파키스탄을 지원하는 중국은 1965년 9월 인도의 동쪽 시킴 국경을 넘기 위해 인도군과 교전하고 전투는 3개월 간 지속되었다.

이 지역이 정치적으로 불안하면 중국인들이 쉽게 밀고 내려올 수 있었다. 시킴의 영토를 전략적으로 본다면 히말라야라는 천연적인 철벽방어선을 품고 있었으니, 중국이 이 지역을 넘어서면 인도 평야는 그대로 적에게 완전히 무방비로 노출되는 치명적인 일이었다.

이 기회를 적절하게 활용한 인도는 별다른 무력시위 없이 '민감한 국경지대' 시킴 왕국을 1975년 흡수 통합해 왕국의 깃발을 내리고 인도 국기를 내걸 수 있었다. 시킴 왕국은 인도의 22번째 시킴 주(州)로 내려앉았다.

물론 다양한 이유가 복합적으로 작용했으나 시킴 내부의 네팔인들이 야기한 정국불안이 한몫 했다. 결국 인도는 대규모 군대를 북 시킴의 곳곳에 주둔시켰다.

과거의 많은 구도자와 상인들이 지나갔던 길은 이제 개미 한 마리 오가지 못하게 되었다. 더구나 티베트 난민조차 이 길로 올 수 없어 멀리 돌아 초오유의 낭파라와 무스탕 지역으로 우회한다. 시킴 내부에는 시킴 국경을 통해 넘어온 티베트 난민이 없는 이유가 그것이다. 가이드북을 뒤져 봐도 히말라야 남쪽에 그렇게 흔한 '티베트 난민촌' 이라는 단어를 찾을 수 없다.

네팔인들의 이주에 따른 부작용은 이웃 부탄 왕국에 귀감이 되어, 부탄 내부에서는 최근까지 불법 이주민에 대한 추방과 이주민에 대한 국적취득 과정의 강화와 감시를 게을리 하지 않는다.

네팔인의 숫자가 어느 정도 이상 늘어난다면 부탄의 왕가 역시 시킴 왕국의 전철을 받아 붕괴 가능성이 있기 때문이다.

여행 허가

국경을 유지하기 위해서는 경제적 피해는 어느 정도 무시된다. 말하자면 관광객이 찾아오는 일보다 땅을 지키는 일이 우선이다.

이런 의미에서 국가들이 선택하는 방법은 몇 가지 규제, 즉 개인의 출입을 불허하고 단체에게만 여행을 허가하며, 일 년 동안 방문객의 숫자를 제한하고, 출입하는 경우 많은 금액을 지불하게 하며, 방문객이 체류할 수 있는 기간을 짧게 잡는 방법을 사용한다.

시킴은 전형적으로 이런 방법을 통해 규제해 왔다. 열되 제한적으로 열고, 국경으로 갈수록 여권과 허가서의 심사는 까다로우며, 사진촬영이 금지되는 지역이 많다. 그러나 최근 몇 년 동안은 경제적 이득을 위해 인도 정부와 협의 아래 적극적 개방을 시작했다. 이 지역 여행은 인도—중국 사이의 긴장도에 따라 달라지므로 항상 최근 정보에 신경을 써야 한다.

일반적인 시킴 허가증으로는 강톡, 룸텍, 포당, 펠링, 페마양체, 케차파리, 싱긱, 욕섬, 따시딩과 같은 큰 도시와 관광명소를 방문할 수 있다.

모든 외국인은 시킴 입국을 위해 사전 허가서를 받아야 한다. 여권용 사진 2매, 여권 복사본을 요구한다. 허가서는 콜카타, 뉴델리, 뭄바이 등 인도의 대도시에서 가능하며 시킴의 수도 강톡에서도 허가서를 준다. 시킴 내부를 관광할 때 반드시 필요하며 이 허가증(ILP-Inner line permit)이 없으면 강톡을 비롯한 몇 개의 도시 이외의 관광은 제외된다. 허가증은 기간이 15일이며 한 번 더 연장이 가능하다. 강톡에서는 주 경찰서에서 발급하고 여행사가 대행

한다.

이 외 국경지역인 북 시킴, 비교적 높은 지대로 올라가는 쫑그리 트래킹, 사원의 방문 등, 도시를 벗어나는 거의 모든 지역의 방문에는 보호지역 허가서(PAP-Protected area permit)가 별도로 필요하다.

외국인 그룹들은 트래킹을 위해서 별도의 고액의 환경 부담금을 지불해야 한다. 개인적인 트래킹은 허용하지 않고 있으며, 10명 이하는 300불, 11~15명은 400불, 16~20명은 500불이다. 여기에 캉첸중가 국립공원 입장료가 따로 있어 처음 5일간은 개인당 200루삐 그리고 하루에 50루삐씩 추가 지급해야 한다. 또한 그룹이 형성되어도 시킴 정부가 인정하는 트래킹 회사를 통해야 트래킹이 가능하다.

여행자는 이런 허가서가 복잡할수록 마음이 편하지 않다. 인간이 문화를 발달시키고 진보한다고 이야기하는데 과연 진정한 진보가 이루어지는지 자꾸 의심이 간다. 한 지역을 가기 위해서 여권 이외 여행을 허가하는 문서를 몇 장이나 받아야 하는 시킴의 현실 앞에서는 영국인들이 아시아에 남긴 흉터와 주변 강대국 사이의 여러 이야기가 담담하게 흘러간다.

철새는 국경을 넘어 자유로이 날아가고, 꽃들은 철책선 밑으로 환하게 피어난다. 오가지 못하는 것은 사람뿐이다.

교통

가장 인접한 공항은 바그도그라로, 강톡에서 124㎞ 거리에 있다. 기차역으로는 실리구리 114㎞와 뉴잘패구리 125㎞다.

자동차의 경우 콜카타에서부터 725㎞이며 다르질링에서는 139㎞ 거리다. 콜카타, 바그도그라, 다르질링, 칼림퐁, 실리구리에서 강톡 행 버스를 탈 수 있다.

바그도그라, 다르질링, 칼림퐁, 실리구리에서 출발하는 차량은 커다란 버스가 아니라 산길을 다니기 편한 지프를 개량한 합승 택시다. 자동차 앞 엔진 덮개 부분에 행선지가 팻말로 붙어 있다.

시킴 주는 행정적으로 다시 4개의 구(區)로 나뉜다. 특별한 이름은 없이 각기 동 시킴, 서 시킴, 남 시킴, 북 시킴으로 부르고 행정적 수도는 각기 강톡, 지알칭, 남치, 망안이다.

시킴, 범상치 않은 골격

천 추에 영원히 존재하는 자연산수는
순간적으로 가버리고 마는 인간세계의 영화보다 높고
자연에 순응함이 인공의 조작보다 나으며
한가로운 자연 속의 산수가 호화로운 지에서의 풍악보다 장구하다.
—『범서(梵書)』 중에서

투자 스님의 외모를 보면

투자(投子)는 취미무학(翠微無學)의 법을 받은 대동(大同) 선사이다. 주유천하 한 후, 자신의 고향인 투자산(投子山)에 주석한다. 투자산에 주석한 지 30여 년 지난 해, 무(無)자 화두로 유명한 조주(趙州) 선사가 투자를 찾아왔다.

조주라 함은 선(禪)불교의 거목 중의 거목이라 절 근처에 사는 아이라면 곶감이나 호랑이가 아니라 조주라는 이야기만 들어도 울다가 뚝 그치지 않는가.

마침 투자는 장에 가는 길이었다. 조주는 투자를 기다리는데, 늦은 시간 투자가 기름 한 병을 들고 돌아오니 조주 선사가 말했다.

"투자의 소문을 들은 지 오래건만, 와서 보니 기름 장수 늙은이뿐이로군요."

투자가 답한다.

"그대는 기름 장수 늙은이만 보았지, 투자는 알아보지 못하는군요."

"어떤 것이 투자입니까?"

"기름이오, 기름."

『전등록』에 있는 이야기다.

날고 기는 조주 선사가 말 한 마디 잘못 뱉는 바람에, 거량(擧揚)에서 한 방 나가떨어지는 통쾌한 장면이다. 세속의 먼지구덩이에서 사는 사람으로서 이 고공의 바람소리 같은 높은 이야기를 어찌 쉽게 풀어내겠는가. 그렇지만 이 이야기를 여행에서 반려로 삼은 지는 꽤 오래 되었다.

여행지에서 늘 이 화두가 행동거지의 우두머리가 된다.

"기름이오, 기름."

투자는 잠시 젖혀두고 시킴 왕국을 다시 보자. 도대체 무엇이 시킴일까?

시킴 히말라야는 일부 지역을 제외하고는 대부분 거대한 산군이다. 고도가 낮은 지역은 사람들의 발길을 허용하지 않은 처녀 원시림을 품고, 더욱 높아 하늘 가까운 고도에는 6~8천 미터 급의 하얀 고봉들이 위풍당당하게 자리잡는다. 시킴 수도 강톡에서 직선거리로 40㎞, 해발 2천134미터의 다르질링에서는 50㎞ 떨어진 곳에 이 일대를 석권하는 거대한 설산 캉첸중가가 힘차게 앉아 있다.

풍수지리에서 태조산(太祖山)이라 하면 멀리 떨어져 높이 솟은 산을 말하며, 땅의 생기가 뭉쳐 있는—혈(穴)이 있는 자리의 바로 뒷산을 소조산(小祖山) 또는 주산(主山)이라 부르고, 그 가운데쯤에 있는 산을 중조산(中祖山) 혹은 종산(宗山)이라 일컫는다.

캉첸중가는 풍수지리상 주산(主山), 종산(宗山)을 모두 뛰어넘어 오로지 태조산으로 통일한다. 이 지역 일대를 모두 한데 아우르며 오랜 세월이 흘러도 쇠하지 않은 생명력을 가슴에 품고 태조산 그 자체로 강력하게 지배한다. 시킴 히말라야라는 대생명의 조화와 유동의 본체인 셈이다.

풍수지리(風水地理)는 말 그대로 바람과 물을 다루는 학문으로, 풍수(風水)라는 말은 곽박(郭璞, 276~324)의 『장경(葬經)』에서 처음 나타난다. 장풍득수(藏風得水)를 줄여 '바람을 가두고 물을 얻는다'는 의미다.

땅의 에너지—지기(地氣)가 바람을 타면 흩어지고 물을 만나면 멎기 때문에, 바람이 바깥으로 새나가지 않도록 좌청룡 우백호와 같은 울타리로 호위하도록 하고, 강물이나 호수를 주변에 두어서 좋은 기운이 나가지 못하게 한다는 이야기다.

중국에서 풍수지리는 한(漢)나라 시기에 음양설과 함께 구체적인 체계가 확립되기 시작하였으며, 고구려 · 백제 · 신라의 삼국시대에 한반도로 유입된 것으로 추정된다.

세월이 지나가면서 인간에게 축적된 경험에 의하면, 산 · 강과 호수와 같은 물 그리고 바람 등, 자연의 여러 요소들은 일정한 법칙을 가지고 영향

정신을 집중해서 생각을 먼 데까지 하여 자연이 묘리를 깨닫고 있으니, 외물이나 자신을 모두 잊고 형체를 벗어나며 온갖 지혜를 떨쳐 버린다(凝神遐想 妙悟自然 物我兩忘 離形去智). 지혜를 품고 있으면 유한(有限)이지만 그것을 떨어뜨려내면 무한(無限)이 된다. 이 자리가 최고경지가 된다. 고개를 넘어서며 하얀 히말라야를 만나는 순간, 별다른 노력을 하지 않아도 무한이 유한을 버린다. 유식무경(唯識無境)을 공부한다.

을 미쳐왔기에 이 이치를 따지게 된 것이 바로 풍수지리학이다.

일부에서는 풍수지리라는 이야기에 비과학 · 비논리 · 무의미를 내세우거나 미신 운운하면서 민감하게 반응한다. 그러나 산을 지나고 평야를 건너다니며 자연과 밀접하게 지내다 보면 자연의 생명 역량이 고스란히 전해져 소위 말하는 땅 기운, 산 기운을 접하는 순간을 만난다.

가만히 머물고 싶고 앉아서 편하게 쉬고 싶은 지형이 있는가 하면, 바늘방석에 앉은 듯 이상한 반발력을 느끼고, 때로는 이상스럽게 음산하고 혹은 안온함과 양명함으로 자연과 감응하며 몸과 마음이 따스해지기도 한다.

이런 현상은 산, 내, 들을 많이 다닐수록 민감해진다.

"여기는 사람이 살 곳은 아닌 것 같아."

"이 자리에 조그마한 오두막집을 지으면 좋겠구나."

"집을 짓고 저쯤에 솟대를 걸고 이쯤에는 연못을 만들면 어떨까."

이런 생각이 자연스럽게 일어난다.

이것을 풍수지리라고 보면 된다. 풍수지리가 산 · 강 · 사람, 그리고 방위를 바탕으로 하고, 『주역(周易)』을 중요한 준거로 삼아, 음양오행의 논리로 일어났다는 사실은 몰라도 좋다.

지관(地官)처럼 풍수지리를 학문적으로 깊고 복잡하게 보지 않아도 문외한 시선 역시 지형에 따라 고도에 따라 사람들이 사는 모습이 다른 것이 포착된다. 이것은 문명의 오염이 적게 된 곳일수록 확연하게 드러난다.

햇빛 · 지형 · 바람 · 흐르는 물은 대지 위에서 동식물을 키워내고, 여러가지 산물을 수확하도록 도와준다. 이에 따라 음식 종류, 인간의 생활방식과 행동, 의복, 집, 문화, 오락 등등의 차별이 이루어지니, 고유의 민속춤, 문화, 놀이가 존재한다. 모두 주변 자연과 연관된 것으로 이것 역시 풍수지리의 얼굴 중에 하나가 된다.

개인적 음양택(陰陽宅)에 국한된 풍수 혹은 가문의 영광을 위해 명당진혈(明堂眞穴)을 더듬는 풍수는 낡은 안목이다.

캉첸중가는 시킴 사람들의 영감의 근원이다. 풍수가 생리적 · 물리적 · 정신심리적인 영향을 주는 것을 본다면, 캉첸중가라는 자연은 시킴의 주체며 정신이 된다. 산, 들판, 강 모두는 자연이 만들어 낸 편린이며 무늬이고 이 아름다운 무늬가 바로 자연의 정신이자 반영이다.

사실 알고 보면 우리도 이 무늬 중의 하나로 인간이 지향해야 할 일은 인간화가 아니라 인간의 자연화다. 이 지역을 지배하는 자연 변화에 순응하며 그것에 맞추어 외연을 넓혀 조화를 이루어 가며 동구(同構)되어 삶을 꾸려 나가야 한다.

승조(僧肇)의 『조론(肇論)』에 '천지는 나와 함께 같은 뿌리에서 나왔고 모든 만물은 나와 함께 한다(天地與我同根 萬物與我爲一)' 는 부분이나, 『장자』의 「제물론(齊物論)」의 천지가 나와 함께 살아가고 만물이 나와 하나가 되는(天地輿我竝生立 萬物與我爲一) 자리가 바로 그것이다.

능선을 타고 가다가 하얀 몸을 곧추세운 설산을 본다. 산이 구름에 슬며시 가려지더니 잠시 사이에 다시 뼈대를 숨기기 시작했다. 시킴의 풍수가 즐겁고 새로운 기분을 안겨주는 것일까, 콧노래라도 부르고 싶다.

도홍경(陶弘景)이 노래한다.

산중에 무엇이 있냐고요(山中何所有)
고개 위에 흰구름이 많지요(嶺山多白雲).

조주 선사가 투자 스님을 알아보기 위해서는 외모를 우선 알아야 한다. 키가 5척 반이고, 얼굴이 검고, 허리가 구부정하다는 외적 요소를 알아야 투자 스님인지 황벽인지 혹 임제인지 구별이 가능하다. 이런 인상착의가 '무엇이 투자 스님이냐?'의 가장 첫 단서가 된다.

산은 구름과 화답하며 가려지고 벗겨 내기를 반복하더니 이제는 완전히 구름 안에 몸을 숨겨버렸다. 벵골 만에서 멀지 않은 이곳 날씨는 변화가 유달리 심하다. 설산이 재등장하기를 기다린다.

가이드북에 의하면 이 일대의 지형은 열십자〔十〕 능선이다.

사람에게 뼈대가 있고 그 위에 근육과 피부가 있듯이 산도 그런 구조를 가진다. 거대한 산들은 서로 어깨를 이어나가며 하나의 대간을 만들어 나름대로의 독특한 골격을 형성한다. 골격을 파악하는 일은 의사들이 해부학을 배우는 것과 동일해서 구조를 파악했을 때 보다 쉽게 대지의 참 맛을 느낄 수 있다.

또한 구조적 판단을 정확히 아는 일이 자연의 관상을 살피는 상지법(相地法)이기도 하다.

포정은 문혜군을 위해 소를 잡는다.

소에 손을 대고 어깨를 기울이고, 발로 짓누르고, 무릎을 구부려 칼을 움직이는 동작이 모두 음률에 맞았다.

문혜군은 그것을 보고 감탄하며 물었다.

"아, 훌륭하구나. 기술이 어찌하면 이런 경지에 이를 수가 있느냐?"

포정은 칼을 놓고 대답했다.

"제가 반기는 것은 도(道)입니다. 손끝의 재주 따위보다야 우월합니다. 제가 처음 소를 잡을 때는 소만 보여 손을 댈 수 없었으나, 3년이 지나자 이미 소의 온 모습은 눈에 안 띄게 되었습니다. 요즘 저는 정신으로 소를 대하고 있고 눈으로 보지는 않습니다. 눈의 작용이 멎으니 정신의 자연스런 작용만 남습니다. 천리를 따라 소가죽과 고기, 살과 뼈 사이의 커다란 틈새와 빈 곳에 칼을 놀리고 움직여 소 몸이 생긴 그대로 따라갑니다."

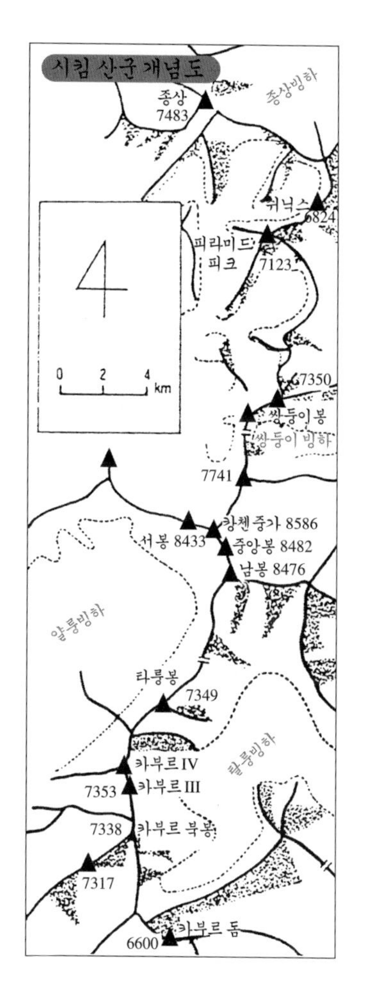

캉첸중가는 다른 산과는 모습이 다르다. 히말라야의 다른 산은 정상을 향해 모여들기에 멀리서 바라보면 삼각형 모습으로 하늘을 향해 솟아오른다. 캉첸중가는 비슷한 고도의 산줄기가 십(十)자형으로 모여들어서 울퉁불퉁한 덩어리[塊]처럼 보인다.

『장자』의 「양생주」에 나오는 포정해우(捕丁解牛)의 경지 역시 이런 자리에서 시작한다. 천리라는 골격을 알지 못하고 칼이 자유자재로 들어갈 수는 없다.

눈 밝은 사람이 험악한 길을 피해 쉽게 가는 이치다.

여행객은 당연히 이런 지리를 미리 알면 편하다. 더불어 이렇듯 오로지 두 발에 의지해서 걸어야 하는 오지에서는 산의 구조를 아는 일이 필요하다. 지형을 모르는 사람과 아는 사람은 여행의 격이 절실하게 달라지기에 이 구조를 따라야 흐르는 물처럼, 바람처럼, 도(道)스럽게 운행할 수 있음이다.

시킴의 골격은 열십자

● ● ●

시킴의 캉첸중가는 마치 용처럼 몸을 일으켰다가 엎드리듯 내려앉고, 좌우로는 가지를 치며 살아 움직이듯 형상을 이루고, 때로는 물고기가 뛰듯이 불끈 솟아오르는 맥의 기복을 가지고 있다. 거대한 용이 번뜩이며 활동하는 모습이다.

용—능선은 서로 이렇게 이어지거나 가로지르며 그 사이에는 넓은 팔을 벌려 계곡, 강, 마을 등을 품어 키워낸다. 역사 속에 많은 통치자들이 일어섰다가 스러지고, 민중 역시 그 길을 걸었다. 이곳에 터전을 둔 수없는 생명이 태어났다가 산기슭에 죽음으로 귀의하는 동안, 산수화조(山水花鳥)를 머금은 용의 흐름은 조금도 변치 않았다.

1. 북쪽으로는 8천586미터의 주봉을 지나 7천350미터와 7천4미터의 쌍둥이봉, 7천168미터의 네팔봉, 7천365미터의 텐트봉, 7천123미터의 피라밋봉 등, 7천 미터 급 연봉으로 이어진 후, 서쪽으로 휘어져 마치 거대한 병풍처럼 7천473미터의 종상봉을 지나는 능선을 이룬다.

2. 동쪽으로는 시킴 히말라야 연봉으로 이어진다.

3. 남쪽으로는 7천349미터의 타룽봉을 지나 7천300미터의 카브루의 연봉으로 이어진다.

4. 서쪽으로는 얄룽캉으로 불리는 8천505미터의 서봉과 7천903미터의 캉바첸을 이어나가며 7천710미터의 자누봉으로 능선을 이어간다.

시킴이 가진 이들 네 개의 주능선 사이에는 높은 고도로 인해 거대한 빙하 바다가 펼쳐진다.

시계 방향으로 북동면은 길이 26㎞의 제무 빙하로 예티〔설인(雪人)〕의 발자국이 자주 발견되는 것으로 유명하다. 남동면은 타룽 빙하, 남서면은 야룽 빙하 그리고 북서면은 캉첸중가 빙하가 광대한 백색의 집으로 얼음 왕국을 형성하고 있다.

이 빙하들은 서서히 녹아 강을 이루고 계곡을 따라 하류로 흘러간다. 시킴 히말라야에는 이렇게 형성된 두 개의 큰 강이 있다. 시킴 히말라야의 북동쪽, 해발 5천300미터 부근에서 시작해서 급하게 꺾이고 떨어지며 내려가

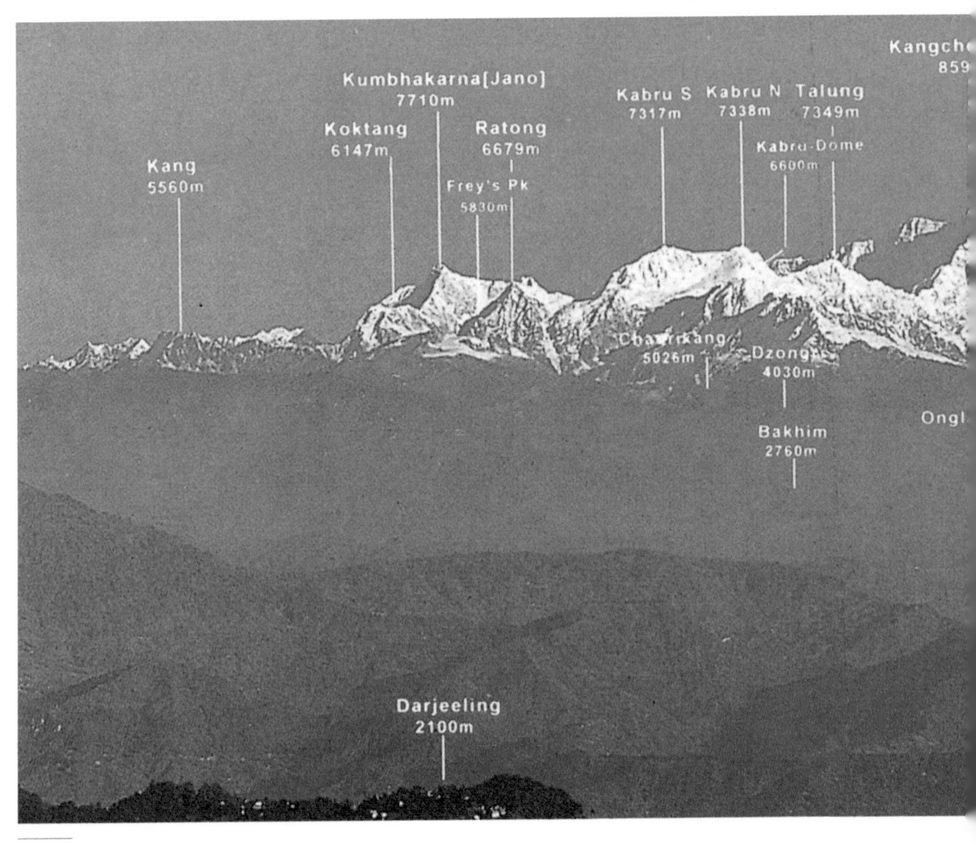

시킴 현지에서 파는 사진엽서다. 다르질링 타이거힐에서 바라보는 시킴 히말라야의 조망으로, 각 봉우리 이름과 고도가 적혀 있다. 아래 다르질링과 뒤의 하얀 히말라야 사이에 놓인 능선 주변이 시킴 왕국의 주 영토가 된다. 이렇게 조망되는 모든 풍경이 시킴 히말라야다.

는 띠스타 강이 있고, 시킴 히말라야의 서쪽의 라퉁 빙하에서 발원하는 란지트 강이 그것이다. 이 두 줄기는 랑포에서 만나 브라마푸트라 강으로 흘러들어간다.

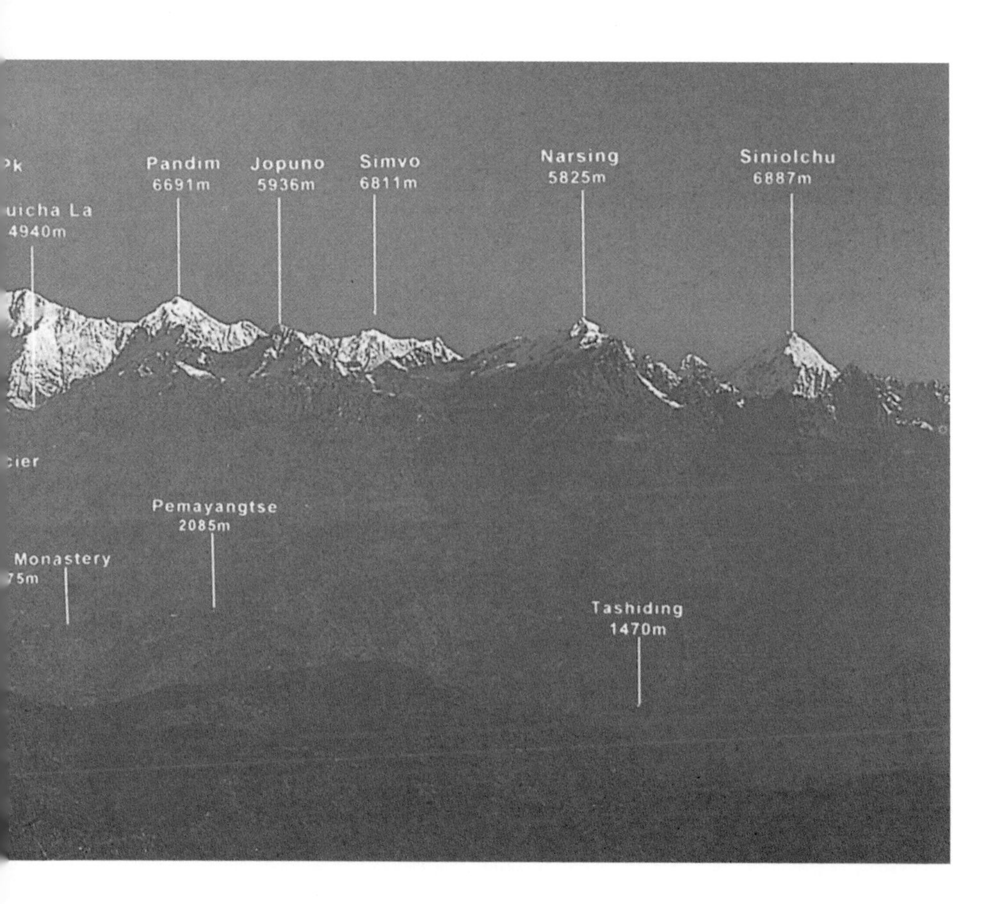

강물은 빙하를 지나 숲으로 들어오면서 많은 동식물의 거처에 대량의 수분을 공급한다. 저지대 인간이 대거 모여 도시를 이루고, 녹지를 깎아 공장을 만들고, 굴뚝에서는 이산화탄소를 배출하는 동안, 산은 이들과 함께 이산화탄소를 흡수하고 산소를 생산하는 지구 허파 역할을 맡는다.

바다에 도착하기 전까지 주변에 펼쳐진 대지를 충분히 적시고 생명체를 거두는 물. 지구상에 약 30억 명이 오늘도 산에서 만들어진 물에 의존하고 있다.

키르키스탄 대통령은 산의 이런 중요성에 주목했다. 그의 건의에 따라 유네스코는 2002년을 '세계 산의 해' 로 결정했다. 여러 이유 중에 산에서 출발하는 물의 중요성을 높이 평가했다. 오랫동안 가뭄이 들었을 때, 하늘을 보고 이어 산을 향해 애타는 시선을 던지던 노인들의 표정을 잊을 수 없다.

일반인, 특히 세계화에 주력하는 사람들은 숲의 경제성을 다른 방향으로 본다. 숲에 있는 나무를 베어 내서 가구를 만들고 건물을 세우면 경제성이 산다는 생각이다. 돌을 캐어 정원석으로 내다 팔고, 길을 내어 도시 사이에 물류 수송을 원활하게 만들고, 광물을 캐고, 숲을 베어 낸 자리에 초지를 만들어서 사람들의 식탁에 오를 가축을 사육하면 경제성이 있다고 말한다.

숲의 기능은 이루 말할 수 없다. 이미 많은 학자들이 이야기한 것처럼, 이산화탄소를 저장하고 산소를 만드는 지구의 허파 노릇을 하고, 증발을 통해 비구름을 만들고, 하부에는 엄청난 수분을 품는다. 멸종동물을 포함하여 많은 동물들의 서식지가 되고, 토양유실을 막으며, 숲 아래 마을의 홍수를 예방한다. 아직 가치가 평가되지 않은 야생식물에게 서식지를 제공한다.

삼림은 침묵하지만 꾸준히 많은 일을 한다.

그렇다면 나무를 베어 낸 대신 공장과 자동차에서 끊임없이 뿜어져 나오는 이산화탄소를 저장하려면 얼마나 들까?

숲에서 만드는 정도의 산소를 만들어 내려면?

숲이 품은 물을 가둘 만한 거대한 댐을 건설하는 비용은?

살림 안에 둥지를 튼 수많은 야생동물을 동물원에서 키우려면 그 유지

비는?

인공강우를 일으키려면?

숲은 조금도 움직이지 않는 GNP 혹은 GDP이지만 엄청난 경제적인 능력을 가진다.

시킴 히말라야는 빙하가 끝나는 부분부터 자연의 원형을 잘 보존하고 있다. 시킴에 거주하는 사람에게는 평생, 그리고 대대손손 거듭되는 것이 산의 해다. 우리에게는 영원히 '산의 해'가 지속되어야 한다.

다시 눈을 드니 구름을 털어 낸 서기 어린 설산이 어느새 무수한 용을 거느리고 있다. 시선을 가두었던 구름은 대부분 능선 곳곳에서 서서히 물러서고 있다. 산의 모습을 바라보는 일이 선지식을 알현하는 것과 같다고 느끼는 내게 이런 변화는, 마치 선사가 학인(學人)을 지도하는 방법인, 바라보고 찡그리는 고감빈신(顧鑑頻申)으로 여겨진다.

구름이 걷히며 산의 이곳저곳에 햇볕이 내리쪼인다. 마치 개화를 기다린 꽃봉오리처럼 산들이 화려하게 피어난다. 혹은 용들이 젖은 몸을 말리는 듯하다.

설산이 장엄하게 드러나는 모습을 보면서 '참 좋은 날이구나' 탄식하게 된다. 풍경이 생사를 초탈하여 무차별 허용한다.

이제 햇살은 100% 순은(純銀)하다. 감전되고 있다. 투명한 쪽빛 하늘을 가로질러 와 시선 안으로 찌르듯이 들어오며 몸 역시 뚫고 들어오는지 따끔거린다. 실눈을 하지 않으면 감히 바라볼 수 없는 광휘로운 세상이 되어 가고 있다.

사위가 모두 수준 높은 세상으로 진입해 들어가는 듯하니 용들이 들썩이는 풍경 하나로 일제히 아라한에 이를 듯하다. 시킴은 그 골법형체 자체가 범상치 않은 종교적 풍수다.

투자 선사의 선기(禪幾) 역시 그러했으리라.

시킴의 경제

시킴 경제를 유지하는 기본적인 골격은 관광수입과 농업. 역시 시킴의 풍수를 최대한 활용하여 수입을 증가시킨다.

이 중에서 시킴 주정부가 최근 가장 공을 들이는 일은 관광이다. 과거, 티베트와 인도 사이의 교역로 역할로 이에 따른 경제활동이 주를 이루었는데, 국경 폐쇄로 길이 막히면서 새로운 활력을 찾아야만 했다. 당연히 빼어난 몸매를 보여 주는 관광으로 눈을 돌렸다.

민감한 국경지역이지만 출입국에 별다른 문제가 없는 내국인 지위의 인도인들을 먼저 받아들였다. 이 지역을 찾는 인도인 숫자는 한 해 평균 30만 명 정도로 인도 대륙에 무더위가 찾아오는 3~6월에 편중되어 있다. 그 후 개방정책을 통해 외국인을 받아들여 연(年) 약 3~5만 명 정도가 시킴 지역을 방문하고 이 수치는 해마다 20%씩 증가한다고 한다. 한편으로 불교를 중점으로 하는 관광상품을 내세워 동남아시아, 일본인들의 방문을 확대하려는 시도를 시작하고 있다.

흔히 이야기하는 '때묻지 않은 자연, 친절한 미소'가 관광의 최대 강점이다.

시킴 지역에서 다른 중요한 경제활동은 농업이다. 시킴 히말라야는 100% 급격한 경사지로 구성되어 있어 평야를 소유하지 못하고 경사면에 드문드문하게 만든 농경지는 전체 면적의 11%에 불과하다. 곡물, 채소, 과일 등, 다양한 품종이 수확되지만 단일 품종을 대량 재배할 수 있는 농토 능력이 없으며 양으로 자급자족을 하지 못한다.

농업 중에서 계단식 농경지에서 재배되는 차(茶)는 높은 수입원이 되고 있다. 이곳에서 일궈 낸 차들은 고급제품이기에 인도에서 소비되지 않고, 대부분 독일과 러시아 등, 유럽으로 수출된다. 주로 이주민 네팔인들이 차 재배 노동력 대부분을 제공한다.

시킴의 또 다른 특산물은 생강이다. 생강은 인도에서 차를 끓일 때 미량을 넣어 맛을 돋운다. 인도 전역에서 가장 고품종 생강이 생산되어 고지대 농가들은 생강재배를 통해 고수익을 거둔다.

비교적 낮은 지대에서는 우기 중에 쌀을 재배하고, 건기에는 추수한 자리에 옥수수를 심는다. 최근 저지대에서 커피를 생산하려는 노력이 시작되었다.

시킴 지형의 대부분을 차지하는 숲은 계산할 수 없는 자산이다. 강이 흐르는 저지대에는 활엽수가 주종을 이루고 고도를 높이면 목초지를 만난다. 이 사이에 백합, 앵초, 만병초, 글라디올러스 등등의 꽃들이 화려하게 자란다. 잘 보존된 숲 덕분에 시킴 히말라야가 세계에 내놓고 자랑할 수 있는 품목이 있으니 난초다.

시킴 주정부는 원예를 담당하는 청(廳)을 만들어 원예업자들에게 난초를 재배하는 기술을 알려 주고, 그들이 만들어 낸 품종을 관리 및 개량한다. 최근에 수출을 통해 세계적으로 '시킴 난'의 명성을 알리는 데 성공을 거두었다. 난초는 경제적으로 상당한 이익을 가져다 주는 효자상품으로 부상하기 시작했다.

난초 이외에 아름다운 원예식물들을 재배하기 시작했고, 더불어 화훼 농가에 특혜를 주며 지원하고 장려한다.

시킴의 경제는 시킴에 주어진 풍수(風水)를 잘 이용해서 발전을 하고 있어 인도의 다른 지역보다 평균 소득이 월등히 높다.

현재 직선으로 선출된 주지사 파왕 창림은 2002년 4월 「네팔 타임스」와의 인터뷰에서 시킴 지역을 '파라다이스'로 만들겠다고 했다. 이런 목표를 교육, 농업, 화훼, 원예, 관광 그리고 수력 전기의 (인도) 수출을 통해 이루겠다고 말했다. 또한 개발에만 치중하는 것이 아니라 시킴 히말라야가 가진 생물학적인 다양성, 멸종위기에 빠진 희귀식물, 시킴의 자연과 삼림(森林)을 적극적으로 보전하겠다고 공언했다.

숲 속에 자리한 시킴의 첫 도읍지

본시 산사람이라 산중의 이야기를 즐겨 나눈다.
오월의 솔바람 팔고 싶으나 그대들이 값 모를까 그게 두렵다.
(本是山中人 愛說山中話 五月賣松風 人間恐無賈)
—저자 미상

녹색의 평화로운 욕섬

● ● ●

욕섬은 해발 1천780미터의 고지대에 자리한다. 지리산 마니아들이 은근히 사랑하는 1천732미터의 반야봉보다, 그리고 눈이 유달리 일찍 찾아드는 설악산 대청봉 1천708미터보다 높은 곳에 위치한다.

낙엽송이 주종을 이루는 서(西) 시킴의 울창한 숲 사이 오르막을 이리저리 오르다가 보면 문득 하얀 룽따가 반기듯이 줄지어 자리한 곳부터 욕섬은 시작한다. 멀지 않은 계곡 사이에 소담스럽게 담긴 하얀 밥주발 같은 히말라야가 보이고, 온갖 깃발들이 집집마다 펄럭이며 곳곳에 무화과나무들이 탐스러이 열매를 매달고 있다. 고목의 어깨에 자리잡은 이끼에는 난초들이 무성하게 피어올라 은밀한 아름다움을 향기와 함께 전한다. 또한 계단식 밭에는 주민들의 식탁을 위한 보리와 밀이 풍성하게 재배되니 부족함이 없다.

마을을 거닐다 보면 샨티-평화라는 말이 나도 모르게 스스럼없이 터져 나온다.

힌두 경전 『우파니샤드』는 매 장이 시작될 때마다 '평온을 위한 낭독' 을 한다. 가령 예를 들면 '까타 우파니샤드' 의 경우 이렇게 시작한다.

옴.
우리 (스승과 제자)를 (무지에서) 구하소서.
우리(의 노력으)로 기뻐하소서.
우리가 함께 힘차게 (탐구)하게 하소서.
우리 둘의 익힌 지식이 우리를 빛나게 하고,
또한 우리가 서로를 시기하지 않도록 하소서.
옴 샨티 샨티 샨티

『우파니샤드』는 '가까이 아래로 앉는다' 는 의미로 진리를 깨달은 스승이 제자에게 지혜를 전수하는 것을 말한다. 강론을 시작할 때 옴 샨티 샨티 샨티로 문을 열고, 강론이 끝날 때 역시 샨티로 문을 닫는다.

욕섬의 지형은 그야말로 샨티다. 전원적인 풍취를 물씬 풍기는 마을 주변의 깊은 숲 속은 가르침을 주고받기 좋아 보인다. 주변에 넉넉하게 자리잡은 녹색 숲들이 사람을 평안하게 만든다.

가끔 마을 입구에 자리잡은 당산나무 같은 아름드리나무 아래 앉아보면 깊은 평화가 온다. 최근 보고에 의하면 범죄율이 높은 빈민가에 나무를 심어

눈을 감고 있다가 설산을 다시 보면 보다 잘 보인다. 마음이 가라앉았기 때문이다. 『순자(荀子)』「정명(正命)」에서는 마음가짐을 말한다. "마음에 근심이나 두려움이 있으면 입에 소고기나 돼지고기 같은 맛있는 음식을 물고 있어도 그 맛을 알 수 없으며, 귀로 훌륭한 종소리나 북소리를 듣고 있어도 그 소리의 훌륭함을 알 수 없다. 눈으로 예복에 놓은 수(繡)를 보아도 그 아름다운 모양을 알지 못하고……" 산을 보는 법도 그렇다. 이것이 어찌 산을 보는 법일 뿐인가. 삶도 그렇지 않을까, 산을 잘 보는 법에 통달하면 삶도 잘 볼 수 있으리니, 히말라야는 이런 것을 배울 수 있는 도량이다.

녹색공간을 늘였더니 범죄율이 현저히 떨어졌다고 한다. 모두 나무 영혼이 인간 영혼에게 주는 평화의 선물이다.

힌두교 스승들이 인간 이전부터 존재해 오던 숲에서 명상에 들고, 그런 자리에서 거처를 삼아 수행을 거듭해 온 불교 역시 이런 녹색의 안정감과 무관하지는 않다.

특히 붓다의 일생은 초록빛이다. 울긋불긋한 단청과 화려하게 장식된 대웅전 때문에 붓다의 이미지는 현란하다. 그러나 원시불교(元始佛教)로 되돌아가 보면, 붓다는 멀리 히말라야가 보이는 룸비니 동산의 무우수 아래에서 태어났다. 출가 이후 진녹색 숲 속에서 수행했고, 깨달음은 녹색의 보리수나무 아래에서 이루어졌으며, 초전법륜은 녹색 사르나트 숲에서 펼쳐졌다. 이승과 결별하는 반열반 역시 사라쌍수 아래다.

붓다의 일생을 보면 녹색 나무 아래에서 시작하여, 녹색 길을 따라 여정을 진행하고, 녹색 나무 아래에서 대장부(大丈夫)의 모든 일을 마쳤다.

옴 샨티 샨티 샨티.

녹색의 숲을 걸으면 그리하여 늘 한 위대한 성자의 일생을 만나게 된다. 그리고 닮게 된다. 모든 숲은 내게는 한 위대한 스승의 발길을 더듬는 자리다.

해마다 정초가 되면 버릴 것을 이미 버려 하늘이 곧바로 보이는 겨울 숲을 찾아간다. 발목까지 차오르는 눈을 밟으며 혹은 빠지며 숲 속으로 들어가 보는 일이 연례행사, 시산제(始山祭)다. 가을에 떨어진 낙엽들과 지난 폭설로 무게를 이기지 못하고 부러져 내린 잡목들이 발밑에서 밟혀 뿌드득거리는 소리 들으며 몇백 미터 들어간다. 입산금지의 붉은 푯말을 넘어 섰으니 분명히 법을 어기는 일이되 자칭 산림학파(山林學派)인 내게는 연초에 벌이는 종교적 행위이기에 벌금을 감수한다.

나무. 나무. 또다시 나무〔南無〕. 짧은 사이 사면목가(四面木歌).

그들의 기둥—줄기 안에는 태양계의 순환주기에 일치해서 햇볕과 계절의 정기를 듬뿍 품은 둥글둥글한 나이테가 리듬으로 기록되어 있다. 조수처럼 밀려오고 멀어져 가는 순환과 반복의 우주 기운이 스며들어 밑으로는 지하에 닿고 위로는 우주에 맞닿는 형상을 만들고 있으니 성스럽다.

나무들은 제임스 조지 프레이저의 『황금가지』를 들먹이지 않아도 당연히 우주 신전(神殿)의 기둥이다. 처처불상(處處佛像), 사사불공(事事佛供)이라던가, 지바—개체적 혼(魂)을 가진 목목(木木)이 서낭당 나무 못지않게 브라흐만—범(梵)으로 그득한 곳이 숲이다.

내가 지상에서 임(林)이라는 성씨(姓氏)를 가지고 있다는 사실은 행복하다. 누가 누구를 낳고, 누가 누구를 낳고 누가 누구를 낳은 계통의 조상 이름보다, 시조(始祖)가 숲을 상징하며 혹은 숲에서 가계(家系)를 열었다는 사실 하나만으로 가슴이 풍족하다.

이제는 『슬픈 열대』의 저자 레비스트로스의 이야기처럼 '옛사람으로부터 사랑받던 자연, 어린 풀포기, 꽃 그리고 총림(叢林)의 습기 찬 신선함이 있는 그 투박한 자연의 가치를 알 수 있' 는 자리까지 왔다. 레비스트로스가 이 글을 쓸 무렵 공교롭게도 나와 같은 연배였던가.

더구나 나무 아래에 정좌한 사람을 존경하고, 단출한 복장으로 숲을 지나는 수행자를 공경하는 지금, 때가 되면 숲으로 되돌아가 살다 산에서 죽어, 이름값을 해야 한다는 생각 간절하다.

히말라야 넘어온 세 명의 고귀한 사람

• • •

1641년, 이 평화로운 녹색나라 욕섬에 세 사람의 티베트 승려가 찾아왔다.

한 사람은 라충 챔보. 임진왜란이 일어난 지 3년 후, 한반도 곳곳이 전화의 피해에 휩싸여 있을 무렵인 1595년, 티베트력 '불새의 해'에 티베트 남동쪽 아름다운 창포 계곡 꽁부 마을에서 태어났다. 어린 시절부터 여러 사원에서 닝마파 수행과 만행을 거듭하다가 티베트 수도 라싸에 입성했다. 이미 그의 명성과 학식이 티베트 전역에 널리 알려진 후였다. 법명은 꾼장맘계로 '완벽한 순수'다.

당시 티베트 불교는 히말라야 권을 중심으로 중앙아시아에 이르기까지 광범위하게 세력을 떨치던 시기였다. 라충은 게룩파의 고승 겔와 느가왕의 인가를 받게 되고, 46세 나이에 시킴의 북쪽 길을 통해 입국을 시도한다. 결국 우여곡절 끝에 캉첸중가 사이의 길을 택해 남하했다.

한편 북쪽으로의 진입을 시도했으나 험준한 지형으로 실패하여 우회로를 택한 까르톡파의 셈파 챔보 역시 서쪽으로부터 시킴에 들어왔다.

또한 현재의 다르질링과 남치에 해당하는 지역을 지나 남쪽에서 느구다파의 릭친 챔보가 시킴에 도착했다.

북쪽, 서쪽 그리고 남쪽, 세 방향에서 시킴으로 들어온 세 사람의 승려는 우연하게도 한 자리에서 만나게 되었다. 이렇게 만난 자리를 렙차어로 욕섬이라 부르게 되었는데 '세 명의 고매한 사람들—세 명의 승려' 라는 의미다.

세 명의 승려가 머리를 맞대고 이야기를 시작한 곳은 욕섬 좌측의 나지막한 언덕에 자리한다. 하얀 초르텐이 우뚝하니 자리잡고 주변에 무수한 룽따들이 빈틈없이 장식된 고요한 녹색 숲이다. 바람이 한 번 지나가면 일제히 일어나 펄럭이며 뒤척이는 룽따들은 바라보는 사람을 황홀케 한다.

이렇게 룽따가 펄럭이는 중앙에는 신단수 같은 나무가 하늘을 찌르며 우뚝 서 있고, 밑으로는 세 명의 승려가 앉았다는 커다란 돌 의자가 남아 있다.

이때 모인 승려 중에 가장 도력 높은 라충이 운을 뗐다.

"우리 세 명의 승려는 전혀 종교적이지 못한 나라에 도착했습니다. 우리는 붓다의 선물을 나누어 주는(왕, 지도자) 사람을 선출하고, 그 사람이 우리를 대신해서 통치하도록 하는 것이 어떻겠습니까?"

서쪽에서 올라온 셈파 챔보가 먼저 입을 열었다.

"저는 유명한 테르퇸인 느가닥 양넬의 후손입니다. 그분은 최근까지 한 지역을 다스렸습니다. 그러니 제가 왕이 되어 통치하는 것이 어떻습니까?"

릭친 챔보가 이어서 입을 열었다.

"저는 왕족의 혈통입니다. 제가 적임자라고 생각합니다."

그러자 가장 먼저 말을 꺼냈던 라충이 하나의 사실을 상기시켰다.

"구루 린포체(빠드마삼바바)가 남긴 예언서에 따르면, 때가 되면 시킴에서 성스러운 네 명의 형제가 만나 시킴 통치를 위해 머리를 맞댄다고 했습니다. 지금 우리는 각각 북쪽, 서쪽, 남쪽에서 왔습니다. 예언서는 새로운 시대에 동쪽에 푼쏙이라는 사람이 있고, 그는 티베트 동쪽의 캄족의 후손 중에 하나라고 합니다. 우리는 구루 린포체의 예언서에 따라 그를 찾아 추대하는 것이 좋겠습니다."

각기 북쪽, 서쪽, 남쪽에서 왔으니 예언대로라면 동쪽에 형제가 있는 셈이었다. 구루 린포체의 예언을 상기시킨 라충의 의견에 동의한 승려들은 두 명의 전령사를 동쪽으로 보냈다.

그들은 물어물어 현재 강톡의 동쪽 부근 마을에서 예언서에 적혀 있는 대로 푼쏙이라는 이름을 가진 사람을 찾아냈다.

전령이 물었다.

"당신 이름이 무엇입니까?"

그는 마침 우유를 휘젓고 있는 중이었다. 아무런 대답 없이 자신이 하던 일을 계속했다. 그러더니 잠시 후 일을 끝내고, 전령들을 자리에 앉도록 한 후에 우유를 대접했다.

전령들이 숨을 고르자 입을 열었다.

"내 이름은 푼쏙입니다."

그는 전령들의 안내로 세 명의 승려들이 있는 곳으로 왔다. 티베트 승려들은 푼쏙를 바위에 앉히고 머리에 성수를 뿌리는 예식을 통해 시킴을 통치하는 왕으로 임명했다.

이 의식은 일명 쎄왕〔관정(灌頂)〕으로 아미타유스〔무량수불(無量壽佛)〕의 능력과 하나가 되는 과정으로 기독교에서의 세례, 남방불교의 파리타〔수계(受戒)〕 의식과 유사하다. 물을 줌으로써 생명을 주고, 성화하며, 이때 스님들의 만뜨라 합창을 통해 그 힘을 더하게 된다.

승려들은 푼쏙에게 이 나라를 종교적—불교—으로 다스리기를 권고했다. 라충은 그에게 남갈이라는 성을 주고, 산스크리트어로 쇼갈〔법왕(法王)〕이라는 칭호를 주었으니, 1642년(책에 따라서는 1641년) 푼쏙의 나이 38세

티베트에서 넘어온 세 명의 승려가 시킴 왕국의 문을 연 장소는 맑은 기운이 넘친다. 이른 아침 그 자리를 찾으면, 왕을 임명했던 돌의자를 청소하는 이 소년과 만나게 된다.

였다.

이전만 하더라도 시킴 지역에는 파누와 같은 지도자는 있었으나 정식으로 체계적으로 권력을 행사하는 왕은 없었다. 역사는 여기서부터 시킴 왕국이라는 이름을 가지고 20세기까지 물길을 흘러 보낸다. 시킴의 권력은 티베트에서부터 온 승려들에 의해 욕섬에서 시작했고 욕섬은 당연히 시킴 왕국의 첫번째 도읍지가 되었다.

이 예언을 남긴 빠드마삼바바는 인도인으로 존귀한 스승이라는 의미로 구루 린포체라고 불리기도 한다. 티베트에 불교를 전한 인물로 그의 중요성은 티베트 전역과 히말라야 일대에서는 거의 신화적이다.

켄체 린포체의 말을 들어본다.

"인도, 티베트 그리고 히말라야의 신성한 대지에는 믿을 수 없을 정도로 뛰어난 스승들이 무수하게 많았다. 그러나 많은 스승 가운데 이러한 험난한 시대에 모든 중생에게 가장 자비로운 축복을 내렸던 스승이 바로 빠드마삼바바이다. 그는 자비의 화신이며 모든 붓다의 지혜를 체득했던 인물이다. 그의 능력 중에 하나는 그에게 기도하는 사람이라면 누구든지, 또 그가 바라는 것이 무엇이든지 바로 축복을 내릴 수 있는 능력을 갖췄다는 점이다. 그는 우리의 바람을 들어 주는 권능이 있다."

옴 아 훔 바즈라 구루 파드마 싯디 훔

이들이 이렇게 만나 시킴 지역을 왕국으로서의 새로운 역사를 처음 연 장소는 도읍지치고는 너무 평화롭고 고요하다. 산으로 향하는 외지인이 찾아올 뿐 햇볕, 바람, 구름만이 이 지역을 찾는 손님이 된다. 당시의 즉위식을 펼치던 곳 역시 침묵이 깊고 강해 몇백 년 세월을 손쉽게 거슬러 올라갈 수 있다.

이 세 명의 승려 중 라충은 가장 강력한 실권자였다. 모든 의식은 라충이 주도했다. 그가 남들이 넘지 못한 북쪽 캉첸중가의 장벽을 넘었다는 이야기는 도력이 가장 높은 것을 의미한다. 왕위를 탄생시키던 자리에 놓인 돌 의자는 가장 상석은 라충의 자리이고 우측에 보다 낮은 위치에 푼쏙, 좌측에는 나머지 두 명의 승려의 자리가 표기되어 있어 그의 위치를 더욱 확고히 추측할 수 있다.

또한 그 자리 앞으로는 라충이 바위 위에 자신의 오른쪽 발자국을 남긴 자리가 있어 기적까지 더해져 범접하기 어려운 권위를 내보인다. 하얀 초르텐 하나가 앞에 서서 이 자리들을 굽어보며 성지의 조건을 만든다.

라충은 시킴의 탱화에는 표범 가죽 위에 오른 다리를 아래로 늘어뜨린 자세로 앉아 있다. 얼굴은 검고 푸른빛이며 거의 벗은 몸이다. 라충의 여러 이름 중에 하나인 헤루가빠는 '옷을 걸치지 않은 사람' 을 의미한다. 해골로 만든 화관을 쓰고, 왼쪽 손에는 피가 채워진 해골을 들고, 역시 해골로 매듭지어진 삼지창을 들며, 오른손의 수인은 스승의 자세를 나타내고 있다. 인도의 위대한 스승 비마 미트라의 환생으로 여겨지고 있기에 인도의 요가 수행자의 모습을 품고 있다.

세 명의 티베트 승려는 내부인을 추대하는 방법을 통해 강한 반발이나 저항 없이 권력과 종교를 전해 주었다. 당시 이 지역의 주인이던 렙차족을 젖혀두고 이역승 중에 하나가 시킴 지역의 지도자가 되겠다고 집권의지를 내보였다면 마찰과 충돌은 만만치 않았으리라.

이후로 자신들이 즉위시킨 남갈이 시킴을 통치했고, 따라서 시킴은 티베트와 밀접한 관계를 가지게 되었음은 쉽게 이해할 수 있다. 이때 티베트는 5대 달라이 라마가 통치하던 시기였다. 그는 분열된 티베트를 재통일하는데 성공하고 정교양권(政敎兩權)을 다시 장악하는 시기가 된다.

시킴은 이제 세 사람의 티베트 승려에 의해 막강한 티베트 우산 밑으로 들어갔다.

첫 걸음, 지금은 오리무중

● ● ●

한반도의 불교 유입에 대해 많은 이설이 있으나 공식적으로 주로『삼국사기』와『삼국유사』에 근거를 두고 있다.

고구려의 경우, 소수림왕 2년(372)에 전진왕 부견(符堅)이 사신과 승려 순도(順道)를 보낸 것을 시초로 삼고, 백제의 경우 고구려보다 12년 뒤인 침류왕 1년(384) 인도 승려 마라난타(摩羅難陀)가 동진(東晋)에서 온 순간이 출발점이 된다. 신라는 법흥왕 14년(527) 이차돈의 순교로 공식적으로 시작이 되었으나 이미 눌지왕(417) 시절에 고구려의 아도 화상이 남하하여 선산지방에서 포교를 시작했다.

불교의 유입은 공식적 기록보다 훨씬 이전으로 잡는 것이 옳다.

6조 혜능은 인종법사(印宗法師)의 회상에 있을 때 두 스님이 바람과 깃발을 보고는 서로 다투는 것을 보았다. 하나는 '바람이 움직인다' 하고 다른 하나는 '깃발이 움직인다' 고 하자, 혜능은 '바람이 움직이는 것도 아니요, 깃발이 움직이는 것도 아니다(非風非幡). 다만 그대들의 마음이 움직일 뿐이다' 라고 설했으니 유명한 풍동번동(風動飜動)이라는 공안이다.

가야국 김수로왕의 아내 허 황후는 인도 사람이다. 서기 48년, 가야에 상륙하면서 불교를 가지고 들어왔을 가능성이 제기된다. 후에 가야국이 신라에 흡수 통합되면서 불교는 민중 속으로 이미 스며들었다고 보아도 좋다.

최근에는 『진서(晉書) · 열전(列傳) 67』의 「채모전」에 근거해서 고구려의 불교전래를 100년 이상 앞당기기도 한다. 즉 서진의 황제인 무제(265~290)는 독실한 불교신자로 불교의 신통함을 널리 펴라 명령하자 신하들은 상소를 올린다. 내용 중에는 '불교는 동이와 북적의 오랑캐 땅에 만연한 풍속' 이라는 대목이 있는데 이 당시 이미 고구려에 불교가 널리 퍼져 있었다는 증거가 된다.

또한 『양고승전』과 『해동고승전』에 동진의 도림(314~366)이 고구려 스님에게 서찰을 보냈다는 기록 또한 불교의 한반도 전래가 보다 앞서 있었음을 반증한다.

시킴은 모두 인정하듯이 불교도 주다. 그렇다면 불교는 언제 어떻게 이 땅으로 전파되었을까.

한 지역의 어떤 시초는 늘 신화와 전설이 적절히 버무러져 있기 마련이다. 티베트로부터 유민이 들어오고 서로간의 교역이 진행되면서 여러 경로를 통해 티베트 불교는 자연스럽게 시킴 안으로 유입되었다.

시킴 지역과 불교와의 공식적인 첫 접촉은 구루 린포체(빠드마삼바바)가 티베트를 여행하면서 시킴과 부탄을 방문한 시점이 시초가 된다. 시킴 사람들은 이때부터 공식적으로 붓다의 은총을 받았다고 생각하며 구루 린포체와 관계된 성지를 여럿 유지해 왔다.

빠드마삼바바는 이 땅을 베율드레마죵, '숨겨진 보석, 과일과 꽃의 땅' 이라고 불렀고, 티베트가 '어두운 힘이 파괴된 후에 이 자리에 불교가 번창할 것' 이라고 예언했다. 그 예언은 정확하게 들어맞아, 현재 중국인은 티베트를 끊임없이 유린하는 진행형이고, 반면에 시킴은 티베트 불교의 꽃들이 만개하는 중이다.

그러나 역시 불교의 역사적인 전래는 구루 린포체가 아니라 세 명의 티베트 승려가 욕섬에서 푼쏙을 왕위에 올린 순간이 된다. 이로부터 시킴은 불교 왕국—불국토로 재탄생했고 보다 영적이고 종교적인 국가로 한 걸음 진행했다.

현재 시킴 지역에 고소득을 안겨주는 생강 밭이 근처까지 올라와 있으나 산세로 보아 과거에는 욕섬 모두가 울창한 숲이었으리라 추측하는 일은 어렵지 않다.

초전지는 사람들에 의해 보호되고 숭앙되고 있다. 특히 종교적인 심성이 강한 민족에게는 성지로서의 풍광과 품위가 이토록 잘 유지된다.

대관식을 치른 자리를 산책하다 보니 비록 권력이 전해진 자리라도 다르마〔법(法)〕가 같이 뒤따라서일까, 또 다른 세상에 들어온 듯 여간 편안한 것이 아니다.

녹색 숲, 룽따, 나와 불교의 인연 등등, 온갖 상념이 스쳐가며 마음자리가 평안하다.

옴.

우리(스승과 제자)를 (무지에서) 구하소서.

우리(의 노력으)로 기뻐하소서.

우리가 함께 힘차게 (탐구)하게 하소서.

우리 둘의 익힌 지식이 우리를 빛나게 하고,

또한 우리가 서로를 시기하지 않도록 하소서.

옴 샨티 샨티 샨티.

룽따

시킴을 시킴스럽게 만드는 것은 많지만 룽따가 큰 역할을 맡는다.

안나말라이 스와미의 말에 의하면 '물은 우물 안에 있을 수도 있고, 호수에 있을 수도 있다. 똑같은 물이지만 한 곳의 물은 다른 곳의 물보다 더 많은 사람들의 갈증을 채워줄 수 있다' 고 한다.

같은 식으로 이야기를 진행시키면 물은 어느 곳에나 있을 수 있지만 사막의 오아시스의 물은 극적이다.

룽따 또한 그렇다. 카트만두 시내, 강톡 시내, 그 어느 곳에도 룽따는 펄럭일 수 있으나 히말라야를 배경으로 시킴 산 속 마을에서 무리지어 휘날리는 모습은 룽따의 가치를 최고조로 극대화한다.

깃발 아래에서 유치환의 '이것은 소리 없는 아우성/저 푸른 해원(海原)을 향하여 흔드는/영원한 노스탤지어의 손수건' 〈깃발〉이라는 시의 한 구절 떠올리지 않는 사람이 있을까. 룽따의 숲을 지나다 보면 어느 사이 〈깃발〉을 모조리 외워 내며 마음이 펄럭거리는 깃발과 공명한다.

6조 혜능은 인종법사(印宗法師)의 회상에 있을 때 두 스님이 바람과 깃발을 보고는 서로 다투는 것을 보았다. 하나는 '바람이 움직인다' 하고 다른 하나는 '깃발이 움직인다' 고 하자, 혜능은 '바람이 움직이는 것도 아니요, 깃발이 움직이는 것도 아니다(非風非幡). 다만 그대들의 마음이 움직일 뿐이다' 라고 설했으니 유명한 풍동번동(風動飜動)이라는 공안이다.

룽따 아래에 가만히 서 있으면 묘하다. 정말로 요란하게 움직이는 마음을

룽따의 나라는 시킴이다. 수를 셀 수도 없는 룽따들이 곳곳에 자리잡고 있다. 나무가 이룬 숲보다 기원을 담은 무수한 룽따가 이룬 숲이 더 울창한 지역도 많다.

보게 되며 천진스러워진다. 마치 바람에 펄럭이는 깃발들의 소리가 물에서 요란하게 튀어 오르는 물고기 같아 풍어제(豊漁祭)의 뱃사람처럼 살며시 들뜨며 기대감이 일어난다.

깃발은 힌두교에서 사용했다. 힌두 신화에 신들과 아수라(阿修羅) 사이에 전쟁이 일어나자 인드라는 신들에게 훈시를 주며 용기를 북돋아준다.

너희는 싸움에 임하여 만약 공포로 머리가 쭈뼛할 때는 모두 내 깃발을 쳐다보아라. 그렇게 하면 공포가 사라지리라. 그러나 만일에 내 깃발을 쳐다볼 수 없을 때에는 파자파디천의 깃발을 쳐다보아라. 만약에 또 파자파디천의 깃발을 볼 수 없을 때에는 바루나천(婆樓那天)의 깃발을 쳐다보아라. 다시 그것도 볼 수 없을 때에는 이사나천(伊舍那天)의 깃발을 쳐다보아라. 그렇게 하면 너희는 그 공포를 떨쳐 버릴 수 있으리라.

이것이 「인드라의 깃발」이다. 아슈바고사〔馬鳴〕의 『붓다차리타』의 붓다의 탄생에 관한 아시타 선인의 예언편에도 나타나는 것으로 보아 불교 이전부터 인도에서 흔했던 것으로 추정된다.

이 말을 듣고 곰곰이 생각하고,
여러 가지 상서로운 조짐을 보고는
'인드라의 깃발' 같이 높이 드날리는
석가족의 깃발을 보려고 왔나이다.

룽따는 불교적 기원을 담은 깃발이며 이것은 바람 말〔風馬〕, 즉 룽—바람을 타고 하늘을 나는 따—말이라는 의미를 가진다.

바람은 방향이 일정하지 않고 사방 여기저기에서 불어오기에 행운이 바람을 타고 찾아와 주기를 바라는 소망이 담겨 있다. 또한 친타마니〔寶石(보석)〕로 장식된 말은 사람을 태우고 원하는 어느 곳이라면 어디든지 데리고 가니 부귀를 찾아간다는 의미가 된다. 이렇게 룽따는 바람〔風〕과 말〔馬〕의 가져다 주는 수동과 찾아 나서는 능동의 음양 조화가 형상화되었다.

시킴의 곳곳에는 너무나 많은 룽따가 나부낀다. 나부껴도 보통 많은 것이 아니다. 흔히들 많은 것을 강조할 때 사용하는 '엄청' 이라는 단어도 무색할 정도로 엄청 많다. 절벽을 따라 굽이굽이 이어지는 위태로운 절벽 끝에서 마치

룽따는 시킴 히말라야에서 가장 흔하게 만나는 조형물이다. 스님이 배석하지 않고 개인적으로 설치할 수 있기에 가히 폭발적으로 늘어났다. 햇볕, 비바람에 그대로 노출되어 삭아버릴 때까지 세월 속에 풍화된다. 룽따는 4가지 종류가 있다.

바리케이드처럼 막아서서 무수히 흩날리고 있는가 하면, 성스러운 사원의 입구에서 길게 늘어져 사원으로 걸어가는 동안 속진과 세속의 잡념을 떨어뜨리려 성(聖)과 속(俗)을 구별하는 일주문 역할을 맡기도 한다. 색색의 룽따가 정글처럼 숲을 이루어 무더기로 장식된 성스러운 호수가 있어 감탄을 자아내기도 한다.

룽따에 쓰인 만뜨라와 축복이 바람을 타고 멀리멀리 퍼져 나간다면, 이런 곳들은 염원의 강력한 발원지가 된다.

시킴에서는 이런 깃발들은 4가지 종류로 구분된다.

1. 일명 다루쪽이라고 한다. 직사각형 모양을 가지며 가로 세로가 20㎝가 넘지 않는다. 가운데 노르부 즉 신비로운 보물을 실은 말을 그려 넣고 네 귀퉁이에 사자, 호랑이, 가루다, 용을 그려 넣었다.

가루다는 우리에게는 다소 생소한 짐승이다. 가루라(迦樓羅) 혹은 금시조(金翅鳥)로 표현되며, 본래 힌두신 비슈누가 타고 다니는 커다란 탈 것—새였으나 불교에 습합되었다. 인도네시아의 가루다 항공이라는 이름은 이 새의 이름을 차용한 것이다.

가루다는 뱀의 천적이다. 뱀은 풍요, 농작물, 그리고 물과 관계가 있고 호수에 사는 뱀은 사람들에게 피해를 주기도 한다. 가루다는 뱀왕이 지키고 있는 여러 보물을 빼앗아 제자리로 돌려준다. 친따마니는 관세음보살의 연꽃 안으로, 사리는 탑 안으로 되돌려 숭배 받도록 하고, 불사약은 아미타불에게 보내 무한한 수명을 유지하도록 도와준다.

가루다 모습은 따라서 항상 천적인 뱀을 입에 물고 있다.

다루쪽에 씌어 있는 경문을 해석하면 대체로 이렇다.

환호하라, 문수보살에게.

환호하라, 관세음보살에게.

환호하라, 천둥번개를 움켜쥔 자(바즈라파니), 금강의 영혼을 지닌 자(바즈라사트와)에게.

환호하라, 아미타보살에게.

위의 모든 보살들을 번영하게 하소서.

그리고 (원하는 사람의 이름을 부르고) 올해에는 몸이 건강하고, 언변에서 지지 않고, 소망하는 바를 얻어 번영케 하소서.

(끝으로) 붓다의 법이 번창하게 하소서.

아와로키테슈. 티베트 문화권에서는 첸레직이라고 부른다. 심장 높이의 가슴에서 합장한 손모음은 자신이 영적인 안내자임을 상징한다. 손에 잡는 지물로는 보석 같은 깨달음을 의미하는 친따마니[寶石], 장애를 극복하고 얻어낸 깨달음의 표현인 연꽃, 윤회의 고통으로부터 자유로워짐을 나타내는 수정 염주, 지혜를 꿰뚫는 화살, 성수를 담은 그릇이다.

시킴의 신도들은 이 깃발에 의해, 문수보살은 지혜를 전해 주며, 관세음보살은 지옥을 포함한 모든 공포에서 구원의 손길을 내밀고, 천둥번개를 움켜쥔 바즈라파니는 산악에서 사고와 그로 인한 부상을 막아준다고 믿는다. 또한 금강의 영혼을 지닌 바즈라사트와는 죄악으로부터 보호하고 영혼을 정화하며, 아미타보살은 장수를 가져다 준다고 믿는다.

이 다루쪽은 집 근처에서 많이 만날 수 있다. 다루쪽을 살 수 없이 가난한 사람은 작은 종이쪽지로 만든 룽따에 자신이 태어난 해[年], 이름, 그리고 그의 룽따가 번영하기를, 이라고 적어 바람 안에 뿌린다.

2. 길고 좁은 직사각형 모양의 초펜이 있다. 길이는 30㎝ 정도가 된다. 절벽과 절벽 사이를 연결하는 흔들거리는 현수교, 힘들게 올라가서 만나는 언덕 정상 부근의 돌무더기 근처에서 볼 수 있다. 폭포수 옆의 나뭇가지에도 묶

는다.

역시 가운데 말의 그림이 있고 다루쪽과 기원문이 비슷하다. 그곳에 추가되는 내용은 이렇다.

"기원하는 자의 삶을 번영시켜 주시고, 마치 새롭게 커가는 신월(新月)처럼 차 오르게 하소서."

이 깃발은 음력으로 셋째 날에 설치한다. 이유는 상현달이 눈에 뜨이게 모양을 갖춰 나가기 때문이다. 이제부터 달이 보름달〔滿月〕에 이르듯이 자신들의 기원이 그렇게 성취하기를 바라는 연유이다.

이 깃발을 매달 때는 향을 피우고, 주변의 높은 곳에서 약간의 보릿가루, 곡식 낱알, 창과 같은 토속주 혹은 똥바, 그리고 약간의 살코기를 뿌리면서 '쏘오, 쏘오' 라고 외친다. 사닥〔악마(惡魔)〕에게 제공하는 것으로 깃발의 권위를 손상시키지 않도록 회유하는 고시래 같은 제례다.

시킴의 초펜에는 타라 여신이 함께 그려지는 경우가 많다. 타라의 기원은 이렇다.

헤아리기 어려운 과거에 1천 명의 왕자가 깨달음을 얻은 자—붓다가 되기로 서원했다고 한다. 그리고 왕자들은 거듭 태어나며 깨달음으로 향하는 길을 추구했다. 그 왕자 중에 고타마 싯달타라는 이름을 가진 왕자는 용맹정진 끝에 목적한 바를 이루었다.

한편 아와로키테슈라는 이름의 왕자는 '중생이 모두 붓다가 될 때까지 깨달음을 얻지 않겠다' 고 맹세했다.

그는 이미 깨달은 시방세계의 붓다들에게 맹세한다.

"제가 모든 중생을 도울 수 있도록 하옵소서. 그리고 이처럼 거룩한 과업으로 피곤해진다면(피곤으로 제 과업을 한시라도 잊는다면), 제 몸이 천 갈래로 찢어지게 하옵소서."

그는 교화를 위해 지옥에 내려갔고 이어서 아귀세계를 지나 천상세계까지 이르게 되었다. 밑을 내려다 본 아와로키테슈는 소스라치게 놀랐다. 자신이 그렇게 많은 중생을 구제했음에도 불구하고 헤아릴 수 없는 많은 중생이 지옥세계로 들어가는 것을 보고 깊은 비탄의 충격을 받았다. 그 충격의 순간, 자신의 서원을 잠시 잊었고, 동시에 몸이 천 갈래로 찢어지기 시작했다.

그는 시방의 붓다에게 도움을 요청했다. 이미 깨달음에 들어간 붓다—깨달음을 얻은 자들은 애타는 도움의 목소리를 듣고 우주의 사방에서 몰려와 위대한 권능을 통해 그가 더 이상 찢겨나가는 일을 막았다.

아와로키테슈는 이 순간부터 11개의 머리, 1천 개의 팔, 1천 개의 눈이 달린 손바닥을 지니게 되었다.

아와로키테슈와라는 달과 같노니
그 시원한 빛은 윤회의 타오르는 불꽃을 끄고
밤에 핀 자비의 연꽃
그 서광으로 꽃잎을 활짝 피우는구나.
—쇼갈 린포체의 『티베트의 지혜』 중에서

그는 윤회를 거듭하며 고통 받는 중생을 보고 눈물을 흘렸다. 이때 떨어진 두 방울의 눈물은 붓다의 축복으로 인해서 타라 보디삿뜨바로 바뀌었다.

하나는 백색 타라로 자비의 모성적인 측면을 반영하고, 또 다른 녹색 타라는 자비의 활동적인 힘을 상징한다.

타라는 '얽매임으로부터 풀려난 여성'을 의미한다. 이 타라는 티베트 불교의 많은 탕카에 모습을 나타내고 있다. 아와로키테슈에서 나왔듯이 자비를 상징하고, 아와로키테슈의 목적이 그렇듯이 중생을 깨달음의 피안으로 가도록 도와준다.

따라서 타라에게 바치는 만뜨라는 그런 뜻을 고스란히 품고 있다.

"옴 타라 투타레 투라이 스와하—성스러운 타라시여, 우리를 피안으로 인도하소서."

타라가 그려진 룽따는 주로 여행자들이 많이 다니는 곳에 있다. 위험으로부터 여행자를 도와주는 역할도 있기 때문이다. 녹색 타라를 명상하면서 만뜨라를 외우면 불, 물, 사자, 코끼리, 옥살이, 뱀, 도둑, 악령을 피할 수 있으며, 백색 타라는 안정, 번영, 건강, 행운을 가져다 준다고 믿는다.

타라는 본래 인도불교에 자리잡고 있었으나 인도에서 티베트로 온 아티샤의 수호신으로 알려지면서 티베트에 정착했다.

아티샤는 예순의 나이에 티

타라는 구원자(救援者)라는 의미다. 중생을 고통으로부터 구해 주는 자비를 베푸는 존재로서 어머니의 사랑보다 그 깊이가 깊다. 타라는 7개의 눈을 가진다. 얼굴에 2개, 이마에 제3의 눈, 그리고 양쪽 손바닥과 발바닥에 하나씩 있다. 우주 전체의 고통 받는 중생을 모든 방향에서 쉽게 찾아내기 위해서다.

베트 왕의 간절한 초청에 의해 눈의 땅 티베트로 들어왔다. 티베트의 수도에서 남서쪽으로 28㎞ 떨어진 녜탕에 주석하고 훗날 이 사원에서 열반에 들었다. 아티샤는 인도에서 티베트로 넘어온 다른 전법승과는 달리 티베트어를 적극적으로 배워 설법했다.

이 사원에는 아티샤가 인도에서 가지고 온 말하는 타라 상이 있었다고 하나 지금은 없어졌다고 한다. 그러나 21종의 타라 탕카가 보존되어 있으며 아티샤의 피를 사용해서 그린 마하깔라 탕카가 현재까지 보관되어 있다.

후에 초대 달라이 라마가 타라에 대한 찬가를 만들면서 보편화되기 시작했다. 타라를 부를 때는 성직자를 통하지 않고 일반 신도들이 직접 부를 수 있기 때문에 타라 탕카와 조상(彫像)은 거의 모든 집에 보급되어 있다.

3. 갈첸체모, 일명 승리의 기다. 다루쪽과 같은 크기다. 이것은 다루쪽과 같으나 더욱 많은 만뜨라를 적고 8길상을 문양에 추가했다. 재산, 건강한 삶, 병고에 시달리지 않은 몸, 가문의 번영을 기원한다.

4. 랑뽀스톱랴스는 집의 벽에 붙인다. 혹은 천을 말아서 목도리처럼 두르는 경우도 있다. 가운데는 금강저가 가로 세로 두 개가 포개져 있는 비스와 바즈라가 그려져 있고 사방의 귀퉁이에는 각각 가루다, 공작, 코끼리, 말이 있는데, 이 중에서 코끼리와 말은 노르부 즉 신비로운 보물을 등에 얹고 있다. 그리고 모두 연꽃 원륜을 가지고 있다. 이 네 동물 사이사이에는 팔길상을 배치하고, 깃발의 가장자리를 따라서 경전의 내용을 적었다.

"이 주문을 가지고 있는 자의 삶, 육신, 가문을 번영시켜 주시고, 마치 새롭게 커가는 신월(新月)처럼 차오르게 하소서. 모든 부와 풍요를 누리게 하

시킴 히말라야에서는 집을 새롭게 짓기 전에 룽따를 세우고 축복한다. 집을 모두 짓고 나서 다시 룽따를 세운다. 그리고 룽따 사이를 끈으로 이어서 집터 부근이 악으로부터 보호되고 보디삿뜨바의 축복을 기원한다.

고, 모든 종류의 부상으로부터 피할 수 있도록 지켜 주소서."

가루다가 있는 부분.

"이 주문을 가진 자의 삶이 (가루다의 비행처럼) 고귀하게 올려지기를! 오, 이 주문을 가진 자의 삶[生]이 드높게 올려지기를(나아지기를)!"

공작새가 있는 부분.

"이 주문을 가진 자의 삶이 (공작새의 비행처럼) 고귀하게 올려지기를! 오, 이 주문을 가진 자의 육신이 드높게 올려지기를(늘 건강하기를)!"

코끼리가 있는 부분.

"이 주문을 가진 자의 삶이 (귀한 코끼리처럼) 고귀하게 올려지기를! 오,

이 주문을 가진 자의 세력과 재산이 늘어나기를!"

말이 있는 부분.

"이 주문을 가진 자의 삶이 (귀중한 말의 명성처럼) 고귀하게 올려지기를! 오, 이 주문을 가진 자는 모든 부상으로부터 지켜지기를!"

마지막으로 금강저가 겹쳐진 곳.

"오, 이 주문을 가진 자의 영혼에 (단단하게 결합된 금강저와 같은) 불멸의 선물을 주기를!"

룽따는 발복을 위해 보통 음력으로 3일째 되는 날에 설치하지만 대대적으로 많이 내거는 날은 정월 초하루다. 한편으로 불운한 일이 겹쳐진다든지, 어떤 부정적인 힘에 의해 방해를 받고 있다고 생각할 때도 설치한다.

이때는 땅위에 만다라를 만들거나 펼쳐 놓고 파란 색은 동, 붉은 색은 남, 하얀 색은 서 그리고 검은 색이 북으로 가도록 배치하고 적절한 무드라〔手印(수인)〕을 지어가며 이렇게 낭독한다.

"끼! 끼! 북쪽과 서쪽 지평선의 경계에는 노란 개머리의 남자가 있다. 그는 내가 이 몸값을 내는 해로운 악마다. 오! 개머리의 악마! 이 몸값을 받고 모든 해를 입히는 악마를 다시 불러들여라!"

"끼! 끼! 북쪽과 동쪽 지평선의 경계에는 노란 황소머리의 여자 악마가 있다. 그녀는 내가 이 몸값을 주는 해로운 악마다. 오! 황소머리의 악마! 이 몸값을 받고 모든 해를 입히는 악마를 다시 불러들여라!"

그리고 외친다.

"오! 모든 해로운 악령들을 혼란시켜라! 오! 모든 불쾌한 악마들을 혼란

랑뽀스롬라스는 룽따의 네 가지 종류 중에 가장 크고 화려하다.

시켜라! 오! 삶과 육체, 세력, 룽따에 해를 주는 모든 악마들을 혼란시켜라! 오! 배회하는 모든 악마들을 혼란시켜라! 오! 모든 룽따에 대한 나쁜 악운을 혼란시켜라! 오! 모든 나쁘고 끔찍한 요괴들을 혼란시켜라! 오! 모든 불리한 상황을 혼란시켜라! 오! 모든 하늘이 열리는 것을 혼란시켜라! 오! 모든 땅이 열리는 것을 혼란시켜라! 오! 모든 악마들에 의한 해를 혼란시켜라! 오! 우리가 모든 종류의 해로부터 분리되고 우리가 진정으로 찾는 진짜 선물로 하여금

은혜 입게 하라!"

마지막은 이렇게 끝낸다.

"덕이 늘어나기를, 행운이 있기를(따시)."

이 방법은 전통적이지만 현재는 큰 사건이 발생했거나 불운의 조짐이 보이지 않으면 사용하지 않는다. 단순히 향을 피우고 룽따에 자신의 생년월시, 이름을 적고 짧은 만뜨라를 외운다. 그리고 오체투지를 한다.

룽따를 거는 동안 특별히 스님을 초빙하지 않아도 되고, 룽따에 기원하는 경우도 스님을 통하지 않고 쉽게 할 수 있기에 타라 보살상처럼 수요가 폭발적으로 늘어났다.

한편으로는 룽따는 이런 기원의 역할과 더불어 어떤 과학적인 이유가 있어 보인다. 산세가 험하고 높으며 몬순이 심하게 오는 이 지역에서는 벼락이 수없이 떨어진다. 이 벼락은 나무에 떨어져 산불을 일으키거나 가옥의 날카로운 부분에 내려 재앙을 일으킨다.

맑은 날 시킴 히말라야 지역의 높은 능선에서 보면 룽따를 세운 지지목들은 무수한 피뢰침처럼 보인다. 대지가 머금고 있는 정전기를 끝부분을 통해 미리 하늘로 발산시키는 과학적 의도가 있어 보여 과학도로서 무릎을 치게 만든다. 룽따를 세움으로써 집에 떨어질 액운을 막는 것이다.

깃발 아래 서면 왠지 마음이 설렌다. 바람이 깃발을 지나가면서 갈기갈기 흩날리는 소리에 마음이 공명하기 때문이다. 그런 마음의 움직임으로 인해 깃발이 생긴 것은 아닐까.

룽따를 집중적으로 바라보기 위해서는 시킴의 산하를 걷는 것만으로도 충분하다. 시킴은 '룽따의 나라' 라고 부를 수 있다.

이 룽따는 소리 없는 아우성은 아니다. 온통 사방 하늘을 향한 시킴 주민들의 발복(發福)을 향한 간절한 외침이다. 결국 빛을 잃고 천 조각이 갈래갈래 찢어져 바람과 함께 허공으로 녹아들어 가기까지 복을 부르는 소망이다.

시킴 불교, 달라이 라마와 친형제가 아니다

빠드마삼바바가 티베트인들에게 '깨달은 자'의 가르침을 전한 첫번째
위대한 교사이고, 그가 미개 상태의 티베트인들에게 뛰어난 종교적 식견을
부여했으며, 티베트 불교의 모든 종파가 그를 존중한다는 역사적 사실을
고려할 때, 우리의 고귀한 스승을 중요한 문화 영웅의 한 사람이자
전 인류의 계몽자로 간주하지 않을 수 없다. —에반스 웬츠

불씨 되어 퍼져 나가고

● ● ●

시킴 지역에는 공식적으로 194개의 사원이 있는 것으로 알려져 있다. 주로 닝마파와 까귀파의 사원들이다.

시킴의 사원을 이해하기 위해서는 티베트 불교를 알아야 한다. 인도에서 일어난 불교가 히말라야 너머 티베트 고원에서 화려한 꽃을 피웠고 그 꽃씨들의 일부가 다시 남하해서 시킴 히말라야 지역에 정착했기 때문이다.

히말라야 입장에서 본다면 북으로 넘어선 꽃씨들이 창탕고원에서 확 피어나더니 다시 자신을 가로질러 남으로 넘어간 셈이다.

현재 티베트 고원의 꽃들은 전 세계적으로 퍼져 나갔다. 험한 지형으로 고립되어 오랫동안 독자적으로 독특한 모습과 향기를 잘 유지하고 있던 '은둔의 나라' 꽃들은 아이러니컬하게 침략자 중국의 도움으로 때로는 대양을 넘어 각 대륙으로 보급되었다.

『영혼의 도시 라싸로 가는 길』의 추천사를 쓴 14대 달라이 라마는 이렇게 이야기한다.

시킴에 불교를 전한 리충 챔보는 표범가죽 위에 앉아 있다. 우측 다리는 아래로 내리고 좌측은 굽혀 가까이 두는 이런 자세는 리리타스나라고 부르며 타라, 선정에 든 붓다, 사라스와티 신상에서 발견된다. 느슨하게 보이는 이 자세는 윤회의 굴레로부터 자유로움을 상징한다. 얼굴은 푸른빛을 띤 검은색이며 해골로 만들어진 화관, 좌측 손에는 피가 채어진 해골, 우측 손은 스승을 상징하는 무드라를 만들고 있다. 역시 해골로 장식된 삼지창을 왼쪽 어깨에 비스듬하게 얹어놓고 있다.

티베트는 쉽게 갈 수 있는 곳이 아니다. 사방으로 둘러싸인 높은 산맥들, 인구 밀도가 희박한 광막한 황야지대, 그리고 높은 고도 등과 같은 지형적인 요인은 이 나라를 더욱 접근하기 어려운 힘든 곳으로 만들었다. 그런데다가 너무나도 오랫동안 티베트인들은 자신들만의 고독을 즐기며, 자국으로 들어오고자 하는 외국인들을 철저히 배척했다. 또한, 물질적 · 정신적 자기 충족감에 빠져 있던 일부 보수적인 정책 입안자들은 다른 나라들과 우호관계를 맺는 것이 중요하다는 사실을 간과했다. 그 결과, 우리는 훗날 그 무관심의 대가를 톡톡히 치러야 했다.

야욕의 대명사에 다름 아닌 중국 공산당은 1949년 중국을 장악하고 다음해인 1950년, '티베트는 중화인민공화국의 영토이며 티베트 정부는 외교 사절 파견의 권한이 없다'는 성명을 발표하고, 이어 '삼백만 티베트 인민들을 제국주의자의 압제로부터 해방'시킨다는 명분으로 티베트를 침공했다.

티베트인들은 한동안 저항했으나 역부족, 결국 1959년 당시 정치와 종교의 지도자였던 달라이 라마가 5천 미터가 넘는 고갯길을 넘어 인도로 망명했다. 그리하여 티베트 전역은 중국 공산당 손아귀에 완전히 떨어지게 되었다.

이 당시를 전후해서 약 8만 5천 명의 티베트인들이 중국인들의 살인, 방화, 약탈, 탄압을 피해 인도 국경을 넘었다. 매혹적인 꽃은 고원을 넘어서 외부 세계에 확연하게 드러날 준비를 마친 셈이었다.

인도라는 토양은 붓다로부터 시작된 다르마[法]의 흐름을 이어받은 많은 스승을 키워냈고, 이어서 불교라는 꽃씨를 티베트에 전해 심어 주었고, 또 많은 시간이 흐른 후에 티베트인들이 인도에 내려와 정착할 수 있도록 도움을 주었다. 당시 수상이었던 네루는 중국의 압력에 굴복하지 않고 망명객을 차별 없이 수용했다. 덕분에 많은 티베트인이 히말라야를 넘어 인도에 안전하게 정착했으니 대국(大國)다운 면모를 아낌없이 보여 주었다.

2002년 연말경, 된듑링에서 행한 달라이 라마의 연설문 중에 이런 내용이 있다.

"인도와 티베트는 오랫동안 관계를 유지해 왔고, 이 관계는 대단한 의미를 가지고 있습니다. 인도인들에게 '히말라야, 카일라스' 라고 하면 마치 신들의 땅과 같은 느낌들을 가집니다. 또 티베트인들에게는 '보드가야' 라고 하면 무언가 특별한 생각들이 듭니다."

인도와 티베트 사이의 관계의 함축적 표현이다.

티베트를 점령한 후, 중국인들은 6천 개 이상의 사원을 무자비하게 파괴하고, 그 사원에서 붓다가 되기 위해 정진하던 수행자들을 강제로 노역과 환속으로 탄압했다. 한족(漢族)을 대거 이주시켜 티베트 고원 자체의 순수성을 희석시켰다. 현재까지 600만 명의 티베트 사람 중에 120만 명이 넘는 사람들이 중국인 손에 의해 죽었으니 전체 인구의 무려 1/5이라는 무서운 숫자다. 고원의 평지와 강은 핵실험으로 오염되었다.

반면 티베트인들은 망명지에서 본국으로 귀환을 희망하며 아힘사〔非暴力(비폭력)〕 평화주의 노선을 걸었다.

망명정부를 찾은 많은 순례객, 여행자들, 그리고 종교적 심성의 소유자들은 겸손한 자세로 유정무정의 해탈을 위해 수행하는 이들을 관심 깊게 바라보았고, 매료되었으며, 하나둘씩 귀의하기 시작했다.

망명지에서 감동 받은 외국인들은 그 후 본국으로 돌아가 자발적으로 이들 모습과 소식을 알리기 시작했다. 더불어 티베트 불교 센터를 세계 곳곳에 설립하기 시작하면서 티베트 스님들을 초청해서 가르침을 청했으니 창탕 고원 위의 붓다 법륜은 티베트를 벗어나 외지에서 구르기 시작했다. 티베트 화(花)가 바다를 건너고 대륙을 가로지르며 곳곳으로 꽃씨를 퍼트리고 개화를 시작했다(衣鉢誰知海外傳).

이제는 본래 불교를 믿던 사람들이 이민을 떠나 현지에 절을 세우는 수하물 불교(Baggage Buddhism)가 아니라, 백인들이 불교를 믿고 그것을 전파하는 백인 불교(White Convert Buddhism) 시대가 열리면서 진화가 발동을 걸었다.

아이러니컬하게 중국의 도움이 없었다면 최소한 한두 세대 뒤늦게 시작될 일이었다. 그들이 꽃밭을 분탕질하는 바람에 꽃씨들이 대양을 신속하게 넘어섰다. 모닥불을 몽둥이로 내려치는 바람에 불씨가 사방으로 튀어 티베트를 모르는 사람에게조차 어느 날 시선 안에 불꽃들이 날아 들어왔다.

티베트 불교와의 만남은

● ● ●

내가 티베트를 처음 접한 것은 달라이 라마의 1989년 노벨 평화상 덕분이었다. 붉은 가사를 입은 온화한 표정의 승려 한 사람이 은둔의 왕국에서 무슨 일이 벌어지고 있는지 조용하게 이야기하고 있었다.

티베트라는 나라가 처음으로 내 안에 들어와 자리를 차지하기 시작했다. 중국의 행위에 안타까움을 숨길 수 없었다.

그러나 무엇보다 감명 받은 대목은 다음이었다.

불교 승려로서 나는 모든 인간과 고통 받는 모든 유정물에까지 관심을 갖고 있습니다. 나는 모든 고통이 무지에서 기인한다고 믿습니다. 사람들은 이기적인 행복과 만족을 추구하기 위해 다른 이들에게 고통을 주고 있습니다. 그러나 진정한 행복은 형제와 자매라는 생각에서 얻어집니다. 우리는 서로에 대해 그리고 우리가 공유하고 있는 지구에 대한 공통의 책임감을 키워야 합니다. 비록 나의 불교가 심지어 적으로 생각하는 사람들을 위해서도 사랑과 자비를 행하는 데 도움이 된다는 것을 알지라도 모든 사람이 선한 마음과 종교가 있건 없건 공동의 책임감을 발전시킬 수 있다고 확신합니다.

(중략)

나는 인간적인 이해와 사랑을 통해 더 나은 세상 건설과 모든 유정물들의 아픔과 고통을 제거하는 데 함께 성공하는 억압자와 친구, 우리 모두를 위해 기도합니다.

그의 의중은 자신이 두고 떠나온 티베트를 포함해서 세상의 모든 존재에 가 있었다.

일본에게 나라를 통째로 빼앗긴 역사를 가지고 있고, 멀리 중국에 상하이 망명정부를 가져야 했던 불우한 역사를 가진 우리 나라. 더구나 항일운동 중에 일본인에게 타살된 친할아버지를 생각하면 일본은 원수가 아니던가.

그런데 우리 나라의 그 어떤 독립투사나 민족 지도자보다 생각의 폭이 깊고 넓었다. 달라이 라마에게 적이라는 존재는 말살해야 하는 대상이 아니라 사랑의 눈으로 보고, 한 걸음 더 나가 세상의 모든 유정무정까지 자비의 눈길로 어루만지고 있었다.

빠드마삼바바는 연꽃에서 태어난 존자라는 의미를 갖는다. 보편적으로 8가지 이상의 이름을 가지고 있으나 구루 린포체라는 다른 이름이 가장 흔히 함께 사용된다. 히말라야 문화권에서는 붓다에 버금가는 존경을 받고 있으며 강력한 불법의 수호자로 추앙받는다. 히말라야에 많은 동굴과 계곡은 그가 즐겨 명상에 잠겼다는 전설이 남아 있다. 이런 곳은 현재 그의 발자국, 손자국이 바위에 선명하게 남아 있어 현지인들은 그의 법력을 나타낸다고 믿는다. 탕카에서는 둥그런 눈동자와 콧수염, 꼬부라진 턱수염이 특징적인 모습이다.

"우리보다 잘났다!"

탄복하지 않을 수 없었다. 티베트 불교 수장의 우주적인 사고를 바라보면서 내가 지나온 길과 생각을 다시 점검해야 했다. 호국이라는 개념을 대승

(大乘)에 넣어야 하는지, 국지(局地)적인 사고가 우주적 시선에 비하면 얼마나 초라한지, 반성이 뒤따랐다.

더구나 얼마 지나지 않아 경전 안에서 석가족이 멸망하는 글을 읽었을 때는 티베트의 몰락과 비교되어 가슴이 아렸다. 둘은 상승작용을 일으켜 마음에 파문을 만들었다.

나라를 잃는 붓다와 달라이 라마

● ● ●

붓다 당시, 인도에는 16개 국가가 군웅 할거했다. 북부 코살라 국과 중부에 자리잡은 마가다 국이 가장 위세를 떨치는 2대 대국이었다.

붓다가 태어난 카필라바스투〔가비라국(迦毘羅國)〕는 코살라 국〔구룡라국(拘隆羅國)〕의 소국가였으며, 붓다 생존시 코살라 국의 침입으로 끝내 붓다의 눈앞에서 멸망의 길로 접어들게 된다. 부족국가(部族國家)들이 힘에 의해 무너지고 통합되면서 왕권국가(王權國家)로 변해 가는 격동의 시기였다.

코살라 왕 파세나디는 간곡하게 가비라국에 청혼했다. 이에 숫도다나의 대를 이은 마하나마는 붓다의 배다른 여자 동생 말리카를 코살라 왕의 두 번째 왕후로 시집보내게 되었다.

경전에 따라 조금씩 달라 『증일아함경』 26권(견등품)에서는 이복동생이 아니라 하녀의 몸에서 태어난 처녀, 파사바였다. 상대 왕이 천민 출신이기에 말리카의 여종을 공주로 꾸며 보냈다는 이야기도 있다. 그러나 상대가 보다 강대국의 왕이라는 지위를 생각한다면 가능성은 상대적으로 떨어진다. 밝혀질 경우 보복이 없을 수 있겠는가.

이렇게 결혼한 부부 사이에서 비루다카라는 아들이 태어났다. 그는 어머니 나라 가비라로 조부모와 조카들을 찾아가 보겠다고 떠난다. 공교롭게 붓다는 마침 귀향 중이었다. 석가족 사람들은 붓다를 위해 힘을 합해 석자 깊이로 땅을 파고, 거기에다가 전단향을 깔고, 온 나라 안의 보석을 모아서 정사(精舍)를 세웠다. 그 광대함과 화려함은 천궁도 능가할 만하고 백성들의 낙성을 기뻐하는 소리가 사방 이웃나라까지 자자하게 들릴 정도였다고 한다.

코살라 왕자 비루다카가 이것을 보고, 놀라운 표정을 지으면서 말했다.

"이루 말할 수 없이 훌륭하구나. 하늘 황제의 궁전이 이러한 것인가 할 만큼 훌륭하구나. 붓다는 아직 이 보좌에 안 오르셨으나, 나도 한 번 앉아 보고 싶다. 그러면 죽어도 한이 없겠다."

태자를 보좌하는 신하 중에 주고마가 말했다.

"태자님, 당신의 신분으로서 무엇을 거리낄 것이 있습니까? 보좌에 앉았다고 해서 나무랄 사람은 없습니다."

태자는 붓다가 앉기 전에 보좌에 앉았다.

이것을 본 석가족의 젊은이들은 흥분해서 꾸짖었다.

"붓다의 보좌다. 하늘 황제도 그 신성을 범하지 않는데, 첩의 아들 따위가 어떻게 올라앉느냐?"

눈앞에서 더렵혀진 보좌를 찢어서 내버리고, 새로 만들었다.

창피를 톡톡히 당하고 정사를 나온 왕자는 주고마에게 말했다.

"이런 모욕은 없다. 내가 만일 왕이 되면 반드시 이 원수를 갚는다. 너도 결코 잊어서는 안 된다."

"그렇습니다. 반드시 보복의 기회가 올 것입니다."

본국으로 돌아가서는 생모에게 졸라서 세자에 책립되기를 요구하였다. 어머니는 정비가 출산한 왕위 계승자가 있음에도 이 일을 왕에게 하소연했다.

파세나디 왕은 따끔하게 말했다.

"옛날부터 그릇된 일을 하고 창피를 당하지 않은 사람은 없다."

안으로는 왕비가 조르고, 밖으로는 말재주가 있는 신하들의 꾐으로, 마침내 아들 둘 모두 왕으로 하고, 국민을 둘로 나누어 다스리게 하였다. 이런 일이 있은 뒤부터 파세나디 왕은 마음의 병을 앓더니 죽음에 이르렀다.

사람들은 왕의 사후에 각각 좋아하는 편에 갈라졌다. 아우 왕은 당장 주고마를 정승에 임명하였다. 주고마는 군대를 지휘하고 병사를 훈련하여 만반의 준비를 갖추었다.

"석가족에게서 받은 모욕을 잊어버리지는 않으셨을 것입니다. 준비는 다 되었습니다. 보복의 때는 왔습니다."

이 말을 들은 왕은 군사를 이끌고 석가족의 나라, 카필라바스투를 향해 출발했다. 도중에서, 길가의 반쯤 시들어 가는 나무 밑에 앉아 있는 붓다를 만났다.

새 왕은 앞으로 나아가서 정중히 절하고 나서 붓다에게 물었다.

"붓다시여, 싱싱한 나무가 있는데 어째서 다 시들어 가는 나무 밑에 앉아 계십니까? 무슨 까닭이 있다고 생각합니다."

"왕이여, 친족(親族)의 그늘이 다른 곳보다 시원한 법이지요."

자비심 깊은 말에 마음속으로 석가족을 치려는 무도함을 부끄럽게 생각한 새 왕은 진군을 멈추고 회군하여 본국으로 되돌아갔다.

정승 주고마는 일단은 본국으로 돌아왔으나, 천문을 보니 석가족의 성좌는 이미 행운이 다하여 재난이 일어날 운명으로 향하고 있었으므로 다시 군대를 내어 석가족을 칠 것을 왕에게 건의했다.

다시 군대가 동원되었으나, 석가족의 성 가까이 진군했을 때 성중으로부터 비바람처럼 쏟아져 날아오는 화살로 인해 깃대가 부러지고, 갑옷이 찢어지고, 활줄은 끊어지고, 군마는 놀라서 달아나고, 병사들은 겁을 먹고 한 걸음도 나아가지 못하였다. 왕도 또한 공포에 질려 군사를 거두어 돌아가 버렸다.

그리하여 세 번째 군대를 냈다.

적병은 성난 물결같이 성 안으로 밀려 들어왔다. 이번에는 이변이 없었다. 형편을 보고 도저히 막을 수 없음을 알아차린 석가족의 지도자 마하나마는 최후 수단을 써서 국민을 구해내기로 했다. 홀로 적진으로 들어가 왕을 만났다.

"왕이시여, 내가 물 속에 들어가 나올 때까지 진군을 멈추어 주시오. 그 동안만이라도 죄 없는 성 안 사람들을 성 밖으로 내보내어 목숨을 구해 주고 싶습니다."

간절한 소원을 듣고 코살라 왕 비루다카는 허락했다. 마하나마는 크게 기뻐하여 최후의 작별 인사를 멀리 떨어져 있는 붓다에게 올렸다.

"아깝지 않은 저의 목숨을 바쳐 죄 없는 사람들을 구해 내고 싶습니다. 원컨대, 시방 사람들이 모두 붓다의 가르침을 받들며, 나를 잊어버리고 남을 위하여 힘쓰며, 해와 달의 은혜의 광대함을 배우도록 하고 싶습니다. 그리하여, 호랑이나 독사처럼 중생을 해치는 저 무도한 왕과 같이 되고 싶지 않습니다."

머리를 조아리며 눈물을 흘리면서 다 아뢰고 나자, 물 속에 몸을 던져 깊은 밑바닥 나무에 머리카락이 풀어지지 않도록 단단히 묶었다. 떠오르지 않는 동안 한 사람이라도 멀리 성 밖으로 내보내기 위해서였다.

왕은 사자에게서 대장군이 이미 물 속에 뛰어들어 죽었다는 소리를 듣고, 군사를 이끌고 성 안에 들어가 석가족 사람들을 잡아 목만 내놓고 땅에 생매장을 한 다음, 그 위를 코끼리에게 끌린 큰 목재로 깔아 밀어버렸다. 나머지는 말발굽에 밟히고, 칼로 베어 죽였다.

그때 붓다는 심한 두통이 났는데, 그 고통은 견딜 수 없는 것이었다. 범천왕과 제석천왕, 사천왕도 모두 합장하여 석가모니를 위하여 마음 아파하였다.

당시 석가족에게는 성(城)이 셋이 있었다. 한 성은 이렇게 함락하고, 두 성은 아직 남아 있었으나, 왕은 마하나마가 제 몸을 죽여 많은 목숨을 구하려고 한 일이 생각나, 자신이 지나치게 무자비하였음을 깨닫고 군사를 거두

구름이 걷히며 산의 이곳저곳에 햇볕이 내리쬐인다. 마치 개화를 기다린 꽃봉오리처럼 산들이 화려하게 피어난다. 혹은 용들이 젖은 몸을 말리는 듯하다. 설산이 장엄하게 드러나는 모습을 보면서 '참 좋은 날이구나' 탄식하게 된다. 풍경이 생사를 초탈하여 무차별 허용한다.

어 돌아가 버렸다. 그리하여 석가족의 많은 사람들이 죽음을 면할 수 있었다.(자신의 목숨을 초개처럼 던져 많은 사람을 구한 행동은 대승의 보살로 인정되어 『앙굿따라 니까야』에서 나열되는 21인의 '재가 아라한' 의 한 사람으로 기록되었다.)

이렇게 석가족을 학살한 코살라 왕 비루다카는 사자를 붓다에게 보내어 경의를 표했다.

"오랜 원정에 종사하여 휘하의 군대도 지쳤기에 귀국하여 피로를 풀기로 했습니다. 훗날 찾아가 뵙고 가르침을 받고자 합니다."

사자의 말을 듣고 붓다는 그 예를 받았다.

제자 아난다는 새 왕의 비례를 받는 것이 못마땅하였으므로 정색하고 물었다.

"붓다는 허례는 없다고 생각합니다. 어찌하여 저 왕의 말을 기꺼이 받으셨습니까?"

"아난아, 석가족의 죄는 이것으로 소멸되었다. 앞으로는 왕이 그 죄보를 받을 뿐이다. 이레 안에 지옥의 귀신이 왕과 그 백성들을 불로 공격할 것이다. 왕의 죄가 구제하기 힘듦은 석가족의 죄가 구제 받을 수 없는 것과 마찬가지이다."

붓다는 제자들과 함께 석가족이 피살된 곳을 지나갔다. 이미 죽은 사람도 있고, 팔이 부러지고, 혹은 다리가 끊어져서 신음하고 있는 자도 있었다.

붓다가 온 것을 보고, 숨이 남아 있는 자들은 모두 신음하면서 남은 힘을 다해 외쳤다.

"불(佛)에 귀명(歸命)합니다. 법(法)에 귀명합니다. 승(僧)에 귀명합니다. 아무쪼록 시방 사람들을 길이길이 영안하여 우리와 같은 죄보를 받지 않기를 소원합니다."

글을 읽다가 인간 붓다의 눈물이 가슴에서 뜨겁게 느껴졌다. 모욕을 폭력으로 갚은 비루다카라는 한 인간을 보면서 인격이 완성되지 않은 자에게 주어지는 권력이란 얼마나 위험한가, 생각했다.

한편으로는 티베트의 최후의 숨통을 끊어버린 중국 공산당의 작태가 연상되기도 했다. 티베트인에게 달라이 라마는 살아 있는 붓다다. 이 대목에서 달라이 라마를 생각하며 합장했다. 설산을 넘느라 동상(凍傷)으로 속살이 보이도록 갈라지고 부상으로 다친 몸을 끌고 와 울부짖는 티베탄들을 보았던 달라이 라마의 심정이 어떠하리라는 것은 말할 필요가 없다.

그의 가슴에도 카필라바스투의 멸망이 담겨 있었다. 그러나 활불의 대응방법 역시 인도의 그 시절처럼 봉기가 아니라 아힘사[비폭력]였다.

그 후 인도에서 티베탄들을 진지하게 바라보게 된다. 붓다가 깨달음을 획득한 보드가야 대탑에서 오체투지 하는 티베탄들, 인도인과는 달리 마치 우리 이웃과 같은 표정과 행동을 바로 옆에서 진지하게 지켜보게 되었다.

바라보는 동안 혈관 안에서 피가 따뜻해지고 있다는 사실을 알았고, 저 아래 세포 단위에서의 유전자에서는 마치 잃었던 형제를 만난 것처럼 찌잉 공명했다.

티베트 독립 지지는 물론 빠른 독립을 기원하는 사람이 되지 않을 수 없

깔마파 사원에 그려진 벽화로 깔마파의 외출 시에 가마를 타고 나서는 모습을 보여준다. 사람들은 합장하거나 절을 올림으로써 존경심을 나타낸다.

었다. 티베트 사원에서 오체투지를 하면서 그들이 본국으로 속히 돌아가도록 이마를 땅에 붙였다. 너무 과격하게 하는 바람에 안경을 깨먹을 뻔한 일이 여러 번이었다.

달라이 라마는 중국에 대한 증오가 아닌 꾸준하게 자비를 품고 있다.

그리고 호소한다.

"나는 중국인 자신들이 고대(古代)로부터 이어져 온 티베트의 풍요한 문화를 파괴하는 것이 그들 자신에게 과연 어떤 의미를 갖는 것인지 깊이 자성(自省)해 보기를 바랍니다. 나는 우리 티베트의 풍요로운 문화와 영성(靈性)이 중국 자신의 문화를 풍요롭게 할 것임을 믿습니다."

그로부터 티베트 불교=달라이 라마의 등식이 생겨났다. 티베트=달라이 라마까지 진행되었다. 화면에 티베트에 관한 것이 비춰지면 동작 그만 상태로 굳어졌다.

대지 위에 피어나는 다양한 꽃들

• • •

한국불교에는 제법 많은 종단이 있다.

조계종, 태고종, 천태종, 진각종, 관음종, 총화종, 보문종, 총지종, 원효종, 법화종, 조동종, 법상종, 진언종, 본원종, 대승종, 삼론종, 열반종, 미타종, 여래종, 대각종, 일붕선교종, 법륜종 등.

왜 이렇게 많으냐고 묻기 전에 각각의 독특한 꽃 한 송이로 보면 된다. 다른 점을 찾기 전에 같은 점을 본다면 나모 다르마야, 나모 부다야, 나모 상가야다. 어떤 종단이나 심지어는 티끌 안에도 불법승(佛法僧)이 있다.

반산보적(盤産寶積) 스님은 마조(馬祖) 회하의 큰스님이다. 유명한 보화(普化) 스님이 바로 그의 제자다.

반산은 젊은 날, 탁발하며 다니다가 어느 푸줏간 앞에서 목탁을 두드렸다. 시주를 받기 위해서였다.

이때 어느 손님이 와서 푸줏간 주인에게 말했다.

"좋은 고기로 주게."

그러자 푸줏간 주인이 퉁명스럽게 대꾸했다.

"우리 가게에는 좋은 고기밖에 없소!"

이 말을 듣는 순간, 반산은 크게 깨우쳤다.

모두 좋은 꽃들이다, 좋은 꽃밖에 없다. 우리 나라 꽃은 물론 티베트의 꽃을 포함하여 지구상의 다른 종파도 각자의 아름다움과 향기를 가진 좋은 꽃이다. 어느 꽃을 통해서건 깨우치면 된다—하나의 이치로 모든 것을 꿰뚫는다(一以貫之).

그럼 티베트에서 피어난 꽃들은 어떤 것일까.

꽃송이 이름을 개화 순서로 본다면 닝마파, 까귀파, 샤카파, 게룩파 네 가지가 된다. 물론 이 외의 여러 가지 아름다운 꽃이 있기는 하지만 이 군락을 헤치고 겨우 찾아내야 할 정도이다.

다른 나라의 역사책을 읽는 일은 쉽지 않다. 머리에 들어오지는 않되 이

네 가지 꽃의 종류를 살펴보는 일은 티베트 역사를 보는 일과 동일하다. 더불어 시킴을 이해하는 지름길이 되기도 한다.

티베트는 불교 발상지인 인도와는 불가분의 관계를 가진다. 붓다의 다르마라는 아름다운 꽃씨가 인도와 티베트의 여러 구도자들에 의해 설산을 넘어서 척박한 토양에서 뿌리를 내렸다.

복잡한 과정은 생략하고 시킴 지역을 이해하기 위해 발생한 순서대로 간단하게 역사를 보자.

1. 닝마파는 티베트어로 '오래된 종파'를 뜻하며 티베트의 4대 종파 가운데 가장 먼저 성립되었다. 인도의 빠드마삼바바가 불교의 꽃씨를 가지고 설산을 넘어 온 후 티베트에서 새롭게 생겨났다.

2. 까귀파는 '붓다 가르침의 (구전) 전통'을 의미한다. 이 종파의 핵심적 가르침은 마하무드라〔대수인(大手印)〕와 인도인 나로빠(1016~1100)의 여섯 가지 교리이다. 나로빠의 제자인 마로빠는 인도에서부터 꽃씨를 옮겨왔다. 그리고 그 제자인 밀라래빠에 의해 개화되었다. 나로빠는 이미 밀라래빠의 탄생을 예언했다.

"얼마나 놀라운 일인가! 암흑의 나라 티베트의 눈 덮인 산봉우리에서 솟아나는 태양처럼 빛나는 존재가 태어나다니……."

밀라래빠의 제자 중에 감뽀빠가 까귀파의 가르침을 집대성하였고 그에 의해서 까귀파가 독립된 종파로 성립되었다.

3. 샤카파는 샤카 사원의 이름에서 기인한다. 콘 콘촉 갈포는 인도의 나

란다 대학과 쌍벽을 이루고 있던 비크라마실라 대학의 학장인 아티샤의 예언에 따라 1073년 서 티베트에 사원을 창건하였는데 그 사원은 회색 바위 위에 건축되었다. 이 샤카는 티베트어로 '회색의 대지' 를 의미한다.

4. 게룩파는 쫑카빠(1357～1419)에 의해서 티베트의 4대 종파 가운데 가장 마지막으로 성립되었다. 게룩은 티베트어로 '덕행의 길을 따르는 사람들' 을 의미하며 1409년 쫑카빠에 의해서 창건된 간덴 사원의 이름에서 유래하였다. 제5대 달라이 라마, 즉 아왕 로상 갸초(1617～1682)는 몽골군의 도움으로 티베트의 종교계와 정치계를 평정하였다. 티베트 정치와 종교의 영역에서 지도권이 현재까지 지속되고 있다.

티베트 불교를 생각하면 많은 사람들은 오로지 마지막에 기술한 게룩파의 달라이 라마에 몰두한다. 티베트가 중국에 의해 무력점령을 당할 무렵 고원의 지도자였으며, 인도로 망명하면서 외부 세계로부터 스포트라이트가 집중되었기 때문이다.

나 역시, 노벨 평화상 이후에 티베트 불교는 오로지 달라이 라마의 게룩파만 생각하고 있었다.

그러나 시킴에는 달라이 라마는 없거나, 있다 해도 겨우 있다.

시킴 지역에는 위의 첫번째와 두 번째, 닝마파와 까귀파의 사원이 주로 건립되어 있다. 그 두 파는 히말라야 동쪽 통로를 타고 남하해서 시킴 지역에 자리잡게 되었다.

복잡한 역사가 눈에 들어오지 않는다면 이렇게 생각하면 된다.

닝마파는 인도인 빠드마삼바바가 티베트 고원에서 피워낸 꽃으로 빨간 모자를 쓰니 '빨간 꽃' 이라고 생각하자. 티베트라는 대지 위에 제일 먼저 빨간 꽃이 고원의 햇살을 받으며 자라났다. 욕섬에서 회동해서 시킴 왕국을 세운 세 명의 티베트 승려는 모두 닝마파—빨간 꽃이었다.

까귀파는 나란다 대학의 수도원장인 인도인 나로빠로부터 티베트에 법을 전하기 시작해서 티베트의 위대한 역경사 마로빠 그리고 밀라래빠로 이어진 흐름이다. 고행 위주의 수행을 하기 때문에 별다른 복장이 없이 주로 하얀 옷을 입고 머리에 신경을 쓰지 않기에 장발이다. 까귀파는 후에 여러 종

자연은 만변(萬變)한다. 각기 시간 차이를 가지고 변화를 거듭한다. 그러나 인간 눈에 히말라야 변화는 감지되지 않는다. 저지대의 모든 존재들이 생로병사를 겪어나가는 동안 부동(不動)으로 주석(主席)하니 진리의 모습을 닮았다. 참된 것을 스승으로 삼으라[以眞爲師]는 이야기가 설산이 주는 법문이다.

파, 즉 다뽀 · 래춘 · 샹파 · 파크모두 · 디궁 · 체르 · 듀크 · 까르마로 분파하게 된다. 시킴에서 가장 비중을 가지는 것은 이 까귀에서 나온 까르마파다.

까르마파의 수장이었던 2대 깔마파는 대륙을 호령하던 몽골의 쿠빌라이 칸으로부터 검은 모자를 하사 받아 흑모파로 부르게 되었다. '검은 꽃' 이라고 생각하면 된다. 빨간 꽃에 이어 한쪽에서는 '검은 꽃' 들이 고아하게 자리잡기 시작했다.

샤카파는 '회색 꽃' 으로 본다. 회색 꽃은 한동안 그 세력을 넓혔다가 그 면적이 줄어들었다.

달라이 라마는 황모파 즉 '노란 꽃' 이다.

티베트는 이런 여러 가지 꽃들이 화엄법계를 이루고 있는 아름다운 장엄 꽃밭이다. 한 가지 꽃만이 즐비하게 자리잡는 일은 자연이 용서하는 행위가 아니다.

아름다움이란 어울림에서 온다. 일곱 빛깔의 무지개가 아름다운 것은 일곱 가지 때문이고, 화음(和音)이라는 것도 서로의 어울림에서 오니 150억 년 동안 우주의 변치 않는 법칙이다.

우주는 하나만 기고만장하게 홀로 증식하도록 내버려두지 않는다. 자연은 넓은 품안에 다양한 존재들이 어우러지는 잡화엄식(雜華嚴飾)을 이루니, 공존의 보배로운 아름다움, 그 어울림이 눈부시다.

시킴에는 노란 꽃은 발견하기 어려운 대신 붉은 꽃들과 검은 꽃이 만발해 있다. 시킴이라는 토양에서는 붉은 꽃들과 검은 꽃들이 뿌리내리기 좋았다. 붉은 꽃은 함께 거주하는 검은 꽃의 교리를 공부하고, 검은 꽃 역시 붉은 꽃의 가르침을 배우고 있다.

시킴의 사원들을 이해하기 위해서는 닝마파의 창시자 빠드마삼바바, 그리고 까귀파의 분파인 깔마파를 기억하고 있으면 대충 해결된다.

천 년 전 빠드마삼바바는 사람들에게 약속했다.

"비록 나를 보지 못할지라도, 나를 믿는 사람들 곁을 나는 결코 떠나지 않을 것이며, 심지어 믿음이 없을지라도 그의 곁을 떠나지 않을 것이다. 나의 제자들은 언제나, 언제까지나 내 자비로 보호받을 것이다."

그는 나란다 대학의 대학자였으나 티베트 왕 쏭첸깜보의 초청으로 티베트에 온다. 그리고는 금강승, 진언승에 티베트 고유의 뵌교를 결합해서 티베트 불교의 기초를 쌓았다.

티베트에 불교를 전한 위대한 성자이며 스승인 그의 가르침으로부터 차례차례 4종류의 티베트화가 개화했다. 모든 종파를 초월해서 그는 티베트 역사상 가장 위대한 축복의 시원(始原)이다.

그 후 티베트 설산고원에서는 주도권이 움직이더니 결국 노란 꽃들이 장악하게 되었다. 그 와중에 붉은 꽃 꽃씨들은 히말라야의 동쪽을 넘어 시킴 왕국을 건립하고 검은 꽃 꽃씨들도 잇달아 날아 들어왔다.

시킴 히말라야. 불국토라는 다른 이름을 가지고 있는 이 지역을 걸으면서 빠드마삼바바, 티베트 고원의 4종류의 꽃, 더불어 히말라야 동쪽을 넘어온 2종류의 꽃을 역동적으로 이해한다면, 이제 불국토를 걸을 자격이 주어진다.

시킴 히말라야에서 빠드마삼바바의 위치는 티베트 고원과 동일하게 최상위다. 모든 사원에는 그의 조상(彫像)이 모셔져 있다. 때로는 붓다보다 상석에 자리하기도 한다. 시킴에 널리 전해진 티베트 불교의 특징으로 스승—라마의 중요성 때문이다.

티베트 불교는 다른 지역의 불교처럼 삼보(三寶), 즉 붓다에 귀의하고, 다르마에 귀의하고, 승가에 귀의한다는 것에 하나가 더해져, 라마—스승—구루에 귀의한다는 것이 더해지며 사보(四寶)가 된다. 내가 스승이 없으면 어찌 붓다를 알 수 있을 것이며, 구루가 없다면 이 어두운 길에 누가 불빛을 비춰주겠냐는 의미가 된다.

> 티베트 불교 수행에 있어서 라마의 역할은 매우 중요하다. 불도(佛道)에 대한 지식과 그것을 수행하는 방법에 대해 알려 주는 스승은 붓다와 똑같은 역할을 한다고 생각한다. 이 길을 따라 가면서 어떠한 진보를 이룬다면 그것은 모두 처음 그에게 이 길을 가르쳐 준 스승의 자비에서 비롯하는 것이다. 스승의 또 스승으로 해서, 결국은 붓다에게까지 이어지는 스승의 계보를 통해서 가르침을 받아온 자신의 영적 스승 없이는 불교전통의 지혜에 생생히 접촉할 수 없다는 것이다.
>
> 이런 이유에서 라마는 종종 붓다에 비견되며, 어떤 수행자의 실제적인 영적 수행에 있어서는 역사상의 '샤키야무니(釋迦牟尼)' 보다도 여러 면에서 더 중요하다고 여겨진다. 따라서 티베트 불교도는 귀의처에 대해 맹세할 때, 붓다 · 다르마 ·

상가에 앞서 라마에 대해 귀의한다고 먼저 말한다.

—스티븐 베첼러의 『연꽃속의 보석이여』 중에서

이런 의미를 반영해서 빠드마삼바바는 최고의 자리를 차지한다.

중국에 불교를 최초로 전한 사람은 인도인 보리달마이듯이, 티베트에서는 불교를 전한 사람을 치자면 (그 전에 당연히 있었지만) 국가적인 분위기가 빠드마삼바바를 시조로 삼는다.

중국에서 인도 사람 보리달마(菩提達磨)에서부터 선이 꽃피기 시작하여, 이조 혜가(二祖慧可), 삼조 승찬(三祖僧璨), 사조 도신(四祖道信), 오조 홍인(五祖弘忍), 육조 혜능(六祖慧能)으로 내려가면서 가지를 치며 법이 피어났듯이, 티베트 역시 인도인 빠드마삼바바가 닝마파를 열어 놓고 이어 설역고원에 까귀파, 샤카파, 게룩파가 펼쳐지도록 기초를 다져 놓는다.

티베트에서 불교가 뿌리내리기 위해서는 우선 티베트 문화에 맞는 불교를 택해야 했다.

당시 티베트를 중심으로 동쪽에는 중국불교가 있었고 남으로는 인도불교가 있었다. 뵌교가 폭넓게 자리하고 있던 티베트에는 중국불교의 정서가 적합하지는 않았다. 인도의 딴뜨라 불교는 이미 많은 자연신(自然神)들을 불교 안으로 끌어들여 신장(神將)과 같은 수호신으로 만들어 습합한 상태였다. 뵌교가 많은 자연정령에 비중을 두는 점을 본다면 이런 밀교적인 인도불교 분위기가 티베트에 더 적합했다.

또한 정치적인 문제도 있었다. 티베트와 중국 사이에는 영토 분쟁이 지속되는 상태였다. 중국은 불교를 앞세워 티베트에 영향력을 증가시키려는 시도를 해왔다. 티베트를 통치하는 왕의 입장으로는 당연히 이런 야욕이 없는 인도를 선택하는 것이 옳았다.

구루 린포체라는 다른 이름으로도 불리는 빠드마삼바바는 북인도, 현재는 파키스탄의 웃디야나 출신이다. 딴뜨라 수행자로서 나란다 대학의 교수로 머물던 중, 티베트의 티송 데첸 왕(740~786 재위)의 초청을 받아 15일 동안 걸어 네팔에 도착하고 네팔에서 한 달을 체류한다. 그리고 그만한 시간을 들여 히말라야를 넘어 775년 티베트에 도착했다.

그에 관한 많은 이야기는 대부분이 신화처럼 그려진다.

티베트 왕과 최초로 만나는 장면은 이렇게 서술되어 있다.

왕의 일행은 빠드마삼바바를 맞이하기 위해 라싸에서 약 12㎞ 떨어진 중카르까지 마중 나갔다. 많은 인파가 모여들었고 음악과 가면춤을 동반한 환영 행렬이 라싸까지 이어졌으며 그곳에는 큰 축제가 기다리고 있었다.

빠드마삼바바가 왕을 처음 보았을 때, 빠드마삼바바는 왕에게 절을 하지 않았다. 왕이 도리어 절을 받고자 함을 알아차린 빠드마삼바바는 말했다.

"당신은 어머니 자궁에서 태어났지만, 나는 연꽃에서 태어났으며 두 번째 붓다이다."

그리고 자신의 요가 능력과 학식을 언급한 후 다시 이야기했다.

"왕이여, 내가 여기 온 이상 당신이 내게 절해야 하리라."

빠드마삼바바가 손가락으로 왕을 가리키자 그 손가락 끝에서 불꽃이 방사되어 왕의 옷을 태웠고 천둥과 지진이 잇따랐다. 그리하여 왕과 대신들과 그 자리에 있던 모든 사람이 무릎을 꿇었다.

빠드마삼바바는 삼예 사원이 완성될 때까지 모든 일을 직접 감독했다. 이

밀라래빠와 그의 제자 감뽀빠. 시킴 히말라야는 이들 법맥의 큰 흐름 안에 있다.

어 779년에 완성된 삼예 사원에 승려들이 수행할 장소를 만들고, 종단을 세우고, 더불어 경전을 번역하는 중심지로 만들었다.

이후 티베트에 사원 건립과 불교교리 전파에 공을 들였다. 더불어 티베트 자체에 남아 있는 불교 세력 확장의 장애물을 차례로 제거해 나갔다.

스물다섯 제자들에게는 최고의 요가 딴뜨라에 관한 가르침을 전해 주었으나 아직 제자들이 완전히 성숙되지 못한 것과 가르침을 펼 만한 적절한 시기가 아님을 알고, 구루 린포체는 많은 경전과 불상 · 불구 등을 다음 세대를 위해 숨겨 놓았다.

구루—스승은 자신의 뜻〔意〕을 제자들에게 전할 때, '말함' 과 '말 없음' 이라는 방법을 통한다. 눈에 보이는 것과 눈에 보이지 않는 방법이 된다. 물론 이 방법은 사랑과 같아서 스스럼없이 흘러나오는 방편이지, 의도적인 것은 아니다. '말함' 은 경전 혹은 전기라는 형식을 통해 남겨지고, '말 없음' 은 제자에서 제자로 묵묵하게 이어지는 밀지가 된다.

이것이 각각 현(顯)과 밀(密)이다.

'말함' ―현(顯)은 지극히 친절해서 가령, 할머니의 손자에 대한 눈에 뜨이는 사랑 같은 것이다. 바로 눈앞에서 밥 수저 위에 김치 혹은 장조림을 잘게 찢어 올려 주는 마음이다. '말 없음' ―밀(密)은 친절하게 시시콜콜 이야기하지 않되, 그 저변에 진정한 마음이 된다.

사랑이 깊어지면 눈에 보이는 사랑보다는 보이지 않는 사랑에 깊게 감응하고 감사함을 느낀다. 깊이가 더 심오함을 알아차리게 되니 어찌 장조림, 김치뿐이랴. 붓다―마하가섭에서 시작하여 대를 이어오다가 보리달마가 중국으로 넘어오며 이어지는 조사(祖師)의 흐름은 이런 '말 없음' ―밀(密)의 법맥이다. 인도 나란다 대학의 구루지들이 티베트 고원을 넘으며 펼쳐진 인과(因果) 역시 이 강물 줄기다.

경전은 종이 위에 쓰이는 '말함' ―현(顯)이고, 경전을 마음 안에 쓰면 '말 없음' ―밀(密)이다. 스승은 때로 자신의 마음을 제자의 마음 안에 숨겼으니 밀(密)이다. 이렇게 숨겨진 것은 때가 되면 종이 위에 '말함' ―현(顯)이 된다. 빠드마삼바바를 비롯해서 티베트의 많은 스승―구루의 마음은 '말 없음' ―밀(密)로 남아 있다.

세월이 지나면서 수많은 스승들, 테르퇸이 이 보물들을 찾아냈고, 딴뜨라의 가르침과 함께 이것을 사람들에게 전해 준 것이 '대원만' ―족첸과 결합된 '숨겨진 가르침' ―테르마의 전통이다.

빠드마삼바바가 시조인 '오래된 가르침'을 의미하는 닝마파는 시킴에서 핵심적인 위치에 있다. 닝마파는 불교 이전의 뵌교와 같은 토속적인 신앙을 많이 포함하고 있으며, 금욕과 절제는 다른 종파보다 적어 행동거지가 느슨하게 보인다. 닝마파를 따르는 신도들은 비교적 술을 많이 마신다.

90년대 후반부, 히말라야 너머 무스탕 왕국의 수도로 향하던 중, 좀솜에서 얼마 떨어지지 않은 마을에서 점심 식사를 위해 잠시 쉴 무렵이었다. 한 건장한 사내가 말을 타고 언덕을 넘어왔다. 길을 안내하던 현지인 가이드가 시키지도 않았는데 여기 의사가 있다고 이야기하자 그는 다짜고짜 침상에 드러누웠다. 진찰 좀 해달라는 행동이었다. 배를 만져보자 간이 심하게 굳어져 있었다.

"술을 많이 먹네요."

"맞습니다."

"왜 그렇게 많이 드세요?"

"빠드마삼바바는 술도 많이 마시고, 여자도 많았어요."

방 안에 있던 현지인들이 킥킥거렸다. 그들은 닝마파라고 했다.

"그렇게 마시면 죽어요, 6개월 안에 죽어요."

"빠드마삼바바도 많이 먹었어요."

함께 웃었지만 찜찜했다. 함께 있었던 현지어에 능통한 KOICA 단원 한 사람에게 간경화에 대한 설명을 해 주고 통역을 부탁했다.

다음 해 무스탕을 함께 갔던 가이드를 만나 초모랑마로 향했다. 루클라에서 럭시라는 술을 시키자 그가 잊었다는 듯이 말했다. 그 남자 기억이 나냐고 묻더니 고개를 끄덕이자 말했다.

"그 남자, 정확히 6개월 후에 죽었어요."

그때 함께 있던 현지인들은 모두 진찰을 받지 않은 것을 후회하고 있다는 부언이 뒤따랐다.

무스탕 왕국은 회색꽃, 샤카파가 주를 이룬다. 이들 역시 술에 관대한 전통 아닌 전통을 가지고 있다.

시킴에는 닝마파에 3개의 하위종파가 있다. 이 종파는 바로 시킴 왕국을 세운 세 명의 승려들의 이름을 따른다. 이들은 왕국을 세운 후 시킴 왕국의 다른 장소로 흩어져 제자를 키우고 각기 다른 흐름을 이루었다.

1. 라충빠 : 시킴의 대부분의 사원을 장악하고 있으며 페마양체 사원을 중심으로 한다.

2. 까르톡빠 : 까르톡 사원, 돌링 사원이 있다.

3. 느가닥빠 : 남치, 따시딩, 신온, 탕모체 사원이다.

시킴의 닝마파 젊은 승려들은 라싸에서 남동쪽으로 이틀 거리에 자리잡은 민돌링 사원을 순례하는 것이 관례였다. 이곳에서 규율을 익히고 종교의례를 배우고 돌아와야 했다. 또한 티베트의 캄 지방의 델게 사원 역시 같은 의미로 순례했다. 그러나 중국의 티베트 침공 이후 시킴 북쪽 국경이 폐쇄되어 이 전통은 멈춰졌다.

시킴의 꽃 중의 꽃, 깔마파

생과 사, 두려운 중유(中有)의 험로는 좁고
오독(五毒)은 그 길에서 기다리는 무장한 산적처럼 수시로 달려드니,
존경할 만한 스승을 찾아라, 그가 안전하게 길을 인도하리니.
—빠드마삼바바

시킴에 자리한 깔마파의 새 거처

● ● ●

룸텍 사원은 강톡에서 남서쪽으로 24㎞ 정도 떨어져 있다. 언덕을 따라 내려가다가 우회해서 비포장도로로 접어들고, 새들이 노래하는 시골풍의 길을 이리저리 굽어 올라가다 보면 만나게 되는 커다란 사원이다. 사원에서는 시킴 수도인 강톡이 언덕 위로 선명하게 보이고, 계곡 너머로 조가비처럼 작은 마을들이 서로 다정하게 붙어 있어 정겹다.

룸텍 사원은 시킴 일대에서 규모가 가장 크며 중요성 역시 선두다. 티베트 깔마파, 시킴 왕, 중국 침략, 망명, 모든 이야기가 스며 있는 사원이기도 하다. 사원의 외벽에는 사천왕 그림과 함께 특이하게 힌두신 중에 하나인 가네쉬 그림 역시 한 자리를 차지하고 있다. 이 사원을 새롭게 건립할 때 16대 깔마파가 힌두교 가네쉬가 사원 건립을 도와주는 비전을 보았기 때문에 그려 넣었다고 한다.

1717년에 건립된 본원 뒤에는 새롭게 지은 다르마 차크라 센터가 자리잡고 있다. 시킴에서 승려가 되기 위해 출가한 학승들은 물론, 세계 각국에서 모여든 외국인들이 티베트 불교를 공부하는 까귀파의 총본산이다. 내부에 있는 16대 깔마파의 유물과 유골을 모신 골든 스투파〔황금탑(黃金塔)〕는 유명한 성물(聖物)이다.

이 룸텍 사원은 뿌리가 설역고원과 맞닿아 있다. 불법에 뜻을 품고 출가한 어린 스님들이 경전을 외우는 소리가 회랑을 채우고 있다. 설산 너머 티베트에서는 불교가 온갖 탄압을 받고 있음에도 이 지역에서는 이렇게 마음껏 공부하며 불도의 불꽃을 일으킨다. 오래 전 빠드마삼바바의 예언 그대로다.

시킴의 네 번째 왕, 쇼갈 지룸드는 재임중에 티베트로 순례를 떠난다. 자신이 왕이라는 신분임을 감추기 위해 평민으로 변장하고 히말라야를 넘었다. 그의 순례길은 노란 꽃 수장, 달라이 라마가 있는 라싸를 지나 북서쪽 70㎞ 떨어진 툴룽 계곡의 출푸 사원까지 이어진다.

창포 강이 흐르는 근처에 자리한 유서 깊은 출푸 사원은 티베트 불교의 검은 꽃, 깔마파의 총본산이 자리잡고 있다. 창포 강은 '정화(淨化)하는 자'라는 의미를 가진 티베트에서는 가장 중요한 강으로 인도에 들어가면서 브라마푸트라로 이름을 바꾸게 된다.

그가 남루한 옷차림으로 사원에 들어섰음에도 불구하고, 당시 승원장인 13대 깔마파는 거지꼴의 이 사내가 범상치 않은 인물이라는 사실을 단박에 알아보았다. 깔마파는 그를 자신의 자리에 앉히고 환대하는 등, 왕에 필적하는 예우를 갖추었다. 결국 자신의 신분을 밝힌 시킴 왕은 13대 깔마파에게 감사함을 표시했다.

13대 깔마파는 다른 깔마파들이 그러했듯이 여러 가지 이적(異蹟)이 있다. 티베트 수도의 조캉 사원이 범람하는 강물로 위태로웠을 때, 능력을 발휘하여 막아낸 이야기는 유명하다. 빠드마삼바바는 미리 이 일을 예견했다고 한다. 그리고 예언서에 깔마파만이 이 일을 막을 수 있다고 기록으로 남겼다고 한다.

당시 티베트를 통치하고 있던 라싸의 노란 꽃 달라이 라마 당국은 예언서에 따라 검은 꽃 13대 깔마파에게 급히 도움을 청했다. 즉시 자리를 뜰 수 없었던 깔마파는 일단 액(厄)을 막아주는 종교적인 특별한 서한을 만들어 파발마로 보내고, 관자재보살에 자비를 구하는 예식을 출푸 사원에서 행함으로써 조캉 사원이 화를 면하도록 했다고 한다. 이후 깔마파는 멀리 떨어진 다른 사원에도 같은 형식으로 축복을 내리고 있다.

13대 깔마파의 환대에 감사한 마음을 가진 시킴 왕은 시킴에 돌아가면 까귀파의 사원을 건립하겠다고 약속했다. 즉 검은 꽃의 씨를 심겠다는 약속인 셈으로, 시킴 왕국과 티베트 불교의 검은 꽃—까귀파와의 가장 확연한 인연은 이 자리가 출발점이 되었다.

이때 깔마파는 곡식 낱알을 허공에 뿌리며 축복했다. 그런데 신기하게도 낱알들이 히말라야를 넘어 시킴의 라롱에 무지개와 함께 비처럼 떨어졌다.

순례를 마친 왕은 시킴에 돌아와 약속대로 낱알이 떨어진 라롱에 깔마 랍텐링, 룸텍에 깔마 틉텐, 그리고 포당에 깔마 따시 초호링 사원을 건립했다. 사원에는 당시 떨어진 낱알의 일부가 현재까지 성물로 보관되어 있다.

스님들의 독경소리 낭랑한 사원은 그 옛날 13대 깔마파가 히말라야 저편에서 하늘로 던진 낱알이 설산을 넘어 떨어진 자리에서 멀지 않다. 불법은 그렇게 약간의 신비를 품고 민들레 홀씨처럼 캉첸중가를 넘어 남하했다.

시킴 지역에는 달라이 라마의 노란 꽃—황모파는 거의 피어나지 못했다. 반면에 빠드마삼바바를 시조로 하는 닝마파의 붉은 꽃—적모파가 히말라야를 넘어와 시킴 왕국을 세우고, 시킴 왕국의 네 번째 왕을 인지한 13대 깔마파의 현명한 시선으로 인연을 쌓음으로써 까귀파의 검은 꽃(흑모파), 이렇게 두 종류가 시킴에 터를 잡게 되었다.

시킴의 사원 대부분은 이렇게 깔마파와 인연이 깊다. 그렇게 인연 지워진 후에 불교는 왕성하게 일어나기 시작했다.

룸텍 사원은 유달리 볼거리가 많다. 그리고 시킴의 가장 비중 있는 사원에 걸맞게 붉은 가사를 입은 수행자들로 넘친다. 모두들 오른손에는 염주를 감고 합장으로 인사한다. 그들과 일일이 눈을 맞추며 인사하는데, 호기심 많은 동자스님 영어로 묻는다. "어느 나라에서 왔나요?"

다행히 한국을 아는 눈치라 반갑다.

깔마파 흐름의 상류로 올라가 보면

● ● ●

시킴 히말라야에 시를 뿌린 깔마파의 뿌리를 더듬어 가면 바로 『십만게송(十萬偈頌)』으로 유명한 걸출한 수행자 밀라래빠가 있다. 밀라래빠의 스승으로는 마르빠, 그의 스승은 나로빠니 결국 순서대로 보자면 나로빠—마르빠—밀라래빠—감뽀빠(다뽀라제)로 법통이 이어진다.

그러나 나로빠는 인도 사람으로, 티베트 입장에서 티베트인으로서의 제1조는 역경사로 알려진 마르빠가 된다.

마르빠는 산스크리트어를 배운 이후에 본격적인 교리를 알기 위해 험난한 길을 마다않고 인도로 향했다. 그는 일생 동안 여러 차례 인도와 네팔을 찾아가 108명의 스승으로부터 가르침을 받는다. 그리고 가장 큰 스승인 나로빠를 만나 6개의 요가와 여러 교리를 전수 받게 되었다.

나로빠는 마르빠를 만나면서 그에게 훗날 위대한 제자가 생겨남을 예언했다.

"이 얼마나 놀라운 일이냐? 영적인 무지에 싸인 티베트에 태양과 같이 밝게 솟아오르는 새 빛이 있다니!"

그리고 합장한 손을 머리 위로 올리고 노래했다.

토스파드가(밀라래빠)에게 경배하노니
북야(北夜)의 칠흑 같은
어두움 속에서
눈 위에 떠오는 태양과 같으니.

그리고는 눈을 감고 티베트를 향해 세 번 합장하고 경배했다.

히말라야를 넘어 탈출한 17대 깔마파의 근경. 나이에 비해 위엄 있다

티베트인 초조(初祖) 마르빠는 이어 가르침을 밀라래빠에게 전했고, 밀라래빠는 다시 감뽀빠와 래충빠에게 전하게 된다. 이들은 주로 무명으로 만든 하얀 옷을 입고 수행을 했기에 까귀파〔백교(白敎)〕라고 부른다. 또한 설산과 주변의 동굴에서 극심한 고행을 통해 수행했다.

2대 밀라래빠에 이어 3대 조사인 감뽀빠에서 드디어 까귀파가 체계적인 골격을 드러낸다. 감뽀빠는 다고 지방의 의사 출신으로 부족함이 없었으나, 어느 날 세상의 무상함에 눈을 뜬다. 그의 이름은 '커지는 달빛—공덕' 을 의미한다. 그는 밀라래빠의 명성을 듣고 찾아 나선다. 이때 밀라래빠는 둥근 반석 위에 앉아 있었다. 감뽀빠는 준비한 황금을 발아래 내려놓았다.

"이 늙은이에게 황금은 필요하지 않다. 그대가 필요할 때 쓰도록 하라. 그대의 이름은 무엇인가?"

"저는 공덕(功德)입니다."

"공덕, 그렇지. 그대는 중생들에게 귀한 공덕이 되어라."

밀라래빠는 이 이야기를 세 번 반복했다.

감뽀빠는 여쭈었다.

"스승이시여, 한 생에 붓다에 이를 수 있습니까?"

"그렇다. 마음속에 티끌만한 집착도 지니지 않는다면 한 생애에 붓다에 이를 수 있다."

감뽀빠는 그 후 두타행(頭陀行)을 통해 미혹을 떨쳐 깨달음을 얻는다. 그리고 밀라래빠에게 은밀한 법을 전수받고 떠나게 된다.

떠나기 전에 스승은 감뽀빠에게 설한다.

"항상 평정에 들어 은둔명상에 정진하도록 하라. 마음이 붓다임을 알아도 스승을 버리지 마라. 죄업이 소멸되어 복덕이 구족되어도 작은 선(善)도 소홀히 하지 마라. 인과 법칙이 통달되어도 죄를 짓지 마라. 체험과 명성을 초월하여도 하루 네 번 수행을 실천하거라. 완전한 진리를 얻어도 다른 종교 혹은 다른 사람의 가르침을 멸시하거나 비난치 말아라."

그는 밀라래빠와 헤어지는 순간 물었다.

사실 감뽀빠는 제자를 키움에 대한 약간의 두려움이 있었다. 너무 큰 스승의 그늘 밑에 있어서였을까.

"제가 언제부터 제자를 이끌 수 있을까요?"

"그대가 지금 같지 않을 때, 그대의 인식 전체가 바뀔 때, 지금 그대 앞에 있는 늙은 노인을 진정 붓다와 다르지 않은 사람으로 볼 때이다. 그대가 헌신함으로써 그러한 깨달음의 순간이 도래하게 되면, 그때 비로소 그대는 가르침을 펴게 되리라."

티베트 불교에서는 '스승을 붓다로 여기면 붓다의 축복을 받고, 스승을 인간으로 대하면 인간의 축복을 받는다' 고 하지 않던가. 사원에서 아무리 나이 어린 스님을 만나더라도 붓다로 생각하고 정중하게 예를 차리면 붓다의 축복을 받을 수 있다는 이야기다. 내가 상대를 붓다로 생각한다면 당연히 그가 내리는 이야기는 붓다의 법문이 되지 않을까. 룸텍 사원을 가득 채운 수행자들을 모두 붓다로 여긴다면, 사원의 걸음걸음은 축복의 길이 된다.

깜뽀빠에게는 결국 출중한 많은 제자들이 배출되어 이들은 훗날 스승의 뜻을 바탕으로 분지해 가면서 꽃을 피워나가니, 하얀색에서 환골탈태, 금빛 검은색, 은빛 검은색, 청동빛 검은색, 그리고 붉은빛을 품은 검은색의 깔마 까귀, 밥롬 까귀, 쩨바 까귀, 파쥬 까귀의 4갈래 8지파를 이룬다.

세월 속에서 조금씩 다른 부파가 생겨나는 것은 시간의 개념을 안다면 당연한 현상이다. 세상의 모든 존재, 심지어는 종교 단체마저도 쉼 없이 변화한다. 변치 않는 아(我)란 없으니 심하게 말하자면 모든 존재는 변화 그 자체인 셈이다. 변치 말아야 한다고 주장하는 자리에서 번뇌와 더불어 두카[고

(苦)]가 발생한다.

청춘을 유지하며 늙지 말아야 하고, 늘 건강해서 질병을 만나지 않아야 하고, 상대방과의 사랑이 변치 않기를 바란다. 이렇게 산을 걸을 경우 항상 맑은 날씨를 원하다가 악천후 안에서 불행을 느끼는 일도 그렇다. 변화 속에서 한 발 더 나가 불리한 상태에서조차 번뇌를 피우지 말아야 함이 두카[고(苦)] 예방법이다.

결국 기본의 검은 빛을 잃지 않고 금빛을 품은 검은색, 은빛, 청동빛, 그리고 약간의 붉은빛을 가진 검은 꽃들이 예쁘게 자라났다.

이 네 가지 검은 꽃 중에서 깔마파라는 품종이 시킴 히말라야 왕국의 네 번째 왕과 13대 깔마파의 인연 이후로 시킴에서 가장 확연한 품종이 되었다. 그 소중한 인연으로 먼 동쪽에서 찾아온 이방인 역시 이 귀중한 사원에서 성물들을 만나보고 마음공부를 해 본다. 얽히고 설켜 만들어져 나가는 인연법. 직접 13대 깔마파를 뵙지 못했어도 경내에서 시선을 돌리는 일만으로도 흡족하다.

깔마파라는 새로운 물줄기가 시작되며

● ● ●

하루는 감뽀빠가 걸출한 세 명의 제자를 불러 반 필 정도의 천을 나눠 주었다. 그리고 원하는 대로 잘 활용하고 다음날 자신에게 찾아와 어떻게 썼는지 이야기하라고 했다.

첫째 두슙켄빠(1110~1193), 모자를 만들어 왔다.

둘째 팍모두빠(1110~1170), 스승이 내리신 천이라 자신의 옷 안에 소중하게 꿰매 덧붙였다.

셋째는, 술과 바꾸어 먹었다.

감뽀빠는 첫째에게 말했다.

"미래에 그대의 명성이 제일 널리 알려지리라."

둘째에게 말했다.

"미래에 그대의 제자 중에 비밀한 가르침을 수행하는 은둔 수행자가 매우 많을 것이다."

셋째에게 말했다.

"너는 혼자 정토에 태어나게 될 것이다."

두 번째 천을 꿰매어 붙여온 팍모두빠는 1354년 팍모두빠 왕조를 탄생시켜 1세기 정도 티베트를 지배했다. 그의 제자들은 감뽀빠의 예언대로 현재 따시종을 중심으로 많은 은둔 수행자들이 동굴 내에 들어가 무문관 전통을 이어가며 밀교수행을 거듭하고 있다.

모자를 만들어 온 두슙켄빠가 바로 1대 깔마파가 되는 인물이다. 20세에 출가하여 10년 간 용맹 정진했다. 그리고 나이 30세가 되던 해 감뽀빠가 주석한 닥라 감포로 찾아가 배움을 청했다. 감뽀빠에 이어서 행복하게도 밀라래빠의 '달과 같은' 두 번째 제자인 래충빠에게도 가르침을 받게 된다.

후에 깜포 네낭, 깔마 곤에 사원을 건립했다. 이어서 티베트의 수도 라싸에서 북서쪽으로 70㎞ 정도 떨어진 창포 강이 흘러들어가는 톨룽 계곡에 출푸 사원을 건립했으니 이때 나이는 74세, 이후 이 사원은 깔마파의 총본산지가 된다. 훗날 시킴 왕국의 4대 왕이 찾아간 바로 그 사원이다.

그는 자신의 평소 예언대로 84세에 입적하면서 환생을 예언했다.

1대 깔마파가 남긴 서한을 근거로 도곤 레첸이 2대 깔마파를 찾아냈다. 그는 겨우 10세에 이미 불교와 철학에 폭넓은 이해를 하고 있었으며, 그 후 별다른 노력 없이 이미 깨달은 상태로 쉽게 들어갔다고 전해진다.

47세 되는 해, 몽골의 쿠빌라이 칸에게 법왕(法王) 칭호와 함께 바즈라 무쿠트〔금강흑모(金剛黑帽)〕, 즉 금박을 두른 검은 모자를 받는다. 이리하여 정식으로 흑모파라는 별칭을 얻게 된다.

반면에 깔마파들의 바즈라 무쿠트에 관한 이야기는 조금 다르다.

1대 깔마파가 나이 50세 때, 계곡에서 깊은 명상으로 완전한 깨달음에 들어간 순간이라고 한다. 깊은 법열(法悅)에 잠긴 그의 앞에 십만의 다끼니들이 찾아와 예를 올렸다고 한다. 그리고는 자신들의 검은 머리카락을 한 올씩 뽑아 모자를 만들어 씌웠으니 그것이 바로 흑모파의 기원이라는 이야기다.

이 모자는 깔마파에서 다음 깔마파로 전해지며 비중 있는 의식 때만 대중 앞으로 쓰고 나왔다고 한다. 그러나 이 검은 모자는 천상계에서 왔기에 되돌아가려는 경향이 있어 언젠가는 사라질 것이라는 이야기가 덧붙여진다.

시킴 히말라야의 사원들은 대부분 닝마파와 깔마파의 사원이다. 이들은 오래된 전통에 따라 수행하며 자신들의 교리를 세계 곳곳에 알리고 있다. 빠드마삼바바는 창탕고원에서 불법이 쇠하는 동안 시킴에서 흥하리라 예언했다. 그 예언은 현재진행형이다.

환생 제도를 가장 먼저 시작한 깔마파

● ● ●

티베트는 환생의 땅이다. 민중이 따르는 불교 핵심 중에 하나는 윤회다. 비단 이곳뿐이 아니라 히말라야에서 발원한 강물이 대지를 적시는 힌두교 왕국인 인도와 네팔 역시, 이 매혹적인 교리인 윤회를 따른다.

윤회라는 말은 산스크리트어로 삼사라로 함께(sam)와 흐르다, 빨리 간다(sara)가 합쳐진 단어다. 말하자면 빠르게 흘러가는 시냇물과 같은 의미이며 또한 '일련(一連)의 상태를 건너감' 을 의미하기도 한다.

산에서 사는 사람은 시냇물을 잘 안다. 혹은 강물을 따라 근원으로 오르는 사람 역시 이 흐름을 이해한다. 내 시선에 들어오는 시냇물은 지극히 짧은 구간뿐이지만 흐름의 위로는 상류가 있고, 더불어 시선을 반대로 돌린다면 긴 거리를 가지고 바다로 향해 흘러가는 강물이 있음을 안다.

이것을 바라본 과거의 설산(雪山) 현자들은 거듭하며 흘러가는 자연의 모습을 사람의 삶에 비유하여, 내 시선 안에서 흘러가는 윤회를 삼사라라 말하게 되었다.

윤회를 다루는 종교에서는 모두 이렇게 흐르는 통로를 통해 이 세상으로 왔고, 이 길을 따라 흘러가, 앞서고 뒤따르며 다음 세대로 이어진다고 한다. 마치 순환하는 낮과 밤처럼 삶과 죽음이라는 윤회, 그리고 환생의 반복을 통해서, 한 구간 한 구간 이어나가며, 이전의 생을 전제로 하며 저기 저 하나의 궁극을 향해 여정을 진행한다고 가르친다.

사실 가만히 주시하면 흐름은 바로 고(苦)다. 온갖 번뇌의 거품을 맹렬히 일으키며 수고스럽게 가야 한다. 현재 자신에게 벌어지고 있는 혼돈스럽고 받아들이기 어려운 모든 고통이란, 과거 까르마에 의한 스스로의 부채다. 주변의 가족이나 스승도 모두 이런 인연의 발현으로, 모든 것은 우연의 장난이 아니라 필연이며, 자신의 업보로 인해 거듭 태어나며 고생스럽게 진행한다.

히말라야 권에서는 달라이 라마, 린포체, 깔마파와 그 외 구루들 역시 환생의 통로를 타고 이 대지에 올라섰다. 그리고 낡은 육신을 벗어놓고 떠나가더니 다시 돌아와 오늘도 사부대중의 빛이 되고 있다.

이들 환생 개념은 범부중생과는 다르다. 까르마의 횡포에 의해, 혹은 과보로 인한 결과로 어쩔 수 없이 거듭 태어나며 한없는 전체 생(生) 중의 또 다른 하나의 생(生)을 추가하며 살아가는 존재가 아니다. 허물을 벗어가며 새롭게 옷을 갈아입는 윤회가 아니다. 생을 반복하면서 수행을 거듭하고 깨달음을 얻은 후, 일체 중생들을 구제하기 위해 다시 지상에 온 천화(遷化)다. 중생을 위해 지옥의 고통을 감수할 각오를 가지고 있으며, 다시 태어나는 것을 '완전성을 닦는 좋은 기회'로 여긴다. 대승의 보디삿뜨바〔보살(菩薩)〕 정신으로 자신의 원력을 통해 필요한 시기, 적절한 자리로 몇 번이고 찾아오는 것이다.

깔마파는 한 씨족에게만 의존하지 않는 뚤꾸, 즉 이런 활불상속제(活佛相續制)라는 독특한 교단유지법을 최초로 선택했다. 집단의 수장이 이승을 떠난 후, 다시 다른 몸으로 돌아온다는 활불제도는 깔마파가 티베트 고원에서 가장 먼저 선택했고, 후에 고원의 패권을 차지한 게룩파가 똑같이 받아들여 자신들도 달라이 라마 제도를 만들었다.

1대 깔마파는 환생을 예언하고 그 내용을 편지에 적어 되곤 레첸에게 주었다. 후에 편지 내용은 2대 깔마파를 찾는 데 단서가 되었다. 이후 깔마파의 서한, 예언, 제자의 꿈에 나타나 전해 주는 이야기 등등이 차기 깔마파를 찾아내는 단서로 자리잡는다.

깔마파는 차차 정치적으로도 강력하게 되어 한동안 설역고원을 지배한다. 후에 노란 꽃인 게룩파가 군락을 이루어 정치적으로 창탕고원을 장악할 때까지 서로 입지를 놓고 힘겨루기를 하게 된다.

시킴 왕의 출푸 사원 방문 이후, 시킴 히말라야 안에서도 깔마파의 영향이 커지기 시작했고 검은 꽃들이 아름답게 장식했다. 히말라야 남동면에 검은 꽃 군락이 만개하게 된 결정적인 사건은 16대 깔마파에서 일어났다.

시킴으로 망명하는 16대 깔마파

16대 깔마파는 본명이 랑중 릭페 도르제. 1924년 티베트에서 태어났다. 현재의 14대 달라이 라마는 1935년생이므로 세속 나이로는 11년 연상이 된다.

15대 깔마파가 열반에 든 후, 제자들은 깔마파가 남긴 예언의 서한을 열었다. 자신의 다음 환생에 관한 암시가 적힌 편지였다.

16대 깔마파. 1959년 티베트에서 인도로 망명한 후 시킴에 주석했다. 그 후 미국에서 열반에 들었다. 화장 후 다시 시킴의 룸텍 사원에 탑을 조성해서 모셨다.

그곳엔 이렇게 적혀 있었다.

"강 근처에 있는 동쪽 추루프는 오래 전에 '파우 덴마 율갈 톡옥'과 '링 게슬'의 성직자들의 소유였다. 이곳의 한 언덕, '아'와 '춥'이라는 글자들로 장식된 흙으로 만들어진 집에서 쥐의 해, 6월 15일 고귀하고도 신앙심 있는 이의 가족에게 아기가 생길 것이다."

제자인 시투 뚤꾸와 잠곤 콩투를은 이곳이 어딘지 정확히 알고 있었다. 그들은 덴콕에 도착 직후 예언의 편지대로 엄청난 아이가 태어난 사실을 알았다.

엄격한 심사 끝에 환생자로 인정받은 후, 나이 7살에 서품을 받고, 관정을 지나, 차차 까귀파—깔마파 자체의 공부는 물론 다른 종파인 빨간 꽃－닝마파로부터 테르퇸의 가르침까지 모두 전수 받았다. 테르퇸은 빠드마삼바바가 동굴에 남긴 비밀 경전을 발견할 수 있는 능력의 소유자를 말한다.

역대의 다른 깔마파처럼 은거, 수행, 티베트와 부탄 등 여러 지역을 성지순례하며 정진했다. 그리고 거듭되며 환생한 깔마파들이 연이어 자리한 유서 깊은 출푸 사원에 주석하던 중, 1959년 달라이 라마처럼 망명의 길을 택한다.

출푸 사원이 소장하고 있던 많은 종교적인 문화재, 경전, 유물, 보물을 가지고 남쪽으로 떠났다. 뚤꾸, 승려, 일반인들 160여 명과 함께 히말라야 산맥 동쪽을 넘어 히말라야의 또 다른 불교 왕국인 부탄으로 향했다. 부탄 왕가의 극진한 환영을 받았음은 물론이다.

그러나 망명의 최후 목표지는 당연히 시킴 왕국이었다. 이미 자유를 찾아 설산을 넘어온 티베트인들과 많은 시키미들—시킴 사람들은 마치 귀향하는 큰스님을 맞이하듯이 따뜻하게 환영을 했다.

시킴의 왕은 16대 깔마파가 자리잡을 수 있는 몇 곳을 추천했다. 깔마파는 시킴의 수도 강톡에서 멀지 않은 룸텍 사원을 선택하고 1959년 5월 5일부터 새롭게 주석하기 시작했다.

이곳 룸텍은 더없이 상서로운 길지에 안겨 있는 사원이다. 앞으로는 7개의 물의 흐름이 다가오고, 7개의 언덕과 얼굴을 마주하며, 큰 산이 후방에서 사원을 보호하듯이 솟아 있고, 눈[雪]이 바로 앞에 흐르는 강물까지만 내리며, 전방에 트인 계곡이 마치 소라고동처럼 나선형으로 이어지는 지형이었다.

16대 깔마파는 룸텍 사원에 불사를 일으켜 오래된 사원 뒤편에 새로운 사원을 건립하여 까귀파의 비약을 위한 발판을 만들었다. 1966년 1월 1일, 공식적으로 문을 열게 된 이 새로운 사원은, 출푸 사원에서 가지고 온 유물을 보관하고, 다르마 차크라 센터를 완성함으로써 많은 승려들이 이곳을 구심점으로 삼아 세계 곳곳에 포교당을 건립하도록 배려했다. 이후 바다 건너 까귀 꽃씨를 날려 보내는 중심지가 되었다.

시킴의 깔마파 사원에는 자신들의 수장인 17대 깔마파의 사진과 현재 게룩파의 수장이자 티베트 망명정부를 대표하는 14대 달라이 라마의 사진을 나란히 같이 모시고 있다.

노란 꽃의 게룩파는 인도의 다람살라에서, 검은 꽃의 깔마파는 역시 망명지 인도의 강톡 룸텍에서 티베트 불교의 두 개 축으로 새롭게 굴러가기 시작했다.

미국인으로 인도에서 수많은 성자들을 만난 바가반 다스가 16대 깔마파를 만난 기록은 이렇다.

> 카르마파(깔마파)는 하늘을 나는 양탄자 위에 앉아 있는 아라비아의 술탄처럼 매우 듬직했다. 그의 뒤로는 탁 트인 하늘이 펼쳐져 있었다. 어젯밤의 내 꿈과 거의 흡사했다. 카르마파(깔마파) 앞에 앉아 있는 내 눈에 그의 머리에 얹어진 검은 보관(寶冠)이 보였다. 비록 육체적인 눈에 보이는 건 아니지만, 나는 나중에 다키니(다끼니)들이 그의 주위에 항상 날아다니고 있다는 것을 알게 되었다.

16대 깔마파는 즉위식을 한 직후, 7살의 나이로 13대 달라이 라마를 만나기 위해 라싸를 방문했다.

통상적인 예의에 의하면 설역고원의 정치 · 종교 지도자인 달라이 라마를 만나는 경우에 상대는 자신을 낮추는 의미에서 모자를 벗어야만 했다. 그런데 16대 깔마파는 검은 모자를 쓴 채로 있었기에 달라이 라마는 수행원에게 그 점을 지적했다. 모두들 이 이야기에 어리둥절했다. 더구나 첫 만남에서 깔마파는 전통적인 오체투지 방법으로 달라이 라마에게 예를 올리면서도 모자를 벗지 않았다.

시간이 흐른 후에 달라이 라마는 '왜 모자를 벗지 않았었냐?' 물었다. 그런데 되돌아온 깔마파의 대답은 물론 주변 사람들 모두가 한결같이 '벗었다' 였다.

그때서야 달라이 라마는 깔마파가 진정한 보디삿뜨바였음을 알아차렸다. 달라이 라마는 모두가 모자를 본 것으로 착각했다. 깔마파의 비가시적인 검은 모자는 영적으로 매우 수승한 사람이 쓰는 것이며, 동시에 영적으로 매우 뛰어난 존재들만이 볼 수 있는 것이었다. 흑모파 수장에 어울리는 일화다.

그는 1974년과 1977년에 시킴 히말라야를 떠나 인도 바깥으로 여행을 나섰다. 깔마파는 미국 여행 중에 바위 위에 자신의 발자국을 남기고, 날카로운 날을 가진 칼들을 실로 묶는 등 비범한 능력을 보였고, 가뭄으로 고통받고 있는 아리조나의 북미원주민 호피족 방문시에는 비를 내려 주기도 했다고 한다. 1981년, 미국 북동부 일리노이의 시온에서 열반에 들었다. 삼 일 동안 명상하는 자세를 유지했으며 심장 부근의 가슴은 따뜻함을 잃지 않았다고 전한다.

당시 담당 의사 산체스 박사의 기록은 이렇다.

고결한 사람이었다. 개인적으로, 나는 그가 보통 사람이 아니라는 것을 느꼈다. 그가 쳐다볼 때에는 마치 사람의 본래 모습을 간파하고 내면을 꿰뚫어보는 듯했다. 나는 그와 눈길을 마주쳤을 때 강한 인상을 받았다. 그는 무슨 일이 진행되는지 알고 있는 듯했다. 그의 고결한 모습은 그를 만나기 위해 병원을 찾아오는 모든 사람에게 감동을 주었다. 몇 번이나 죽음에 다다랐다고 생각되었지만 그때마다 그는 빙그레 미소를 지으면서 당신들이 틀렸다고 말했고, 곧바로 호전되곤 했다.

그는 고통을 경감시키는 약물치료를 전혀 받지 않았다. 우리 의사들이 진찰을 통해 그가 얼마나 고통을 받는지 알아차리고서 묻곤 했다. "오늘은 고통이 심하시죠?" 그러면 그는 대답했다. "아닙니다." 임종의 순간이 다가오자 그는 우리의 걱정을 눈치채고 쉴 새 없이 우스갯소리를 했다. 우리가 그에게 "고통스럽습니까?" 하고 물었더니, 그는 지극히 부드러운 미소를 지으면서 "아닙니다"라고 말했다.

어느 날 그의 신체 지수가 모두 매우 낮아졌다. 나는 그에게 충격요법을 가했다. 그래서 그는 마지막 몇 분 동안 대화를 할 수 있었다. 그가 그날 죽지 않겠다고 확신시켜 주면서 틸쿠(뚤꾸)와 이야기를 나눌 때, 나는 몇 분 동안 그의 병실을 떠나 있었다. 5분 뒤 다시 돌아왔을 때, 그는 두 눈을 크게 뜨고 꼿꼿하게 앉은 채 분명한 어조로 "여보세요, 안녕하세요?"라고 말했다. 그의 신체지수는 다시 역전되어 있었다. 나는 의학적으로 이런 경우를 들어본 적이 없었다. 간호사들은 백지장처럼 창백해졌다. 간호사 가운데 한 명은 소맷자락을 들어올려 팔에 돋은 소름을 보여 주기도 했다.

결국 심장은 멈추었다. 그런데 육신은 부패하지 않았고 더불어 그의 몸은 살아 있는 듯했다고 한다. 그들은 시신을 치우지 않았다. 심장 부근은 여전히 따스함을 잃지 않았다.

그가 죽은 지 36시간 정도 지난 뒤 그들은 나를 그의 병실로 데려갔다. 그의 심장에 손을 대었더니 주위보다 한결 따뜻했다. 이런 형상은 결코 의학적으로 설명할 수 없는 사건이다.

다비하는 동안에는 심장이 스스로 튀어 나왔다. 또한 습골(拾骨)한 사리들은 작은 불상 모습을 이루었다. 제1대 깔마파 두숨켄빠의 다비식에서도 똑같이 나타난 현상이었다.

심장과 화장 후에 남은 뼈들을 시킴으로 모셔와 현재 룸텍 사원 내부에 골든 스투파를 조탑하여 모셨다.

사진 촬영이 엄격하게 금지되어 있는 이곳은 맑은 달빛이 스쳐 지나가는 듯한 고향냄새가 풍긴다. 또 허리를 깊게 숙여 합장하면 스투파, 초르텐으로부터 심원한 충만감과 깊은 평온함이 밀려온다. 살아 있는 듯한 그의 기운이 아직도 주변을 풍요롭고 인자하게 이끌고 있기 때문이다. 사원에서 가장 밝은 빛을 뿜는 자리로, 탑 앞에 앉으면 16대 깔마파의 온화한 미소를 뵙는 듯하고 엉덩이를 붙인 땅심이 여간 자비롭지 않다.

어린 시절, 16대 깔마파와 사원을 함께 거닐고, 경전을 함께 외웠을 법한 노승이 이 탑을 지키고 있다. 유리로 보호받고 있는 탑은 번쩍거리는 기운보다는 부드럽고 따뜻하다는 편이 옳다.

노승은 탑을 찾아온 사람들에게 룸텍 사원의 사진이 인쇄된 그림엽서를 팔고 있다. 오랫동안 탑의 기운을 받아서일까, 그의 시선 역시 따사롭기 마찬가지라 그림엽서를 사지 않을 도리가 없다. 엽서 한 장 값은 탑을 지키고 보수하는 데 사용될 터, 사진만 다양하다면 여러 장 구입하고 싶은 생각도 든다.

또다시 망명길에 오른 17대 깔마파

그러면 다음 세대의 17대 깔마파를 보자.

1992년, 16대 깔마파의 예언대로 아보가보라는 이름의 6세의 아이가 동부 티베트에서 발견되었다. 제1대로부터 환생을 거듭해서 깔마파라는 이름으로 지상에 17번째 찾아온 존재다. 다음 해 달라이 라마 망명정부와 중국 당국, 양측 모두 17대 깔마파로 공식 인정했다.

중국은 회유를 위해 이들 가족을 한 달 동안 중국 전역을 여행시키며 환대했다. 장쩌민[江澤民]은 '성장해서 티베트의 번영에 크게 기여할 수 있도록 열심히 공부하기를' 주문했다. 자신들의 손아귀에 둘 욕심이었다.

17대 깔마파는 세계가 새로운 세기를 맞이했다고 들떠 있던 2000년 1월 5일, 16대 깔마파처럼 역시 히말라야를 넘는다. 혹한이 히말라야 주변에서 맹위를 떨치고 있던 무렵이었다. 17대 깔마파의 본명은 우기엔 트린리 도르제, 당시 나이 14세였다.

17대 깔마파는 그동안 다른 전생의 깔마파들처럼 800년 이상 깔마파 총본산인 툴룽의 출푸 사원에 머물러 있었다. 17대 깔마파는 인도에 있는 구루 방문을 위해 비자 발급을 요구했으나 중국 당국이 거부하자 얼마 후에 사라졌다. 중국 정부는 이와 관련, 관영 '신화사 통신'을 통해 '깔마파는 소수의 측근들과 함께 불교 예식에 사용되는 악기를 구입하기 위해 잠시 떠난 것'이라며 '전생에 자신이 사용하던 바즈라 무쿠트[금강흑모(金剛黑帽)]와 악기를 찾기 위해 떠났다' 이야기하면서 '그는 국가와 민족을 배신하지 않을 것'

이라고 주장하기도 했다.

망명정부 내부의 소식통에 의하면 깔마파는 1년 이상 치밀하게 탈출을 준비해 온 것으로 알려져 있다. 중국 정부는 그동안 자신들이 파괴한 깔마파 총본산인 출푸 사원의 복구를 허가했으나, 말과는 달리 승려들의 일상적인 종교 활동을 더욱 제한하기 시작했다고 한다.

깔마파는 당연히 중국 당국의 진심에 회의를 느끼지 않을 수 없었다. 자신들이 손상시킨 사원의 복구를 약속하면서, 이렇게 저렇게 활동을 간섭하고 방해한다면 신뢰할 수는 없으리.

시킴의 수도 강톡에는 주민들의 열망을 담은 포스터가 곳곳에 붙어 있다. 주민들은 그들의 지도자인 17대 깔마파가 자신의 전생이었던 16대 깔마파가 주석했던 시킴 룸텍 사원으로 신속하게 돌아와 주기를 희망한다.

1998년 출푸 사원의 사건이 망명의 결정적인 도화선이 되었다. 런던에 있는 「티베트 인포메이션 네트워크」에 따르면 당시 깔마파는 불길한 예감이 들어 주궁(主宮)을 잠시 떠났다고 한다. 그 직후에 한 승려가 서재 바닥의 양탄자 밑에 숨어 있던 중국인 두 사람을 발견했다. 그들은 칼과 폭발물로 무장하고 있었다. 티베트 소식통들에 따르면 침입자들은 깔마파의 암살을 위해 돈을 받고 고용됐다는 사실을 시인했다.

그러나 중국 당국은 아무런 혐의가 없다며 이들을 풀어 주었다. 깔마파와 가까운 한 소식통은 '깔마파를 해친 후 티베트인들에게 죄를 뒤집어 씌우려는 음모였던 것이 분명하다' 고 말했다. 14대 달라이 라마의 망명 시에 내충은 '남쪽으로 어서 떠나라' 는 신탁을 내렸다. 이 사건은 깔마파에게 이제는 속히 떠나라는 메시지였다.

이후 중국 정부는 깔마파의 인도 방문 요청을 거듭해서 거절했고, 매일 오전 10시~오후 2시에 정기적으로 시행하는 방문객의 접견과 축복 시간을 줄이도록 명령했다. 또한 인도에 있는 그의 스승인 시투 린포체의 티베트 방문마저 허가하지 않았다. 떠날 시간이 점점 모양새를 갖추며 만들어지는 중이었다.

1999년 12월 말경, 깔마파는 자신을 감시하는 중국 경비원에게 특별한 명상에 돌입한다고 이야기하고 스승과 음식물을 넣는 사람 이외 아무도 들여보내지 말 것을 이야기했다. 그리고 12월 28일 밤, 경비원들이 TV를 보는 사이에 창문을 통해 어둠 속으로 빠져 나갔다. 두 명의 수행원, 두 명의 운전기사, 그리고 비구니인 자신의 누님과 지프를 타고 네팔 국경으로 향했다.

추격하는 중국 순찰병을 피하기 위해 국경 근처에서 차를 버렸다. 그리고 일주일 가량 고원의 산악지대를 헤맸다. 그동안 고산에 살고 있는 현지 티베트인들의 따뜻하고 헌신적인 보살핌이 있었다. 그들은 음식물은 물론 현금을 아낌없이 보시하며 남쪽으로 향하는 일행에게 힘이 되어 주었다.

결국 국경을 넘고 네팔령의 무스탕 왕국의 험한 지형을 회색 꽃 샤카파의 승려들의 도움으로 헬기로 이동하기에 이르렀다. 그리고는 인도로 망명했다.

깔마파가 히말라야를 넘어 네팔을 거쳐 인도에 도착했다는 소식은 순식간에 세계 곳곳에 타전되었다.

며칠 후, 티베트 망명정부가 있는 인도 다람살라에서 14대 달라이 라마는 17대 깔마파를 만났다. 한겨울에 히말라야를 넘느라 발에는 수많은 물집이 잡히고, 온통 상처투성이인 손, 그리고 추위로 얼어터진 검붉은 얼굴을 가진 깔마파와 '마치 아버지가 오랜 이별 끝에 사랑하는 아들을 만난 것처럼' 따뜻한 포옹을 나눴다.

깔마파를 처음 만난 달라이 라마는 '그의 정신은 아주 맑고 강인하다,' '그는 제대로 훈련을 받고 정진한다면 분명히 커다란 공헌을 할 인물이다'고 평가했다. 노란 꽃과 검은 꽃의 수장이 한 자리에서 피었다.

이 사건은 1959년 달라이 라마의 망명, 같은 해 1959년 16대 깔마파의 망명과 함께 '최대 망명 사건' 혹은 '정치망명사상 가장 흥미 있는 사건' 으로 역사에 남게 되었다. 17대 깔마파는 자신의 전생인 16대 깔마파에 이어

룸텍 사원의 스님 하나가 17대 깔마파의 서명이 들어간 그림엽서를 들고 웃고 있다. 이 스님 역시 깔마파가 귀환하기를 기다리는 중이다.

연이어 2대에 걸쳐 히말라야를 넘어 망명한 셈이다.

17대 깔마파는 1월 8일 달라이 라마를 찾아 45분 간 면담하고, 다음날 새벽 동트기 전에 달라이 라마 측의 경호원 15명과 함께 어디론가 떠났다.

어디로 향했을까.

"시킴의 룸텍 사원."

시킴의 역사를 아는 사람이라면 주저할 것도 없다. 정답이다. 17대 깔마파는 16대 깔마파가 1959년에 망명해서 자리했던 시킴의 룸텍 사원을 찾는 것은 당연한 일이었다.

그러나 깔마파는 아직 시킴에 도착하지 않고 다르질링 근처 사원에 머물고 있다. 정치적인 이유라고 한다. 시킴의 수도 강톡을 위시해서 시킴의 곳곳에는 그의 귀환을 기다리는 포스터가 무수히 붙어 있고 심지어는 자동차 유리창에도 붙어 있어 정신적 구루를 기다리는 시킴 사람들의 샘솟는 열망을 알 수 있다. 16대 깔마파가 망명으로 히말라야를 넘었을 때보다 더 성대한 환영을 준비하며 귀환을 열망한다.

시킴 히말라야 지역은 역대 깔마파들과는 이렇게 저렇게 떼려야 뗄 수 없는 밀접한 관계가 있는 곳인 셈이다.

나 역시 깔마파 흐름에 몸을 싣고

13대 깔마파는 시킴 왕을 환대함으로써 시킴 왕국에 사원을 짓도록 하고, 결과적으로 그 사원은 먼 훗날 자신이 곤경에 빠졌을 때 계속 주석해서 법륜을 굴릴 수 있는 자리를 확보한 셈이 되었다. 13대 깔마파의 눈에는 훗날 거듭되는 환생자들의 고난한 모습이 보였을까, 욕심 가득한 중국인들이 흙탕물을 일으키는 저 하류의 풍경을 이미 예견한 것일까.

범부중생으로는 그 경지를 예측조차 할 수 없다. 눈에 보이는 시냇물만 따라 가는 사람으로서 언제쯤이면 보디삿뜨바의 정신으로 환생할 수 있을지 가늠하기조차 어렵다. 걷고 걸어도 끝이 보이지 않으니 언제쯤이면 지혜, 반야의 눈이 생기려나.

룸텍 사원의 높은 곳에는 무장한 인도 군인들이 사원을 보호하고 있다. 혹시라도 깔마파가 이 자리에 있다는 그릇된 정보로 중국의 앞잡이들이 사원에 위해를 가하는 일을 예방하기 위해서란다. 그들 머리 위로도 히말라야의 밝은 햇살이 빈틈없이 내려 쪼인다.

16대 깔마파가 수행한 판자를 이어 만든 토굴 앞으로 이름 모를 꽃들이 자욱하고, 어디선가 재스민 향이 실려 온다. 더구나 새들과 대화하기를 좋아했다는 이야기처럼 온갖 새소리가 독경소리처럼 맑기만 하다.

17대 깔마파가 조속하게 이 자리로 되돌아와서 사부대중에게 사자후를 터뜨리기를 기다린다. 나 역시 법석의 말석에 앉아 그 모습을 듣고 보고싶은 생각 간절하다. 주인이 없는 자리는 어쩐지 빈 의자처럼 허전하다.

감뽀빠의 예언대로 깔마파는 이제 세계적으로 유명한 인물이 되어 있다. 더불어 그들이 안고 있는 꽃씨들이 허공계를 날아올라 지상 곳곳에 떨어졌다. 시킴 히말라야를 걸으며 나 역시 그 꽃씨 하나 가슴에 받았다.

누군가 티베트 불교 중에 하나의 꽃밭에 들어가 귀의(歸依)하라면, 인도의 아티샤, 쫑카파에서 이어지는 달라이 라마의 노란 꽃밭보다는, 카일라스의 밀라래빠에서 시작해서 오늘까지 흘러온 깔마파의 검은 꽃밭을 선택할 것이다. 시킴 히말라야에서 내가 스스로 어떤 품종인지 알았다고나 할까.

옴 마니 파드메 훔.

다끼니

다끼니는 '하늘을 걸어 다니는 여신' 이라는 뜻이다. 즉 공(空)이라는 지혜의 하늘을 걷는 자를 말하며 깨달음의 에너지가 여성형으로 구체화된 것을 상징한다. 특히 딴뜨라 불교에서 여성 수행자가 깨달음을 얻었을 경우에는 다끼니 대접을 받게 된다. 따라서 사람과 신을 모두 다끼니라고 부를 수 있다.

힌두에서는 화장터에서 시체를 먹어치우는 여신 두르가의 다섯 화신으로 여기지만, 티베트 불교에서는 하나의 수호자로, 질투심이 없으며 어머니 같은 자비심을 지닌 존재다.

티베트에서 가장 위대한 여자 스승 중에 하나로 추앙받는 칸도 체링 최된 역시 스승과 영적으로 결혼한 이후에 아름답고, 다소 반항적인 젊은 여성의 빛을 발하는 다끼니로 변모했다고 전해진다. 그녀는 시킴에서 노년을 보냈고, 시킴에서 세상을 떴으며, 그녀의 초르텐이 시킴에 남아 있다.

시킴의 주인은 누구일까

땅을 파면 물이 나고
구름 걷히면 푸른 하늘
이 강산 어디나 그대 가는 곳
보고 듣는 모두가 자네 공부일세.
—묵암 선사

카리스마 넘치는 시킴의 주인

● ● ●

시킴의 주인은 누구일까?

시킴의 계곡에 수많은 동식물들을 거느리고, 풍부한 먹을거리와 빗물을 제공하는 존재는 누구일까? 이 자리를 통치하는 시킴 왕일까, 아니면 그와 함께 사는 시킴 사람들일까?

지극히 유한한 사람이라는 존재는 주인이 될 수 없으니 시선을 돌려보면 캉첸중가다. 이 고고한 산이 이 지역의 강력한 군주다. 옹골찬 골격의 품안에서 모든 존재들을 정착시키고, 생명현상을 유지시키도록 도와주며, 집단을 이룰 수 있게 자신을 제공한다. 누가 진정한 주인인가. 이것을 알기 위해서는 비교적 높은 지역까지 발품을 팔며 걸어 올라서야 한다.

캉첸중가라는 이름은 최근 우리 귀에 많이 익숙해졌다. 한국이 낳은 세계적인 산악인 엄홍길, 박영석, 두 사람의 발 빠른 히말라야 14좌 등정 행보 탓이다. 산에 관심이 있는 사람이라면 2002년 한왕용의 등정 역시 관심 깊게 지켜보았으리라.

멀리서 보는 캉첸중가는 아름답다. 시킴 히말라야 북서쪽에서 수많은 봉우리들을 거느리며 우람하게 자리잡고 있다. 산이란 본래 오르려는 사람보다 멀리서 바라보는 사람들에게 더욱 극적이다. 큰 산을 즐기려면 너무 높게 올라가는 일은 피하는 것이 좋다. 본래 숲 속에서 걷는 것보다 먼 자리에서 숲을 바라보는 일이 그렇듯이.

시킴 히말라야의 트래킹 중에 가장 보편적인 코스로 쫑그리 트래킹이 있다. 시킴 왕국의 첫번째 수도였던 욕섬에서 시작해서 캉첸중가의 코앞인 고에첼라까지 걸어가는 코스다. 이 트래킹의 중간 지점에 쫑그리가 있고 이 마을 뒤편 다블라캉에서는 캉첸중가 연봉에서 벌어지는 장엄한 해돋이를 볼 수 있다. 적당한 거리를 두고 이 지역의 주인어른을 관(觀)하기 좋은 위치다.

후한(後漢) 허신(許愼)의 『설문해자(說文解字)』에 의하면 양대즉미(羊大卽美), 즉 미(美)라는 단어에는 양(羊)이 크다〔大〕는 의미가 숨겨져 있다고 했다. 또한 『노자』 41장에 의하면 '큰 소리는 들리지 않으며 큰 형상은 형태가 보이지 않는다(大音希聲 大象無形)' 고 하였으며 이를 아름다움으로 간주했다.

물론 시대가 바뀌어 미시세계(微視世界) 역시 못지않은 아름다움을 뽐

내지만 쫑그리 뒷산에 올라서면 큰 것에서 아름다움을 찾는 고대 시선에 고개를 끄덕일 수 있다. 히말라야 산맥에 몸담은 어느 산이 안 그렇겠냐만 캉첸중가는 그 중에서 가장 거대한 산괴로 통하기에 바라보는 동안 미가 극적으로 나타난다.

사실 인간이 만든 거대한 건축물 앞에 서면 어쩐지 주눅이 들면서 한쪽으로는 압도당하는 느낌을 받는다. 그러나 인간이 만든 거대한 탑, 하늘을 찌르는 건물, 웅장한 사원의 배경을 들여다보면 인간의 무수한 피와 땀—노동이 바탕이 되었기에 감동보다 감탄이 앞선다.

"어떻게 이렇게 만들 수 있었을까?"

"얼마나 많은 사람들이 수고했을까!"

큰 산은 이것을 뛰어넘는다. 인간의 노동을 바탕으로 한 창조물의 거대함에서 보다 한발 더 깊숙하게 들어가는 것이다.

자연은 어떤 위력적인 강대한 에너지를 품고 있어 인간이라는 왜소함이 무의식적으로 견주어지며 위축된다. 인간의 힘이라고는 터럭 끝조차 가감되지 않은 하늘을 찌르는 고봉들은 어떤 초월된 힘을 내보이며 바라보는 사람을 숭고하게 만들고 경건하게 만든다. 성스러움과 관련된 신비가 싹트는 것이다.

『장자』의 「추수(秋水)」편에는 하백의 탄식이 나온다.

> 가을이 되면 물이 불어난 모든 냇물이 황하로 흘러드는데, 그 물줄기의 호대함이란 양쪽 물가의 거리가 반대쪽에 있는 소나 말을 구별할 수 없을 정

도이다. 그리하여 황하의 신인 하백은 흔연히 기뻐하면서, 천하의 아름다움이 모두 자기에게 있다고 생각하였다. 그 흐름을 따라 동쪽으로 가 북해에 이르러 동쪽을 바라보니 물의 끝이 보이지 않았다. 이에 하백은 탄식하면서…….

하백은 스스로의 거대함에 감탄했으나 보다 넓고 깊은 바다에 이르러 부끄러워한다.

나는 거대한 설산 앞에 서면 늘 겸허해지다가 시선을 내리면 부끄럽다. 아무리 수십 층 높이 속에서 생활하더라도, 스스로 몇십 층 건물을 지었다 해도 이 예사롭지 않은 기운 앞에서는 절대 역부족이다.

“이 자그맣고 보잘것없는 몇 척의 단신을 끌고 어떻게 그리 기고만장하게 살아왔는가?”

“나는 기껏해야 인간(人間)일 뿐이다.”

그리고는 오랜 양구(良久)에 들어 있는 여여(如如) 여시경(如是經)의 산을 향해 스스럼없이 절을 올리게 된다. 주인에 대한 예인 셈이다.

가만히 돌아보면 오늘도 많은 사람들은 인간이 만들어 놓은 것들을 구경하기 위해 이곳저곳 돌아다닌다. 인간이 세웠다는 거대한 건물, 사원, 유적지, 흐르는 물을 막아 생겼다는 커다란 댐이나 간척지, 놀이동산, 호수 등등.

그러나 이들이 주인이라는 생각은 털끝조차 일지 않는다. 이런 자리를 찾아가는 것이 과연 자연의 웅장함을 만나는 것과 의식에 미치는 영향이 같

큰 산 앞에서 기고만장할 인간이 누구인가. 올려다보아야 한다는 사실은 바라보는 사람이 아랫마음을 품어야 한다는 이야기가 된다.

을까, 생각해 보면, 전혀 다르다는 대답이 뒤따를 수밖에 없다.

트래커에게 쫑그리의 아침은 유달리 일찍 온다. 일출을 보기 위해서다. 새벽 4시 반경에 일어나 부산을 떨고 서둘러 북쪽 고개를 향해 출발해야 장엄한 해돋이를 만난다. 해돋이 트래킹이 잠시라도 늦어지면 설산은 이미 벌겋게 변해 있다.

쫑그리는 해발 4천320미터, 그리고 뷰 포인트인 다블라캉은 해발 4천

415미터로 고도 차이는 100미터가 넘지 않지만 어두운 눈밭을 바스락바스락 헤치고 급박한 고개를 헐떡이며 40여 분 이상 올라야 된다.

많은 룽따와 다루쪽들이 펄럭이는 다블라캉에서는 잠시 사이에 숨가쁘게 표정을 바꾸는 캉첸중가 산군을 낱낱이 조망할 수 있다. 한 위대한 거인이 잠에서 깨어나는 광경을 시시각각 목까지 차오르는 먹먹한 감동으로 목도할 수 있다. 깨달음의 단서는 명상을 통해서만 오는 것이 아니다. 오색의 깃발이 펄럭이고 눈앞으로 거대한 설산이 황금빛으로 변하는 모습 안에서 감추어진 법문이 고스란히 전해져 온다.

멀리서 찾아온 이방인은 조용히 밝아오는, 마치 서서히 몸이 달구어지는 듯한 모습을 보면서, 따스하면서 강하고 위엄이 넘치는 고봉을 향해 스스로 무릎 꿇고 절을 올리고 싶은 생각 간절하다.

저런 산에서는 자연스러운 카리스마가 흘러나온다. 알현하듯이 조심스럽게 뵙게 된다.

사실 카리스마는 그리스어 kharisma에 어원을 두고 있다. 뜻은 은총, 은혜 혹은 선물이다. 이 단어는 초기 기독교로 유입되면서 인간에게 주어진 어떤 특별한 능력을 이야기하기 시작했다. 즉 신을 대신해서 인간을 치유하거나 구원하는 역할, 혹은 예언하는 능력을 일컫게 되었다.

우리 주변에서 잘 생긴 영화배우 눈빛에서 카리스마가 느껴진다고 하거나, 일단 '안 돼!' 버럭 소리를 지르면서 만사를 거부함으로써 자신의 권위를 유지하려는 직장 상사에게서 카리스마가 나온다는 이야기는 정확히 따져

보자면 카리스마가 아닌 셈이다.

이 개념이 사회에 들어온 것은 막스 베버의 『경제와 사회』로 여기서 지배의 3가지 형태가 이야기되고 있다.

1. 전통적 지배 : 전통적 질서의 권위에 따라 일상적 믿음에 근거하여 정당성을 인정받는 가부장적 지배 형태.
2. 합법적 지배 : 체계적인 법 규범에서 정당성의 근거를 찾는 지배 형태로, 합리적 위임 형식을 취한 근대 관료적 지배 형태.
3. 카리스마적 지배 : 특정 지도자 혹은 예언자가 비범하고 초인적이며 신성한 능력에 근거하여 권력을 정당화시키는 권위주의적 지배 형태.

이 카리스마가 일어나기 위해서는 지배하는 사람에 대한 자발적인 숭배, 지배자에 대한 인정이 필수다. 자발적인 숭배나 인정이 없다면 카리스마는 그릇된 이야기가 된다. 총칼을 들고 압박하는 공산정권 지도자의 지도력에 대해서는 카리스마라 이야기할 수 없는 셈이다. 우리 나라를 통치했던 전(前) 대통령들, 북쪽의 김가(家)네의 카리스마를 이야기한다면, 정확한 의미를 아는 사람에게는 농(弄)이 된다.

앞서 간 성자들의 기록, 그리고 웅대한 자연을 바라보는 순간에는 진정한 카리스마(은총, 은혜 혹은 선물)가 무엇인지 알 수 있다. 우리는 진정한 카리스마를 이런 자리에서 찾는 것이 옳다. 앞으로 영화배우 누구누구, 혹 직장상사의 카리스마에 대해 이야기하기보다는 내설악의 카리스마, 한라와 백두에 내려진 은총의 카리스마를 이야기하는 것이 보다 원뜻에 근접하는 것이다.

막스 베버를 뛰어넘고, 기독교를 훌쩍 넘어서서 원시 그리스 어원 그대로, 은혜, 은총, 선물을 묵상하며 이야기 나누는 일이 아는 사람들의 행동이 된다.

캉첸중가 앞에서는 그 거대함이 내보이는 미와 쏟아지듯이 풍겨 나오는 시킴 카리스마를 쉽게 알 수 있다.

캉첸중가는 중앙봉이 해발 8천586미터로 널리 알려졌으나, 다른 기록에는 8천598미터 또는 8천595미터로 기록되어 있으며 아직까지 정확한 주봉 높이에 대해 의견이 분분하다. 초기에는 히말라야 중에 최고봉으로 대접받기도 했다. 남봉과 중앙봉도 마찬가지로 높이가 조금씩 다르게 기록되어 있다. 그러나 초모랑마(8천848미터), K2(8천611미터)에 이어 세계 제3위봉인 것만은 분명하다. 어떤 수치도 정확하지 않다는 사실은 이미 신비(神秘)에 포함되어 있음을 증명한다.

하지만 고도가 일단 8천이 넘어가면 '높았으니 되었다. 몇 미터의 오차가 무슨 대수라는 말인가.' 일반인에게는 의미가 별로 없는 것이 틀림없다.

내게는 6천 미터만 넘어서면 모두 하나다. 주로 겁(劫) 단위에 몰두하는 사람으로서는 3위라는 순위만으로 족하다.

캉첸중가는 편마암으로 만들어진 산덩이로 독립된 봉우리가 아니라 거대한 다섯 봉우리가 만들어진 산괴다.

1. 가장 높은 봉우리 주봉(8천586미터).

2. 산의 중심에 위치한 중앙봉(8천482미터).

3. 시킴과 국경을 이루고 있는 남봉(8천476미터).

4. 얄룽캉이란 이름으로 불리우는 서봉(8천505미터).

5. 캉바첸(7천903미터).

캉첸중가는 만년설에 덮인 다섯 봉우리가 구성원으로, 그 중에 주봉·중앙봉·남봉·서봉, 4봉이 모두 8천 미터가 넘는 웅대한 봉우리다. 어느 한 봉우리만 떼어다 내놓아도 아쉬울 곳이 없다.

불행하게도 한 곳에 몰려 있기에 8천 미터 급 왕자 중의 하나로 대접받지 못하고 캉첸중가라는 이름 안에서 오대(五臺) 성역을 이루며 함께 살아가고 있다.

"사자의 꼬리가 되느니 개의 머리가 되라(Better be the head of a dog than the tail of a lion)."

캉첸중가 형제들을 바라보고 있노라면 이 속담이 입안에서 뱅글뱅글 돈다.

히말라야에 자리한 8천 미터 급의 산, 즉 초모랑마, K2, 초오유, 마칼루, 마나슬루 등은 어느 방향에서 보아도 불쑥 솟아올라 산 정상 부근이 삼각형의 모습으로 우뚝하니 잘 보인다. 그러나 캉첸중가는 울퉁불퉁한 하나의 거대한 덩어리처럼 보이는 이유는 다른 산과는 달리 8천 미터 급의 다섯 형제 봉우리가 거대한 십자 능선 위에서 연결되어 있는 탓이다.

『세설신어』에 왕자경의 이야기가 있다. "산음에서 위로 걸어올라 가면, 산천이 저절로 광채를 발하여 사람들로 하여금 눈을 돌릴 기회를 주지 않는다(從山陰道上行 山川自相映發 使人應接不暇)." 설산을 오르면 찬탄을 금할 수 없다. 이렇게 꾸며놓은 신성이 느껴지고 그 기운에 물들며 일맥상통(一脈相通)하게 된다.

히말라야란 사람의 몸처럼 간, 담낭, 위장, 췌장, 이렇게 또렷하게 구별되지 않는다. 모두 이름을 가지고 있으나 경계를 어떻게 명확히 나누어야 하는지 난감하다. 산과 산 사이에 작은 시냇물이라도 하나 흘러준다면 명쾌하겠는데 고도가 높은 경우에는 그렇지 못하다.

히말라야를 분류하는 법도 그렇다. 일부에서는 국경 등, 인간적인 시선이 더해지면서 캉첸중가 산군을 이제는 네팔 히말라야에 넣기도 한다. 그러나 캉첸중가는 과거로부터 시킴 히말라야였고 앞으로도 시킴 히말라야의 맹주다.

서구세계로 이름을 알리지만

이 매혹적인 시킴 히말라야가 서구에 알려지기 시작한 것은 1848년이다. 동양의 식민지화에 몰두하던 영국은 경제적으로 유용한 품목을 찾아 전 세계를 들쑤시고 다녔다. 그리고 새로운 품종을 찾아내면 자신들의 점령지에 옮겨 심었다. 그 결과 차(茶) 나무를 중국에서 가지고 와 점령지 인도에 심었으며, 브라질에서 고무나무를 옮겨 와 동남아시아 곳곳에서 재배했다.

영국인 조셉 후커는 진화론자 다윈이 사랑하는 몇 명 되지 않는 후배 중의 한 사람이었다. 그가 이런 목적으로 히말라야에 발을 들여 놓았다. 조셉은 히말라야 대자연에 감동을 받았다. 더구나 벵골만에서 멀지 않은 습(濕) 히말라야인 캉첸중가 일대의 풍성함에 감탄을 금치 못한다.

"여기서 가장 가깝다 해도 400마일 이상 떨어져 있는 바다에서 피어오른 물안개가 물 한 방울 잃지 않고 안전하게 이동하여, 이 먼 곳까지 비옥하게 유지하고 있는 것은 참으로 신비한 일이다."

그는 이 지역의 풍부한 생태계 안에서 식물채집을 하고 스케치를 해나갔다. 당시의 내용은 후에 『히말라야 일지』라는 책으로 발간되어 많은 사람들의 가슴을 흔들었다. 번듯한 산 하나조차 없는 섬나라 영국인들에게, 히말라야에 대한 소개는 가히 충격적이었다.

영국의 최고봉은 흔히 '만년설의 산' 이라 별칭이 붙은 스코틀랜드의 벤네비스 산으로 고도는 1천343미터에 불과하다. 합천 해인사 뒤편의 가야산보다 무려 100미터나 낮음에도 '만년설의 산' 이라는 이름을 붙여 주었으니 해수면에 붙어 사는 섬사람들의 심정이 이해가 된다. 그들의 고산에 대한 열등감은 후에 맹렬한 고봉등정으로 반영된다.

근동(the Near East)이란 영국인 자신들 위치에서 가까운 아시아를 말하고, 중동(the Middle East)은 중간지방, 그리고 극동(the Far East)은 멀리 떨어진 한국과 일본을 일컫는다. 이제 식민지 물결이 아시아를 떠나간 지 오래이므로, 우리 스스로 아시아를 부를 때는 이렇게 유럽인의 시선으로 부르는 일보다, 동아시아 · 동북아시아 · 동남아시아 · 중앙아시아 · 서아시아 등등, 아시아인의 시각에 따라 지형적 위치를 부르는 것이 옳다.

이 유럽이 아시아에 영향력을 행사하기 시작했을 때, 자신들의 거처에서 접근하기 편한 가까운 지역부터 근동, 중동, 극동 순으로 차례차례 공략을 시작했다.

히말라야 역시 그렇다. 유럽인들이 알프스에서 시선을 떼고 동쪽 히말라야 8천 미터 급에 관심을 기울이기 시작했을 때 우선 히말라야 서부에 눈을 두었다. 유럽인스럽게 말하자면 근동 히말라야가 유럽에서 접근하기에 거리가 가장 짧았기 때문이다.

히말라야 산맥의 가장 동쪽에 있는 시킴 히말라야의 캉첸중가는 극동이라 다행히 수탈이 뒤늦게 시작되었다. 덕분에 동쪽 히말라야와 이 지역 민족들은 강대국으로부터 뒤늦게 피해가 찾아왔다.

마지막 오르막길에 거의 다다랐을 무렵이 되자, 곧바로 저녁이 되었다. 해가 저무는 동안 발밑에 깔린 눈은 너무나 영롱한 복숭아꽃 빛깔로 물들었다. 고개 꼭대기에서 서쪽을 보니 경치는 이루 표현할 수 없을 정도로 멋졌다. 태양이 안개바다 속으로 떨어져 내리자 사방에 붉은 구리 빛이 퍼졌다. 해가 지는 동안 오른쪽의 네팔 봉우리가 장엄한 어둠 속에서 보다 분명하고 거대한 형태를 드러냈고, 안개 자욱한 바다 건너 퍼지는 빛을 받은 경치는 놀라운 장관을 이루며 색조가 변했다. 빛이 사라지는 동안 지평선 전체가 용광로처럼 빛났으며, 그것이 완전히 사라지고 나자 안개로 덮인 들쭉날쭉한 산등성이 밝아지면서 멀리 보이는 화산처럼 빛났다. 그 전에도, 또는 그 후에도 춘제르마 고개에서 바라본 저녁놀처럼 장엄하고 아름답고 경이로운 광경은 본 적이 없다. 서서히 변화하는 색깔을 보면, 자연의 마술 같은 창조력과 색채 활동에 대해 조금은 알게 되지만 아무리 과학과 예술을 조합시켜 보더라도 그때의 장관을 보며 깊은 산 속에서 홀로 느꼈던 감정을 다시 재현할 수는 없을 것이다.

조셉 후커는 이렇게 글을 남기며 시킴 히말라야 안으로 더욱 깊숙이 들어갔다. 이 글을 읽은 당시의 독자들은 열광했다. 시킴 왕국은 외부인을 극도로 기피하던 시대이기에 조셉은 모진 고생과 수모 속에 간신히 빙하를 찾고 고봉을 스케치하면서 2년간의 생활을 통해 이 일대의 히말라야 지도를 완성하게 되었다.

그의 성공 소식이 알려지면서 제일 먼저 달려든 파리떼들은 식물채집자들이었다. 그들은 점잖은 학자풍으로 히말라야에 들어와 야만스러운 식물사냥꾼으로 변해 '하루에 1천 개의 바구니를 내려보내는' 광란의 착취 행각을 벌였다.

더구나 조셉 후커가 식물을 채집하고 거리를 측량하면서 시킴 히말라야를 철저하게 분석 조사한 자료들은 영국 정치가와 군인의 손으로 들어갔다. 아니나 다를까, 얼마 지나지 않아 티베트를 침공하기 위한 기초 자료로 제국주의적 야망에 고스란히 사용되었다.

저 푸른 하늘은 무심한 듯하지만 인간사를 바라보고, 캉첸중가는 자신의 산자락에 깃들어 사는 사람들의 애환을 함께 해왔다. 모든 것을 버리고 낮은 곳으로 떠나는 강물은 이 모든 이야기를 품어 하류로 흘러갔다. 하여 자연은 이미 시킴 민중과 둘이 아니었다. 자연과 사람이 하나인 연인불이(然人不二)였다.

산과 더불어 시킴 사람들은 제국주의자들의 파괴와 술책을 보아왔다. 산이 깊고 넓어 다행이었다. 몬순의 폭우가 거칠어 사람의 접근을 막아 그나마 나았다. 착취의 현장은 그리 크게 흉터를 남기지 않고 재생이 빨랐다.

조셉은 그 기행을 히말라야 저널로 출판하여 캉첸중가를 서구세계에 소개했다. 또한 시킴의 해발 7천719미터 쟈누봉을 함께 알리면서 '스위스와는 비교할 수 없는 아름다움과 장엄함의 극치' 라고 부언하여 세계 알피니스트들의 마음을 자극하였다.

이어 1899년 영국의 탐험가 D.W 프레쉬필드와 이탈리아 사진작가 V. 셀라가 이 지역을 탐사하고 등산로를 정찰한 내용을 『캉첸중가 일주(*Round Kanchenjunga*)』를 통해 발표함으로써 서구에 또다시 파장을 던졌다.

이제 시킴 히말라야와 시킴 왕국은 유럽에 여지없이 노출되었다. 분위기가 이렇게 돌아가자 알프스를 벗어나 새로운 고봉의 오름짓에 몰두하려는 서구 산악인들이 어찌 그냥 둘 수 있었겠는가.

1905년 8월, 영국인 크라울리를 대장으로 하는 스위스, 이탈리아인으로 구성된 다국적 등반대가 등정을 시도했다. 그리고 패퇴했다.

캉첸중가는 지도상 위치는 북위 27도 42분, 동경 88도 09분으로 히말라야의 동쪽에 자리하고 벵골만에서 가깝기에 당연히 히말라야 중에서 몬순의 영향을 가장 크게 받는다. 기상의 변덕이 무척 심하고 적설량이 매우 많아 오르내리기 위해서는 눈 폭풍, 눈사태, 눈보라, 그리고 끊임없이 발생하는 낙석을 버틸 수 있는 체력은 물론 그런 재앙을 만나지 않는 행운이 필요하다.

그 후 50년, 즉 반세기가 지난 1955년, 찰스 에반스가 이끄는 영국 등반대가 얄룽 계곡에 도착하여 정상 등정을 시도했다. 남서벽으로 오른 등반대는 모진 고생 끝에 정상 근처에 도달했다.

그런데 이들은 정상 몇 발 앞에서 멈추어 섰다. 신성한 산의 정상을 밟지 않기로 한 시킴 왕과 시킴인들과의 약속 때문이었다. 이 산의 정상의 신성(神聖)을 함부로 밟아서는 안 된다는 시킴 사람들의 뜻을 존중한 것이다.

이들의 오르되 정복하지 않으며, 자신을 성취하며 남을 존중하는 의식은 스스로의 성과를 더욱 배가시킨 아름다운 이야기로 남아 있다. 상대의 토템을 인정한 것이다. 이 전통은 이어져 1977년 인도의 쿠마르 대령, 1979년 영국의 탐험가 스코트 역시 성역인 정상 직전에서 발을 멈추었다.

한국은 1988년 부산대륙산악회의 이정철이 지친 셀파들이 차례로 등정을 포기하는 가운데 혼자 정상을 오른 이후(아직 논란이 있다), 1999년 박영석, 2000년 엄홍길과 박무택, 2002년 한왕룡이 차례차례 정상을 '밟.았.다.'

법석 위에 주석한 시킴 주인

● ● ●

산에는 높은 산과 낮은 산이 있다. 높은 산은 혈맥이 되는 물줄기가 아래에 있으며, 그 모양이 마치 어깨와 다리를 쫙 벌리고 있는 듯하며, 산기슭은 장중하고 두텁게 퍼져 있어 작은 산봉우리들도 꿋꿋한 산세를 드러내고 얕은 언덕은 서로 감싸 안은 듯 굽이굽이 끝없이 이어져 있으니, 이것이 바로 높은 산이다. 그러므로 이러한 높은 산을 외롭지 않고 잡스럽지 않은 산이라 일컫는다.

—곽희

야단법석(野壇法席)은 불교 용어로 너른 평야에 임시로 법석을 깔아놓고 덕망 있는 수행자들을 이 자리에 모시고 말씀을 듣는 것을 말한다. 많은 사람이 한 곳에 모여 서로 다투며 떠드는 시끄러운 판을 말하는 야단법석(惹端法席)과는 다르다.

아직 인도에는 이 전통이 남아 있다. 갠지스 강을 따라 여행하다 보면 해질 무렵에 나무로 1미터 정도 높이의 자리를 만드는 모습을 흔히 만난다. 그리고 더위가 지나가는 저녁 무렵이면 선기가 수승해 보이는 구루지가 이 자리에 앉아 설법을 한다. 이 법석을 중심으로 사람들은 둥글게 모여드니 마치 한 송이 만개한 꽃처럼 보인다.

또한 산대(山臺)가 있다. 관중이 볼 수 있도록 언덕 같은 곳에 설치한 높은 무대를 말한다.

히말라야 봉우리들은 치솟았다. 가까이 다가설수록 고개를 더욱 세워 하늘로 시선을 일으켜 세워야 정상 부근을 볼 수 있다. 접근할수록 위엄을 가진다. 히말라야는 먼 곳에서 보면 아스라한 야단법석으로 보인다. 그러나 다가설수록 산대법석(山臺法席) 산붕법석(山棚法席)이 된다.

캉첸중가는 빛이 상서롭다. 오대(五臺)가 모여 있기에 더욱 그렇다. 그러나 평소에는 자주 구름에 가려 경솔하게 전체 모습을 드러내지 않는다. 구름을 거느리고 위엄 있게 하얗게 빛나는 모습은 시킴 히말라야의 군주로서 손색없을 정도로 당당하고 아름답다. 만사구망(萬事俱忘)을 불러온다.

우유에서 우유의 하얀빛을 분리할 수 없듯이 히말라야에서 저 색을 빼낼 수 없다. 바로 시킴을 통틀어 지배하는 강력한 거대함이 만들어 내는 다섯 봉우리 카리스마의 빛이다. 시킴 히말라야를 걷는 동안 어느 누구도 그의 눈빛에서 벗어날 수 없다.

쫑그리 트래킹—추천 코스

시킴은 최근 개방의 물살을 타면서 비교적 다양한 트래킹 코스들이 준비되고 있다.

5월에 활짝 피어나는 랄리구라스, 난초와 야생화를 돌아보는 '생태계 트래킹'을 비롯해서, 유서 깊은 명찰들을 걸어서 찾아다니는 '사찰 트래킹'이 준비되어 있고, 어디서나 만날 수 있는 캉첸중가가 있기에 이곳저곳 계곡을 타고 올라 다양한 동선(動線)을 따라 설산을 보며 움직이는 트래킹들이 있다. 또한 호수가 많기에 '호수 트래킹' 역시 있다.

이 중에서 욕섬에서 출발하는 트래킹은 가장 전통적인 것으로 일명 쫑그리 트래킹이라고 부른다. 라충 챔보가 불교를 전래한 길을 따라간다는 의미도 있다.

산수를 보는 데도 법칙이 있다. 숲이나 샘물을 벗하는 마음,
즉 자연과 일치되는 마음으로 산수를 보면 그 가치가 높아질 것이고,
교만하고 사치스러운 자세로 임한다면 그 가치가 낮아질 것이다.
—곽희(郭熙)의 『임천고치(林泉高致)』 중에서

꼭 보아야 할 풍경이란

● ● ●

지구상에는 보아야 할 몇 곳의 명(名) 풍경이 있다. 대표적인 곳 중의 하나가 내가 생각하건대 히말라야의 해돋이와 해넘이다.

1999년 『내셔널 지오그래픽 트래블러』는 '완벽한 여행자가 일생에 꼭 가봐야 할 곳 50선' 을 발표했다. 이 잡지의 편집장인 키스 벨로우스는 세기가 넘어가는 시점에서 진정한 여행자라면 일생동안 가 봐야 할 장소를 선정 발표한다면서 '이 장소들은 우리 세계의 정신과 다양성을 갖고 있다' 고 토를 달았다.

1. 도시 공간(노인을 위한 도시) : 바르셀로나, 홍콩, 이스탄불, 런던, 뉴욕, 예루살렘, 파리, 리우데자네이루, 샌프란시스코, 베니스.

2. 사람이 거주하지 않는 장소(에덴의 마지막 요새) : 아마존 밀림, 남극, 호주의 미개척지, 캐나다의 로키산맥, 파푸아뉴기니의 산호초, 에콰도르의 갈라파고스 제도, 그랜드캐니언, 사하라 사막, 아프리카 세렝게티 평원, 베네수엘라의 테푸이스 고원.

3. 낙원(아름다움, 고요함, 천국 같은 기쁨) : 이탈리아의 아말피 해안, 미국 미네소타의 바운더리 워터스, 영국의 버진 아일랜드, 그리크 제도, 하와이 제도, 인도양의 세이셀 공화국, 일본의 정원여관, 인도의 케랄라, 태평양제도, 칠레의 토레스델 파이네 국립공원.

4. 전원(문명과 자연의 조화) : 알프스산맥, 캘리포니아의 빅 서, 캐나다의 연해주, 노르웨이의 해안, 베트남의 다낭에서 위에까지, 잉글랜드의 호수 지방, 프랑스의 루아르 계곡, 뉴질랜드의 노스 아일랜드, 이탈리아의 토스카나, 미국의 버몬트.

5. 세계의 경이(우리의 기념비적 창조물) : 아테네의 아크로폴리스, 캄보디아의 앙코르와트, 사이버스페이스, 만리장성, 페루의 마추 피추, 미국 콜로라도 주의 메사 버드, 요르단의 페트라, 피라미드, 타지마할, 바티칸시.

6. 보너스(미래의 목적지) : 우주.

혹시나 해서 다시 천천히 읽어보지만 이 50곳(우주까지 포함하면 51곳) 중에 히말라야와 관련된 지역은 단 하나도 끼어들지 못했다. 100선을 뽑았다 해도 이런 선별이 완벽한 여행자의 시선이라면 대열에 낄 수는 없으리라.

나는 '완벽한 여행자' 가 아니라, 무엇을 구하기 위한 '불완전한 여행자'

이기 때문에 히말라야를 단연 맨 앞자리에 모신다.

창백했던 하늘에 서서히 되살아나는 얼굴처럼 화색이 돌고, 더불어 천천히 붉게 물들어 가는 장엄한 파노라마를 보여 주는 넘실대는 봉우리들. 대자연이 연출하는 위대한 장면.

바라보는 자리에 있을 수 있다는 사실만으로도 진정한 행운이 된다. 이 모습이 어찌 소위 '완벽한 여행자가 일생에 꼭 가봐야 할 곳 50선'에 비하랴.

나라는 개체는 외부세계를 향해 열려 있다. 반대로 보자면 외부세계 안에 존재하며 외부세계와 쉼 없이 교류한다. 나는 바깥의 온갖 영향을 받기 마련이라 환경과 끊임없이 주고받는 신호 사이에서 반응을 일으킨다. 결국은 외부가 내부에, 내부가 외부에 포함된다. 자연스럽게 어느 환경에 던져지는가, 어떤 환경에서 사는가가 개체의 제일 중요한 문제가 된다.

히말라야를 걷다 보면 심심치 않게 '자연과 정신은 둘로 나뉘어져 있지 않는 하나'라는 생각이 들다가 그 생각조차 없어지는 무념(無念)에 들어간다. 만념이 일념이 되고 일념이 마지막 통로를 통해 무념으로 들어가는 현상을 경험한다.

도교의 『관윤자』에서는 이렇게 말한다. 여기서 사물, 저쪽이라는 표현은 내게 당연히 히말라야다.

"사물과 내가 사귀어 마음이 생겨나고, 두 나무를 마찰해야 불이 일어난다. 그것이 나에게 있다고 말할 수도 없고, 저쪽에 있다고 말할 수도 없는 것

이른 아침, 캉첸중가 고봉들에 햇살이 찾아오며 붉게 물들기 시작한다. 햇살과 높은 봉우리들이 만나는 장면은 범접하기 어려운 종교적인 풍광이다.

이다. 한쪽에 집착하여 저와 나를 구별하면 어리석은 짓이다(物我交心生 兩木摩火生 不可謂之在我 不可謂之在彼 執而彼我之 則愚)."

무념이 되는 순간, 절대적인 어떤 힘이 느껴지면서 이 길을 걷게 해 준

감사함을 지나 일체가 되는 황홀함, 숲과 내 안의 무엇이 교류하는 신성함, 모든 것을 존중하는 경건함, 순간에 다름 아닌 영원함, 아름다움 혹은 야릇한 슬픔, 그리고 우주 만물에 대한 사랑 등등의 형이상학적인 정신들이 함께 뒤섞인다. 정신은 이런 것을 느낄 수밖에 없다는 운명적인 필연성과 함께 직관되지만 그렇다고 이것을 말로 설명할 수는 없다. 모든 설명은 폐기되어 버린다.

이것은 어떤 생명에의 감지다. 불가(佛家)에서 관(觀)을 통해 얻어내는 결과와 같다. 거대한 자연을 자연(自然)—스스로 그러하도록—꾸며 놓았던 어머니 힘에 관한 느낌이다. 모든 것은 바로 이곳에서 흘러나왔으며 되돌아가고, 다시금 이곳으로 흘러온다는 사실을 스스로 안다. 생명의 아우라.

산을 가만히 둘러보면 기막히다. 이 산을 키워낸 힘은 절대적으로 무목적성(無目的性)을 가지고 있었다. 그 결과 있어야 될 자리에 산, 숲, 냇물, 꽃, 나비, 새 등등, 꼭 있는 것들로 철두철미하게 합목적(合目的)으로 구성되어 있다.

이런 경험을 자주 하게 되면 자신 있게 말할 수 있다.

"이 자리 이외 나의 다른 고향을 알지 못한다."

시킴 히말라야를 걷다 보면 너무나 당연히 이런 사려를 만난다.

"나는 집에 와 있다."

"오랫동안 이 자리가 그리웠다."

이런 생각을 느낄 수 있는 장소가 살아서 꼭 가야 할 곳이다. 사실 고대에는 이런 사고가 당연했다. 그들에게 자연은 일상(日常)이고 이념이 신비

(神秘)였으나, 이제는 이념은 무수하게 널려 있는 반면 자연은 도리어 신비로 변해갔다. 도심에서는 내 몸 하나와 주변의 존재들과 무수한 방어막이 형성되어 하나가 아닌 만상(萬象)이 주변에 펼쳐진다. 현대사회는 자연과 완전히 유리가 되었으니 자연과 이산가족이 된 셈이다.

자연이 만들어 준 우리의 이름

시킴은 100%가 산이다. 이곳에 사람들이 자리를 잡으면서부터 환경 대부분을 차지하고 있는 산에 대해 존경과 숭배를 시작해 왔다. 특히 하늘을 찌르는 듯한 고봉 캉첸중가 산괴는 당연히 최고 대접을 받았다.

원주민들은 캉첸중가의 험난한 지형이 외적으로부터 침입을 막아주며 자신을 보호하는 수호신 역할을 하고, 때로는 자연의 엄청난 힘으로 폭우, 산사태, 눈사태를 일으키며 목숨을 위협하는 가공할 위력으로 바뀌는 모습을 대대로 함께 목도했다.

이런 힘을 알아차리는 순간이 자연존중의 첫걸음이 된다. 시킴의 경우 모든 것을 통치하는 캉첸중가에 대한 예우가 생겨났다. 현지인들은 이 산을 인격화, 의인화시켜 토속 수호신으로 만들었다. 해마다 산에 대한 제사를 지내며 양재기풍(壤災祈豊)과 제화초복(除禍招福)을 기원했다.

토템이라는 말은 원래 북미 원주민 어지와프 인들의 방언으로, '그의 친족' 이란 의미다. 이러한 신앙은, 사람이 어떤 동물이나 식물 혹은 무생물과 일종의 특수한 관계가 있고, 각 씨족들은 모두 어떤 동물이나 식물 혹은 무생물에서 왔다고 생각하는데, 그것들이 바로 토템이다. 토템은 씨족의 조상이고 보호신이며, 또한 씨족의 휘장(徽章)이고 표지며 상징이다.

—송조인(宋兆麟)의 『생육신(生育神)과 성무술(性巫術)』

히말라야 세르파들에게는 본래 정상(頂上)이라는 단어를 가지고 있지 않았듯이 시킴 히말라야 주민들에게 캉첸중가 꼭대기를 밟는다는 일은 감히 생각조차 할 수 없었다. 고산에 사는 그들이 산악인들보다 능력이 없어 정상을 오르지 않았을까. 기본적으로 토템이 만들어 준 존경심 탓으로, 이런 시선 앞에서 누가, 언제, 어떤 등반 루트를 통해, 몇 번을 올랐다는 이야기는 아무 의미가 없으며 도리어 불경(不敬)이다.

초기의 씨족들이 어느 정도 자리를 잡으면서 더불어 뇌가 발달하면서 질문이 시작됐으리라.

"나는 누구인가?"

"우리는 누구인가?"

아직도 스스로에게 묻는 이런 이야기는 사실 아주 오래된 역사를 가진다. 인간은 자연 속에서 이 관념을 가지고 탐구를 시작했다. 적합한 답을 찾기에 고대인들은 신비에 관해 많이 모자랐다. 그러나 시선을 돌리는 곳에 하늘, 산, 언덕, 시냇물, 강, 구름, 바람, 온갖 나무와 풀, 산짐승 들이 있어, 마땅히 그 자리에 눈길을 돌려 답을 구해 나갔다. 자연이 만물을 키워내고 목

신령한 사물에 대한 그리고 동물에 대한 숭배는 고대의 보편적인 정신이다. 캉첸중가 휘하에서는 그 무엇보다 캉첸중가가 으뜸이었다. 세월이 지나면서 '사람이 마땅히 하늘을 이긴다(人定勝天)'는 정신이 싹터 제국주의자들을 따라 유입되었으나, 시킴 사람들에게는 먹혀들지 않았다. 이들은 아직까지 캉첸중가를 극진하게 모셔 봉우리가 보이는 곳이라면 어김없이 룽따와 돌무더기가 펄럭인다.

숨을 거두어 가는 모습에서 인간 역시 그 근원과 회귀처를 자연으로 보았고, 인간을 천지(天地)의 자식으로 여겼다. 동물을 뜻하는 animal이 영혼을 뜻하는 anima에서 유래된 일도 무관하지 않다.

시킴에 자리잡은 시초의 씨족들은 자연에 존경을 품었다. 산 위로 펼쳐진 드넓은 푸른 하늘, 그 위에 몰려오는 엄청난 구름, 자신이 밟고 서서 수확물을 키워내는 대지, 급류를 이루고 때로는 범람으로 주변 일대를 초토화시키는 강물, 밤이면 지상을 환히 내비치는 밝은 달과 무수한 보석처럼 밤하늘을 장식하고 있는 별.

그뿐인가. 미풍인가 싶더니 대지와 하늘을 뒤집어엎을, 갈아엎을 듯이 몰아치는 바람, 모든 것을 씻어 버리는 폭우, 하늘에서 지상으로 굉음과 함께 내려꽂히는 번개와 천둥. 이런 자연 현상을 외경으로 바라보고 숭배했음은 당연하다.

그러다가 세월이 지나면서 이 중에 어떠한 소수 특정한 존재에 대해 보다 묵직하고 진중한 의미를 부여했을 것이다. 자신에게 커다란 도움을 주거나, 위협적이거나, 생명을 유지하는 데 필수불가결인 존재를 신성시하고 이것을 자신의 생명을 주관하거나 관여하는 신령스러운 존재로 모셨으리라.

여기서 성(姓)이 나온다. 자신의 씨족이 어떤 존재, 거처, 동물, 식물과 관련이 있음을 공공연히 밝히면서 가족명(family name)이 탄생하게 된다.

이런 선상에서 각 씨족은 자신에게 독특한 토템을 가지게 된다. 토템의 감응으로 세상을 살아가기에, 토템 대상을 함부로 손가락으로 지목한다든가, 이름을 말하지 못한다. 또 불경스럽게 만져서도 안 되고, 함부로 출입하거나 밟아서는 안 되는 성지를 만든다. 만일 대상이 동물이나 나무라면 사냥하거나 베어낼 수 없다. 이것은 결과적으로 이런 종을 보호하는 역할을 수행해온 셈이다.

신화를 이야기할 때 그것을 하나의 비유로만 생각한다면 신화를 잘못 아는 일이 된다. 과학적 지식에 자신을 너무 맡겨서는 곤란하다. 신화에 정성스럽게 귀 기울이는 일은, 단 한 걸음에 원시와 고대로 건너가는 경험이 된다. 시킴의 원주민은 물론 전통적으로 불교 신자인 왕조차 캉첸중가 정상을 신성시하니, 여행하면서 그 지방의 토템을 인정하고 존중하며 배우는 자세가 필요하다. 일부 등반가들이 캉첸중가 정상을 밟지 않는 것도 그런 이유다. 나 역시 큰 어른 앞을 지나듯이 조심스럽게 항보(行步)한다.

조안 말러의 이야기에 귀 기울이자.

"나는 언제나 사물을 형이상학적이거나 신화적인 관점에서 봅니다. (중략) (이런 결과로 오는) 새로운 조망은 삶의 다음 단계에서 우리가 어디에 있어야 하는가 라는 인식을 일깨워주는 일, 즉 직관을 재조정하는 일이 될 수 있으니까요."

가끔 나무가 울창한 숲 속을 걸어 나가면 녹색 형제들이 말을 걸어오는 느낌을 받는다. 남들이 서너 시간 걸리는 등산로가 내게는 두세 배 시간을 필요로 하고, 몸과 마음이 아플 때 산으로 들어가면, 마치 상처받은 짐승처럼 위안 받으며 회복된다.

더불어 나무〔木〕, 숲〔林〕은 물론 지구상의 모든 산들이 쉽게 놓아주지 않는다. 내 토템이다.

옛날 옛적에는 모든 가족에게도
모든 인간에게도 각기 자신들의
수호신이 있었다. 그들 중에서
들판을 지키는 수호신도 있었고 샘물을 지키는
수호신도 있었다.
—말라르메의 『수호신』 중에서

산은 의인화를 통해 모셔지고

시킴의 민화에 의하면 캉첸중가는 의인화되어 빛나는 붉은 얼굴을 가진 모습으로 그려진다. 우리 나라처럼 도교(道敎) 냄새가 풍겨나는 백발을 휘날리는 노인이거나 아주 자애로운 할머니 모습은 아니다. 손에 드는 지물 역시 옹이진 모습의 나무지팡이가 아니다.

불성(佛性), 사자상승(師資相承)하는 정법안장(正法眼藏)을 상징하는 홍가사(紅袈裟)를 입고 눈사자〔설표(雪豹)〕 위에 올라앉아 승리의 깃발을 휘날린다.

시킴의 사원에서 공연하는 〈참〉이라는 종교극에서는 산신은 캉첸중가의 다섯 봉우리를 상징하는 다섯 개의 하얀 해골로 만들어진 왕관을 쓰고 등

창첸중가 산신은 아침 햇살 혹은 저녁 노을과 만나는 설산 봉우리처럼 붉은 얼굴이다. 다섯 봉우리를 배경으로 설산에 사는 눈사자를 타고 있다.

장하기도 한다.

산신은 대체로 산악지형을 가진 지방의 토속신으로, 새로운 종교가 유입되면서 흡수되어 본래 주인공 왕좌에서 한 구석으로 밀려나 앉아 있지만 여전히 민중과 함께 한다. 산신은 민중들에게 직접적으로 위해를 가하지 않는다 한다. 대신 산신을 소홀히 하면, 그가 품고 있는 인간에 대한 연민, 자비심과 보호막을 일시적으로 거두어 간다고 한다. 그 결과 무시무시한 폭설, 폭우, 산사태가 일어나고, 여행 중에 호랑이를 만나고 곰과 같은 야수에게 피해를 입으며 뱀에게 물리게 된다.

반면에 히말라야에서는 밀려나지 않고 크게 성공한 산신도 있다. 루드라는 쉬바신의 초기 형태다. 히말라야 산꼭대기에 앉아 있는 힌두교의 루드라는 눈사태, 눈 폭풍을 일으키는 지방신이었다. 그러나 지금은 쉬바라는 이름으로 인도대륙 전체를 지배하는 강력한 신으로 성공했다. 쉬바는 다른 산신처럼 보호막을 거두어 위험에 방치하는 것이 아니라 직접적으로 인간을 응징한다.

우리 나라 불교에는 전통 불교에 칠성신앙과 산신신앙이 함께 어우러진다. 시킴의 불교는 티베트 불교와 뵌뽀가 섞이고, 렙차이즘에, 캉첸중가 산신신앙까지 더해져 있다.

> 거짓 종교는 절대적인 비종교가 아니다. 다시 말해서, 거짓 종교는 종교의 완전한 결여가 아니다. 따라서 어떤 방식으로는 종교다. 왜냐 하면 오류는 어디에서건 진리의 전적인 결여에서 성립하는 것이 아니기 때문이다. 모든 진리가 완전히 결여된 그런 것은 오류라는 이름을 받은 가치도 없을 것이다. 오류란 단지 전도된, 일그러진 진리 자체일 뿐이다. 따라서 거짓 종교는 단지 일그러지고 전도된 참된 종교일 뿐이다. 다시 말해서, (중략) 거짓 종교와 참된 종교의 요소들은 본래적으로 구분되지 않는다는 것이 따라 나온다.
>
> —김혜숙의 『셸링의 예술철학』 중에서

일부 종교에서는 이런 산신제를 타파해야 할 대상으로 여긴다. 과연 그

럴까. 과민스럽다는 생각이 든다. 토속이건 거짓이건 종교는 종교다.

세상은 모두 다르기에 닭은 추우면 나무로 올라가고〔鷄寒上樹〕 오리는 추우면 물로 들어가는〔鴨寒下水〕 법이다. 다양한 종교와 생각을 그대로 함께 가지고 가는 것이다. 시킴 종교의 특징은 대립해서 서로의 모순을 드러내며 상대 종교의 체계를 깎아 내리는 것과는 달리, 공존할 수 있도록 서로의 공간을 배려한다.

고대로부터 렙차족의 자연신봉주의와 토속적 신앙인 뵌뽀가 근간을 이

뵌교에 의탁한 동자스님이다. 시킴에서는 티베트 불교는 물론 뵌교, 렙차이즘이 모두 서로 인정하며 조화롭게 어울리고 있다. 뵌교의 학제는 티베트 불교와 유사하다.

루고, 후에 유입된 티베트 불교가 사이좋게 공존한다. 네팔인이 대거 유입되고 이어서 시킴 왕국이 인도에 통합되며 힌두교가 시킴의 최강자로 자리잡았으되 목소리는 아직 높지 않다. 그러나 이렇게 서로 인식함으로써 본래 집단 안에는 의식의 쪼개짐이 발생한다. 불교 역시 다른 종교를 안에 받아들임으로써 더 높은 의식으로 출발한다. 새로운 세상을 향하여 발아되는 꽃봉오리는 다양한 자극과 진통 끝에 오는 산물이다.

캉첸중가 산신신앙이 더해진 것이 시킴 불교와 티베트 불교의 차이점이 된다. 캉첸중가 산신은 시킴 히말라야만의 멋진 유산이다.

산신신앙의 근본은 산에 신이 살고 있다는 개념이고 사람들은 신의 거처인 산을 경배하게 된다. 경배를 통해 천상의 신과 인간 사이에 교통로가 생기며 연결이 된다. 따라서 산이란 천상과 지상의 연결점이 되는 셈이다. 단군신화의 골격 역시 산에서 태어난 단군이 산으로 들어가 신(神)이 되는 것이다. 수많은 영산(靈山)들이 곳곳에 포진하여 있고, 오늘도 어디선가 산신제를 지내는 사람이 있는 한반도 출신인 여행자로서는 캉첸중가 산신에게 인사를 드리지 않을 수 없다.

사람과 권력에 의해 바뀌는 산 이름

• • •

캉첸중가는 현재 킨친중가, 쿰부카란룽그르, 칸찬판가 등 다양한 이름을 가지고 있다.

현재 백두산이라고 부르는 산 이름은 처음부터 백두산은 아니었다. 불함산(不咸山), 개마대산(蓋馬大山), 태산(太山), 도태산(徒太山), 태백산(太白山), 장백산(長白山) 등으로 불리웠다. 지리산도 마찬가지여서 두류산, 방장산, 불복산, 삼신산 등 각기 사연을 가진 이름을 가져왔다. 큰 산은 이 지역과 저 지역을 갈라놓기에 교류가 어려운 부족끼리 서로 다른 이름을 갖는 경우가 있다.

이곳 원주민인 렙차족은 오랫동안 '킹쫌짱보초', 즉 '상서롭게 빛나는 이마'라는 의미로 불러왔다. 캉첸중가 산정에 쌓인 눈이 아침의 첫 햇살과 만나면서, 더불어 석양빛과 헤어지면서 붉게 빛나거나, 마치 묵상에 잠긴 위대한 영혼처럼 황금빛을 발하기 때문에 붙여진 이름이다.

렙차들의 전승에 의하면 하늘에서 내려오신 신이 캉첸중가 정상에서 어느 누구도 일찍이 손대지 않은 처녀성을 지닌 순수한 눈으로부터 자신들의 조상을 창조했다 한다. 아침의 첫 햇살이 일어나고 마지막 장밋빛이 떠나가는 산정 모습을 바라보면서 렙차들은 위대한 신성을 느끼며 모셔왔으니 자신들의 탄생지—낙원의 이미지를 캉첸중가 정상에 심었다.

그러나 이 이름은 불과 몇백 년 전 시킴 왕국이 탄생하면서 바뀌어 현재의 캉첸중가라는 이름을 얻었다. 티베트 계열의 부티아들의 세력이 커지고 시킴에 공식적으로 불교가 전파되면서 원주민이 부르던 '상서롭게 빛나는 이마'는 폐기되어 작별하게 되니 권력의 이동 결과다. 1642년 시킴에 불교왕국을 건립한 막강한 실권을 가진 티베트 승려 라충 챔보가 티베트 짱 지역 주민들이 이 산을 부르던 이름, 즉 티베트어 캉첸중가를 가지고 와 개명시켰다.

캉첸중가는 눈을 의미하는 캉, 크다는 첸, 보고(寶庫)의 주, 그리고 다섯의 은가가 합쳐진 말로 '다섯 개의 위대한 눈의 보고' 로 풀이된다. 캉첸중가라는 말을 우리스럽게 하자면 오보산(五寶山)이다.

5라는 숫자는 생명의 상징이기에 과거 철학자들은 네 원소에 더해 생명의 힘을 가진 다섯 번째 원소(제5원소)를 추가했다. 오체투지—단다와뜨쁘라나암 역시 옳은 일이다. 내 사지(四肢)에 머리를 더해 하는 절이지만 머리는 사실 내 생명을 포함한다는 의미로 해석이 가능하다. 먹을 수 있는 과일의 꽃잎을 가만히 보면 신비롭게도 거의 모두 5장으로 5(五)란 우리 눈에 비추어지는 생명 에너지의 패턴이다.

이쯤 되면 또 다른 질문이 생긴다.

"도대체 그 보고란 어떤 것일까?"

질문을 아껴서는 안 된다. 묻지 않으면 대답은 결코 찾아오지 않는다.

전승에 의하면 각각의 정상에는 이런 보물들이 자리한다고 한다.

1. 소금〔鹽〕
2. 소중한 돌〔寶石〕
3. 신성한 경전(經典)
4. 약(藥)과 곡식
5. 불굴의 갑옷

소금은 사람의 생명 유지에 필수적인 요소다. 화학적으로 염화나트륨이라고 이야기하는 바와 같이 염소와 나트륨으로 결합되어 있는 물질이다. 하나씩 떼어서 본다면 그렇게 유용할 리가 없는 것 둘이 합쳐 생명유지의 근간이 된다. 다른 것들은 절약이 가능하지만 소금은 그렇지 못하다. 사람의 몸을 유지하는 데 소금이 반드시 필요하기 때문이며, 어느 누구나 피부막 안에는 작은 바다를 가지고 있기에 그렇다.

사냥을 통해 육식을 주로 하던 수렵기에는 음식 안에 염분이 포함되어 있기에 소금의 중요성이 떨어졌으나, 곡물과 채소류를 경작하던 시기부터 음식을 통한 소금 결핍이 시작되었다. 더구나 바다와 떨어진 내륙의 경우, 소금은 그야말로 금값이 되었다. 티베트의 경우 소금이 소중한 물건이었다는 것은 의심할 여지가 없다.

시킴은 유민이 정착했고, 상인을 비롯해서 순례자, 승려 그리고 병사 등, 다양한 직업을 가진 사람들이 찾아왔다가 떠나갔다. 시킴 히말라야의 여러 통로는 카라콜람과 힌두쿠시 사이를 넘어서는 명성이 자자한 회랑(回廊)에 가려 상대적으로 알려지지 않았다. 그러나 지도를 가만히 놓고 보면, 인도 서부에서 실크로드 지로(支路) 중 하나인 스리나가르에서 히말라야 북쪽을 따라가는 남쪽 경계로와 합류하기 위해서 이 교통로가 필수였다. 히말라야라는 대장벽이 가로막혀 있어 히말라야의 동쪽 끝이나 서쪽 끝은 당연히 통로가 되어야 했다.

히말라야 사이의 강물이 흐르는 계곡을 따라 절벽에 얹혀진 길들은 자연스럽게 고대의 교역로가 되었다. 시킴은 벵골만에서 티베트에 이르는 거리가 가장 짧았기에 후에 티베트를 노리는 영국인들의 수중에 떨어지기도 했다. 이 길을 따라 향, 소금, 사과, 양털, 가축, 옷감, 곡물들이 오가고 불교, 뵌뽀, 힌두교가 만났다. 시킴 히말라야에서 외부로 나가는 대표적인 길은 나투라, 제렙라, 동키아라, 그리고 콩라라, 모두 4개의 라—고개였다. 이 길을 따라 캉첸중가라는 이름은 퍼져 나갔다.

그러나 상대적으로 이곳이 교역로의 가치가 점점 약해졌던 것은 인도 벵골만에 자리한 항구들을 통해 상선들이 바다를 통해 쉽게 중국 남부 광쩌우〔廣州(광주)〕에 도착할 수 있었기 때문이었다. 하늘을 찌르는 험준한 봉우리들과, 급류, 빙하와 바윗돌이 널린 히말라야를 넘어서며 목숨을 담보로 자연현상을 이겨내는 교역보다 바닷길이 훨씬 쉬웠다. 또한 겨울이면 눈과 얼음으로 길이 사라져 버리지 않는가.

덕분에 지형 자체가 국제적이 아니라 토속적이고, 본래의 문화들이 존속하기에 더없이 좋은 환경을 제공했다.

후에 일부에서는 교역의 상징이었던 소금이 제외되고 다섯 가지 보석을 이렇게 정의했다. 더구나 시킴 왕국에서는 티베트 고원만큼 소금이 절실한 상태는 아니었다.

1. 아침 첫 햇살이 산과 부딪혀 만나는 빛과 같은 황금(黃金).
2. 저녁의 마지막 햇볕이 산을 떠나면서 남기는 빛과 같은 은(銀).
3. 소중한 돌〔寶石〕.

4. 신성한 경전(經典).

5. 곡식.

근대에 와서 티베트로 들어가 티베트 불교를 배우려는 외국인 구도자들은 반드시 시킴을 지나갔다. 그들이 이 지역을 지나던 시기에는 시킴 역시 티베트 못지않은 린포체들이 제자들을 교화시키고 가르침을 주었다. 또한 많은 티베트의 린포체들이 시킴으로 내려와 주석해서 대중의 빛이 되었다. 이름만으로도 쟁쟁한 알렉산드라 다비드 넬, 라마 아나카리카 고빈다, 맥도널드 베인, 쇼갈 린포체의 책에는 아름다운 풍광을 가진 시킴에서의 알찬 경험들이 서술되어 있다.

그러나 이 모든 것이 일순간 끊어졌으니 역시 중국인들의 침략 탓이다. 느슨했던 국경은 자유롭게 오가는 데 장애가 없었지만 이제는 난민조차 밀봉된 국경선에 의해 단절되었다. 최근 인도—중국 사이에 화해 무드가 조금씩 살아나면서 유서 깊은 고개, 즉 나투라를 개방하자는 이야기가 나오고 있다.

반드시 만나야 하는 풍경

● ● ●

산을 바라보면 마음이 맑아진다. 그동안 삶을 살아오면서 마음 위를 덮었던 많은 오염물질이 떨어져 나가는 탓이다. 그뿐 아니라 지식 역시 아무 소용없다.

수소의 뿔처럼 생긴 검은 산은 까부르라고 부르는 봉우리다. 북쪽 경로를 통해 시킴으로 진입을 시작한 라충 챔보는 길을 찾지 못해 온갖 고생을 겪는다. 결국 그는 신통력을 발휘하여 까부르 정상을 향해 날아올랐다. 이곳에서 아래를 바라보고 욕섬으로 가는 길을 찾아냈다고 전한다. 뒤에 아침 햇살에 빛나는 산괴는 캉첸중가다. 캉첸중가가 도리어 까부르를 외호하는 것처럼 보인다.

기독교 신비주의자 쿠자누스는 이것을 '배운 무지(無知, doctaignorantia)'라 했다. '온갖 지식을 포기하고 무지의 세계로 들어갈 때 비로소 진리가 빛나며 그것을 파악할 수 없는 방법으로 통찰할 수 있다'고 했다. 이런 방식으로 파악하는 앎을 '배운 무지'라 칭했다.

설산 앞에 서는 일은 바로 이 과정의 첫 단계다. 가끔 빛 앞에서는 신비한 경험을 한다. 극장처럼 어두운 곳에 있다가 밖으로 나오는 순간, 무슨 영화를 보았는지 잠시 멍한 상태에 빠진다.

그리고는 이렇게 묻는다.

"나는 어디에 있지?"

"무엇을 하는 거지?"

"나는 누구지?"

여행자가 정말 가 보아야 할 곳 중에 하나는 이런 자리다. 토템이 살아 숨쉬는 캉첸중가의 울창한 숲과, 다섯 보석의 빛나는 이마를 볼 수 있는 자리다. 이런 자리보다 바르셀로나, 홍콩, 런던, 뉴욕 등등을 추천한 키스 벨로우스의 시선은 측은하기조차 하다.

시킴 히말라야는 내 혈액 속에 오늘도 도도히 흘러가고 있는 원시의 힘을 느껴보고, 내 조상의 조상의 조상들이 대대로 이어준 내 성(姓)에 대한 집단적 의식의 내면을 볼 수 있는 시간을 준다.

이런 자리가 '완벽하지 못한 여행자가 일생에 꼭 가봐야 할 유일무이(唯一無二)한 곳'인 셈이다.

뵌교

뵌교는 기원전 수백 년 전부터 시작되었다. 출생은 파미르 고원을 중심으로 발생된 산악 원시 샤머니즘이었다. 무수하게 많은 정령들이 존재하며 그 움직임에 따라 세상의 길흉화복이 나타난다고 보았다. 정령은 주로 나무, 커다란 돌 등, 자연물에 있다고 생각했고, 이 정령들에 대해 기도하고 극진하게 모심으로, 화를 멀리하고 복을 받기를 기원했다. 차차 체계적으로 교리를 만들고 종교의 틀을 형성하면서, 동시에 세력을 넓혀 중앙아시아로 퍼져 나갔다.

기원전 2~300년경 파미르 고원 아래의 타지크 지방의 오모룽링에서 센랍 미우체라는 인물이 태어났다. 초능력을 가진 것으로 추측되는 이 인물은 뵌교를 현재 카일라스 산이 있는 티베트의 샹슝 지방으로 가지고 들어와 전파시킨다. 그는 티베트에서 8명의 제자를 키운다. 50세 되는 해 제자 중에 하나인 아들에게 권력을 물려 주고 카일라스에서 마주 보이는 뵌리산으로 들어간다.

이후 8대 제자들은 뵌교를 적극적으로 전파하고, 뵌교의 지도자는 제정일치를 통해 티베트 고원을 통치하며 세력을 넓혀 나갔다. 뵌교를 믿는 사람을 뵌뽀라 부르며, 외운다 · 암송한다는 의미를 가진다.

그 후 기원전 237년경, 왕이 하늘에서 내려온다는 예언에 따라, 뵌교 사제와 부족장들은 천제(天祭)를 지내는 얄라쌈뽀에라는 장소에서 제사를 지내며 기다렸다. 그러나 왕은 오지 않았다. 꿈을 통한 예시를 따라 다음날 새벽에 다시 가보니 어린아이가 있었다. 아이는 녹색 피부를 가지고 손발에 물갈퀴를 가진 모습이었다. 어디서 왔느냐고 묻자 손으로 하늘을 가리켰다.

부족회의를 통해 왕으로 결정되었고 무등을 태워 모셔왔으니, 어깨 무등을 탄 임금이라는 뜻의 네치쩬뽀라는 이름이 주어졌다. 공식적인 초대 왕인 셈이다. 하늘에서 내려온 이 아이를 태조로 치며 42대에 걸쳐 쩬뽀라는 왕위는 지속되어 나갔다.

네치쩬뽀는 삼 년 동안 침묵하다가 어느 날 입을 열어 궁전을 지을 것을 명령했다. 그리하여 티베트 고원에 윰부라캉이라는 최초의 왕궁이 건립된다.

뵌교의 상징물이다. 만(卍)자의 날개방향이 불교, 힌두교와 반대로 되어 있는 것이 특징이다. 뵌교 신자는 탑돌이와 성산을 도는 꼬라 역시 반대로 한다.

8세기의 티송데첸 왕은 자신의 왕권에 대항하는 귀족과 그들 배후에 도사린 뵌교 사제를 견제하기 위해 불교를 도입한다. 왕은 뵌교 경전을 모두 수거해서 불태우라 명령하자 뵌교도들은 경전을 비밀스럽게 숨기기 시작했다. 이때 비밀리에 숨어든 경전은 10세기 들면서 발견되기 시작했으나 아직 본격적인 연구는 없다.

뵌교는 서서히 힘을 잃어 가는 길로 접어들게 되며 살아남기 위해 불교적인 요소를 받아들이며 융화하기 시작했다. 인도에서 넘어온 밀교적인 불교 역시 토속민과 무리 없이 결합하기 위해서 뵌교의 무속, 주술적인 요소를 내부에 정착시키며, 독특한 티베트 불교를 만들어냈다.

본래 뵌교에 있던 것으로 티베트 불교 안으로 들어간 것으로는 여러 가지가 있다. 우선 가장 흔한 것은 기원을 비는 깃발인 룽따가 있다. 또한 중요한 축복을 내릴 때 공중에 곡식 낱알이나 짬빠—보릿가루를 뿌리는 것도 고대 티베트 뵌교의 풍습이다. 약초, 향나무를 태워 신에게 향기를 바치는 의식, 사원에서 염주, 거울, 주사위로 점을 치는 것, 점성술 등등이 불교 안으로 들어와 아직까지 남아 있다. 달라이 라마 제도가 확립된 후에도 신탁(神託)을 받는 내충을 두고 국가의 중요한 일이 있을 경우에 무당 격인 내충의 의견을 중요하게 받아들이는데, 이것 역시 뵌교의 주술적 요소가 들어온 것이다. 티베트 불교 내부의 무풍(巫風)은 그 근원이 뵌교인 셈이다.

뵌뽀의 만뜨라는 티베트 불교도의 '옴 마니 밧메 훔'과 달리 이렇다.

"옴 마 드리 무에 사레 두."

시킴 지역에는 뵌교 사원도 있고 그 세력도 작지 않다. 뵌교 출가자들은 고급반의 경우 카트만두의 뵌교 사원으로 수학을 떠난다.

캉첸중가는 오대산의 형님이다

묘길상대사(妙吉祥大士, Manjusri), 즉 문수대성(文殊大聖)은 가진 바의 정법장(正法藏)으로 능히 세간(世間)을 이락(利樂)하게 하는 도다. 무비(無比)의 대의왕(大醫王), 여러 고난을 소멸하고, 한량없는 목숨을 베푼다. 그러므로 나는 지금 문수대성(文殊大聖)께 머리 숙여 예배하노라.

—산티데바[寂天]의 『대승집보살학론(大乘集菩薩學論)』 중에서

시킴에서의 만주스리 법통

● ● ●

산티데바는 본명이 산티바르마로 남인도 사우라아슈트라 왕국의 왕자였다. 내일이면 왕국을 호령하는 왕위에 오르는데 하루 전에 덜컥 출가를 해버린다. 꿈에 만주스리〔문수보살(文殊菩薩)〕가 나타나 '왕국이란 지옥 열탕과 같다' 는 가르침을 주었기 때문이다.

출가 후 오래된 풍토대로 숲을 터전 삼아 요가수행을 하고, 후에 나란다 대학에서 정식으로 출가하여 스승으로부터 산티데바라는 이름을 받는다. 나란다 대학에서는 평소에 먹고, 싸고, 자는 것만 할 줄 아는 삼행자(三行者)라는 별명을 들을 정도로 게으른 행동을 해서 밉상을 보인다.

어느 날 경전을 암송하는 대회가 열렸다. 평소에 게으름에 못마땅했던

다른 수행자들은 만일 산티데바가 경전을 제대로 암송하지 못하면 이번 기회에 내쫓아 낼 계획을 가지고 있었다.

산티데바는 차례가 되자 단상에 올라 대중에게 물었다.

"지금까지 있었던 경전을 암송할까, 아니면 없었던 경전을 암송할까?"

어이없어하는 수행자들의 요구에 따라 지금까지 없었던 경전을 암송하기 시작했다.

"존재도 비존재도 마음에 나타나지 않을 때 마음은 얽힘에서 벗어나 적정하게 된다."

그런데 신비롭게도 산티데바의 몸은 서서히 사라지고 허공에서 이야기만 들려왔다고 한다.

함께 있었던 수행자들이 그 암송을 적어 책으로 만드니 바로 『보디챠리야아바타라』로 현재 완전한 산스크리트어 원본과 한역본이 남아 있다.

산티데바는 평소 문수보살의 가르침에 대해 공부를 했다. 꿈에 나타나 출가를 권할 정도였으니 당연했다. 그리고 문수보살에 대한 수행 법통은 산티데바에서 후에 티베트에서 노란 꽃—달라이 라마 제도를 완성하는 까담파 창시자 아티샤에게로 넘어간다. 아티샤(980～1054)는 티베트 불교에 있어서는 빠드마삼바바에 버금가는 막강한 비중을 가지고 있는 인도인 전법승이다.

문수보살은 삼존불의 경우 중앙불의 좌측에 자리하여 지혜를 상징하며, 『다라니집경』에 의하면 몇 가지 특징을 가지고 있다. 우선 몸은 모두 백색이고 머리 뒤에는 광(光)이 있고, 머리에 5지(智)를 상징하는 오발관(五髮冠)

을 쓴다. 손에는 청련화(青蓮花)나 칼을 들어 지혜와 위엄 그리고 용맹을 나타낸다. 또한 사자 위에 올라타기도 한다.

몸이 백색이고 빛이 나며 오발관이라는 이야기는 히말라야 마니아들에게는 웬일인지 5개 봉우리의 캉첸중가를 연상하게 만든다.

티베트에서는 관음보살과 문수보살이 대중적으로 절대적인 지지를 얻고 있다. 특히 게룩파의 개창자인 쫑카파가 문수의 모습으로 발현했다고 믿고 있다.

시킴 왕국에서는 티베트 불교를 가지고 들어와 불교국가를 세운 티베트 승려 라충 첌보가 문수보살의 화신이라고 믿기에 자신들은 문수보살의 은총을 입었고, 시킴은 문수보살의 보호 아래 있는 것으로 생각한다. 사실 시킴이 캉첸중가의 휘하에 있는 것을 생각한다면 문수보살과 캉첸중가가 다시 새삼스럽게 묘하게 연관이 된다.

시킴 히말라야의 사원 곳곳에서는 문수보살상은 물론 문수보살의 분노존 야만타카[대위덕금강(大威德金剛)]의 탱화를 자주 만난다. 야만타카란 죽음의 신인 야마를 제거한다는 의미를 갖고 있다.

전해 오는 전설에 따르면 은둔자 한 사람이 일생 동안 홀로 동굴에서 명상을 하면서 살았다. 그가 막 완전한 깨달음을 얻으려는 시기에 몇 명의 도적들이 소를 훔쳐서 그 동굴로 들어왔다. 그들은 그곳에 은둔자가 있음을 알지 못했고 훔쳐온 소를 머리를 잘라 죽였다. 나중에 그들은 거기서 자신들의 소행을 본 목격자가 있음을 알았고, 그 은둔자 역시 죽여서 머리를 잘랐다. 하지만 그들은 그 은둔자가 일생 동안 명상을 해서 초자연적인 힘을 얻었음을 미리 알지 못했다. 그들이 그 은둔자의 머리를 쳐다보고 있는 동안 은둔자의 몸이 일어나 황소의 머리와 결합되었다. 그리하여 무서운 야마의 형상이 탄생하게 된 것이다. 그 은둔자는 자신의 지고한 목표에 도달하지 못한 대신에 무서운 분노로 가득 차게 되었다. 그는 도적들의 머리를 잘라 그들의 머리를 화환처럼 이어서 목에 걸었다. 그리고 죽음을 가져다 주는 악마처럼 세상을 돌아다녔다. 그러다가 문수보살을 만나 감화를 받아 죽음의 사자 야만타카가 된 것이다.

이런 관점에서 보면 야만타카는 인간의 양면성, 즉 신체적 본능인 동물적 욕망과 우주의 신성한 힘을 갖는 영적 본성 두 가지 모두 갖고 있는 것으로 표현된다. 육체적 존재로서 그는 죽는다. 하지만 영적인 존재로서 그는 불변한다. 만약 그의 지성이 동물적 본능에 연결된다면 악마적 힘이 탄생하게 되고, 그의 지성이 영적인 본성에 의해 인도된다면 신성한 힘을 내게 된다. 야만타카는 자신의 내부에 동물과 인간, 악마와 신 모두의 본성을 갖고 있다. 그것은 창조와 파괴의 원초적인 힘이며, 해탈의 지혜를 얻게 해 주는 지식의 능력이다.

—라마 아나가리카 고빈다의 『구루의 땅』 중에서

이런 신화를 떠나 티베트와 시킴에서 관세음보살과 더불어 문수보살의 중요성은 아무리 이야기해도 지나치지 않는다.

우타이 산은 오대산으로 이어오고

● ● ●

캉첸중가는 다섯 개의 봉우리를 갖는다. 그리고 8천 미터 급 중에서 불교적 색채를 품은 이름을 가진 유일한 고봉이다.

중국의 우타이 산[오대산(五臺山)] 역시 다섯 개의 봉우리며, 보현보살이 있다는 아미산, 관음보살이 산다는 보타낙가산과 더불어 중국 불가에서 손꼽는 3대 성산 중의 하나다. 산서성 오대현의 동북쪽에 있으며 그 둘레가 250㎞에 이른다. 오대산이라는 이름처럼 동대—망해봉 · 서대—괘월봉 · 남대—금수봉 · 북대—엽두봉 · 중대—취암봉의 다섯 봉우리가 빙 둘러 있고, 오대 가운데서 가장 높은 것은 북대로서 해발 3천58미터에 이른다. 고도가 높아 9월로 접어들면서 이미 눈이 내리기 시작하며 여름에는 서늘하니 다른 이름으로 청량산(淸涼山)이라 부르기도 한다.

오대산에는 위나라 · 제나라 · 수나라 · 당나라 · 명나라 · 청나라 때에 각기 많은 사찰을 세웠고, 공산당이 집권하고 문화혁명을 겪고 난 현재에는 47처 정도 남아 있는 것으로 기록되어 있다.

우리 나라 강원도 평창군 · 홍천군 · 명주군에 걸쳐 솟아 있는 해발 1천563미터의 오대산 역시 각기 동대만월산(東臺滿月山), 남대기린산(南臺麒麟山), 서대장령산(西臺長領山), 북대상왕산(北臺象王山), 중대지로산(中臺地爐山)이라는 이름을 가진 오대가 있고 불교와는 인연이 깊은 산이다.

우리 나라의 오대산이 오대산이라는 이름을 가진 것은 자장율사로부터다. 자장 역시 문수보살과 관계가 있다.

히말라야 저지대로부터 걸어올라 가면서 고도에 따른 다양한 모습을 바라본다. 그들과 내 안의 신성(神性), 불성(佛性)을 더듬어 본다. 밖으로는 조화를 배우고 안으로는 마음의 근원을 얻는(外師造化 中得心源) 시간이다.

자장에 관한 기록은 비교적 많이 남아 있다. 『삼국유사』 권4 「자장정율(慈藏定律)」, 권3 「황룡사구층탑(皇龍寺九層塔)」·「대산오만진신(臺山五萬眞身)」은 물론 당나라 도선율사가 지은 『속고승전』 권24 「석자장전(釋慈藏傳)」에 기록이 남아 있다.

자장은 진한(辰韓)의 진골인 김무림(金茂林)의 늦둥이 아들로, 속명이 선종랑(善宗郞)이었다. 자장의 아버지는 선덕여왕과 진덕여왕 시대에 화백

회의를 주도한 6인의 국가 원로 중 네 번째 순위에 해당하는 소판(蘇判)이었다. 가문과 혈통으로 보자면 당시의 상위 카스트였던 셈이다.

선덕여왕은 조정에 공석 중인 재상의 자리에 앉히고자 불렀다. 왕은 거부하면 목을 베라는 명을 내렸다. 그러나 자장은 거부한다. 그리고 유명한 이야기를 남기게 된다.

"내 차라리 계를 지키고 하루를 살지언정, 계를 깨뜨리고 백 년을 살기를 원하지 않는다(吾寧一日持戒死 不願百年破戒而生)."

이 대목은 『법구경』(110 – 115절) 정신이다.

계율 없이 악하게 백 년을 사느니
명상하면서 착하게 하루를 사는 것이 더 나으리.
무지와 방종 속에 백 년을 사느니
깨달음과 명상을 추구하며 하루를 사는 것이 더 나으리.
게으르고 노력하지 않으면서 백 년을 사느니
힘써 노력하고 정진하며 하루를 사는 것이 더 나으리.
모든 것의 근원과 소멸을 생각지 않고 백 년을 사느니
모든 것의 근원과 소멸을 생각하며 하루를 사는 것이 더 나으리.
불멸을 모르고 백 년을 사느니
불멸을 알고 하루를 사는 것이 더 나으리.
최상의 교리를 모르고 백 년을 사느니
최상의 교의를 알고 하루를 사는 것이 더 나으리.

또한 유학(儒學)의 '아침에 인의와 더불어 살았다면, 저녁에 죽은들 다시 무엇을 구하리오(朝興仁義生 夕死復何求)' 와도 같은 맥락이다.

왕은 자장의 단호한 입장에 자신의 뜻을 굽혀 수행을 허락하게 되니, 자장은 자신이 물려받은 재산을 모두 내놓아 원녕사(元寧寺)라는 절을 만들고, 그 뒤 더욱 깊은 산 속으로 들어가 수행 정진한다. 사람의 몸은 결국 마른 뼈에 불과하니 허망한 육신에 대한 집착을 버린다는 고골관(枯骨觀)으로 마음의 기둥을 세우며, 한편으로 가시 방을 지어 놓고 알몸으로 그곳에 앉은 채 머리를 들보에 묶는 극한의 고행을 거듭해, 마침내 깨달음을 얻었다고 한다.

636년(선덕여왕 3), 자장은 승실(僧實) 등 제자 10여 명과 함께 당나라로 건너간다. 그리고는 문수보살이 머물러 있다는 오대산으로 향한다.〔1964년 황룡사 구층탑지 심초석(心礎石) 안에서 도굴된『신라황룡사찰주본기(新羅皇龍寺刹柱本記)』에는 연도와 내용이 조금 다르게 나온다.〕

자장은 제석천이 천공(天工)들을 거느리고 내려와 만들어 놓고 갔다는 청원사의 문수보살 소상(塑像) 앞에서 기도하고 일주일이 지날 무렵 감응을 얻는다. 꿈속에서 문수보살이 이마를 쓰다듬으며 앞날을 이야기해 주는 마정수기(摩頂授記)를 받게 된다. 또한 붓다의 머리뼈, 어금니 등, 사리 100톨과 붉은 비단에 금점을 박은 가사—금란가사 한 벌을 받는다.

신화가 섞인 이야기는 이렇다.

자장율사는 문수보살상 앞에서 열심히 기도했다. 일주일이 되는 날 밤,

꿈에 문수보살이 나타나 산스크리트어로 이야기했다.

“아라바자나 달례다카야 나가혜가나 달례로사나.”

자장율사는 이것이 무엇을 의미하는지 알 수 없었다. 그런데 다음날 아침에 누더기를 걸치고 있는 이승(異僧) 한 분이 찾아오더니 이 이야기를 풀어 주었다. 이승이란 중국 스님이 아니라 외국 스님을 말하며 통상 인도 스님을 일컫는다.

온갖 법을 알고 보면
제 성품 아무것도 없나니
이렇게 법의 성품을 알면
곧 노사나불을 보리라.

그리고는 붓다의 진신사리와 가사를 건네주고 사라졌으니 바로 문수보살이었다.

이 사구게는 『화엄경』에 비슷한 의미를 가진 구절들이 적지 않기에, 후세의 사람들은 오대산에 머무는 동안 화엄사상의 묘지(妙旨)를 터득하였던 것으로 미뤄 짐작하고 있다.

그 뒤, 중국 장안(長安)으로 갔는데, 당나라 태종은 승광별원(勝光別院)에 머무르게 하며 지극하게 환대했다. 어느 날 한 장님이 그의 설법을 듣고 자신의 죄를 참회하자 눈을 뜨게 된 일이 생기고, 소문이 퍼지면서 많은 사람들이 몰려들기 시작했다.

이렇게 당나라에서 한참 활동하는 시기에 선덕여왕은 당 태종에게 표문을 보내 자장을 귀국시켜 달라고 요청한다. 당 태종은 자장을 불러 비단가사 한 벌과 각색 비단 500필을 내려 주었다. 태자 고종 역시 비단 200필과 많은 예물을 선물했다. 자장은 신라에는 경전과 불상이 미비하다고 이야기해서 대장경 한 질과 번당(幡幢), 화개(花蓋) 등 각종 불구와 불상을 얻어 귀국하게 된다.

귀국 후에 자장과 함께 넘어온 사리는 경남 양산 통도사, 설악산 봉정암, 오대산 상원사, 영월 사자산 법흥사, 그리고 태백산 정암사에 자리하게 되며, 이 자리들이 바로 사리가 있기에 불상을 모시지 않은 5대 적멸보궁(寂滅寶宮)이다.

당연히 있어야 할 황금빛 불상 대신 방석(方席)이 놓인 모습은 마음의 청정을 불러일으킨다.

> 만대의 임금이요 삼계의 주인이(萬代輪王三界主)
> 쌍림에서 열반한 지 몇천 년이 지났는데(雙林示滅幾千秋)
> 진신사리가 아직까지 남아 있어(眞身舍利今猶在)
> 널리 모든 중생들이 예배하게 하네(普使群生禮不休).
> —자장율사의 「불탑게」

이렇듯 사리신앙과 불교 발전에 결정적 계기를 마련한 이는 자장 율사였다. 귀국 후[나라의 최고 고문인 대국통(大國統)에 임명되어 불교를 통한 국

더러운 먼지 밖에서 유하는(遊乎塵垢之外) 풍경은 가슴이 서늘하다. 하얀 능선을 따라 시선을 이동하는 동안 마음 역시 홍진을 떨어뜨려 순백색으로 변한다.

민 교화와 불교 교단의 기강 확립에 관한 업적은 뛰어 넘기로 한다], 자장율사는 전국을 돌며 불탑과 사찰을 창건하였다.

'본국에 돌아가면 하서부(현 강릉)에 역시 오대산이 있다. 이곳에 1만 문수가 상주하니 그곳에 가서 예배하고 봉안하라'는 계시를 따라, 중국 오대산과 산세가 거의 비슷한 곳을 발견하여 오대산이라 이름 지었다.

이 전에 이 산을 부르던 이름은 알 수 없으나 이제는 불교정신이 들어가 새 이름을 얻는다. 캉첸중가가 본래 이름을 두고 새로운 불교적 이름을 가진 것과 운명이 같다.

그리고 중대 중턱에 가지고 온 사리를 모시어 적멸보궁을 창건하였다. 중대를 일명 사자암이라고 하는데 사자는 문수보살이 타고 다니는 짐승이기 때문에 붙여진 이름이다.

자장은 원녕사와 강원도 정암사에서도 문수보살을 만나기 위해 노력했고 만나기도 했다. 우타이 산을 비롯해서 다른 곳에서도 문수보살을 만났음에도 자꾸 거듭하며 문수보살 친견을 위해 노력한 점을 보면, 오대산 이외에 국토의 이곳저곳을 문수보살이 현현하는 화엄정토로 만들려는 의도가 있었던 것으로 보인다.

결국 자장율사는 문수보살이 상주하는 우타이 산의 화엄정토사상, 오대 문수신앙을 동진(東進)시켜 국내에 유입한 주인공이다.

문수보살의 행적을 보면

● ● ●

『문수사리반열반경(文殊師利般涅槃經)』을 본다.

문수는 인도의 다라 마을에 있는 브라만의 집에서 태어났다. 그는 어려서부터 비범한 존재여서 마을 사람의 칭송을 받았다. 자라서 여러 바라문과 구루를 찾아다니면서 법을 구했으나 그를 감당할 스승은 없었다. 결국 붓다의 제자가 된 그는 수능엄삼매를 이루었고, 언제나 불가사의하고 어려운 일을 행하였다.

몸이 자금색이고, 등등의 외적 묘사를 추려 읽어보면, 인도 코살라의 가장 상위 카스트인 브라만 가문에서 태어났다. 어려서부터 비범한 존재로 마을 사람들로부터 자자한 칭송을 듣는다.

힌두교 성직자와 구루들에게 가르침을 구하지만 만족하지 못하고 붓다를 찾아 불법에 귀의한다. 그리고 붓다로부터 수기(受記)를 받는다.

붓다가 열반에 든 이후의 행적은 이렇다.

> 석가세존이 입멸한 후 450년이 지난 다음 문수는 히마밧트(Himavat 곧 히말라야)로 올라간다. 그는 그곳에서 수도하고 있던 500명의 은자들을 위해 대승법을 연설(演說)한다. 드디어 대중들은 물러섬이 없는(不退轉) 제팔지(第八地)를 깨닫게 된다. 그때 문수보살은 이들 비구의 수도조각상(修道彫刻像)을 만든다. 또 비구들도 그들의 스승인 문수의 모습을 기리기 위해서 상(像)을 만들었다. 비구들은 이 상을 모시고 자신들의 고향인 코살라(Kosala)로 되돌아갔다. 그 후 문수는 밀림 속으로 은거하여 삼매에 든다.
>
> —정병조의 『문수보살(文殊菩薩)의 연구(硏究)』 중에서

붓다 열반 후 450년이라는 이야기는 긴 세월을 상징하는 하나의 메타포〔은유(隱喩)〕다. 이런 이야기를 분석함에 자신의 능력이 턱없이 빈약함을 느끼는 경우가 자주 있다. 얼토당토않은 숫자와 허풍스러움에 당혹스러워 경

전 읽기를 잠시 중단하지만, 리얼리티에서 일탈하는 이런 환상적 묘사 안에는 도덕적인 중요성을 담아내고 있다.

말하자면 만주스리가 평범한 사람이었다면 이런 이야기가 나오지 않는다. 즉, 보통사람〔범(凡)〕과 성자 만주스리〔성(聖)〕가 나뉘어지는 자리에서 바로 환상과 신화가 탄생한다.

굉장히 먼 거리를 순식간에 이동했다느니, 아주 오래 살았다느니, 무거운 것을 손가락으로 단숨에 세웠다든지, 등등의 인간의 능력으로는 가당치 않은 이야기가 그런 흐름이다. 여러 가지 기적에 대한 표현 역시 그렇다. 보통사람이 이해할 수 있는 범주를 넘어서면 그것을 기적이라 부른다. 또는 이해하기 어려운 과정, 반응을 통해 결과가 나오는 일도 해당한다.

결국 만주스리는 일반인들과는 판이하게 달라 위대하다는 이야기로 해석해도 좋다.

경전을 읽다 보면 이런 당혹함이 지나간 자리에서 강렬함이 풍겨 나온다. 스스로의 유한성으로부터 심리적 일탈이 일어나고, 실제와 환상의 경계가 모호해지는 순간, 만주스리가 경전에서 되살아나 걸어 나온다. 탕카에서 밖으로 나와 내 앞에 서게 되는 것이다.

무의식을 풍부하게 만들기 위해서는 과학적으로 증명할 수 없는 가치를 폄하시키지 말고, 생각을 돌려 적극적인 옹호가 필요하다. 사회에서 주변으로 밀려난 신화와 환상적인 표현을 복귀시키면 평범하고 반복되는 일상에서 새로운 성찰을 얻을 수 있다. '신성한 시간(il illo tempore) 속에서 성립하는 신화적 진실은 현실이다.'

같은 논문에서 정병조 교수님 설명에 의하면 '나무 아래 선정(禪定)으로 묘사하지만, 전후 문맥으로 보아 열반했다는 추측이 가능하다. 더구나 자신의 선행(善行)의 표적으로서 신비의 조각상을 남긴다는 암시는 직접적으로 문수의 열반을 말해 준다고 볼 수 있다' 고 해석했다.

히말라야를 좋아하는 사람이라면 조금 더 눈이 번쩍 뜨이는 이야기가 나온다.

"얼마 후 여덟 명의 천신들이 찾아와서 문수를 다시 설산의 금강석 꼭대기로 모셔간다. 그 후 숱한 천신(天神, Deva), 용(龍, Naga), 야차(夜叉, Yaksa) 등이 그 분을 찾아와서 친견한다."

인용된 참고서적을 보면 천신을 찾아온 히말라야는 이렇다.

원문(原文)은 '향산(香山)' 이라고 되어 있다. 즉 향기로 사람을 취하도록 만드는 산인데, 히말라야 어디엔가 위치한 신비의 산으로 알려졌다. 인도의 전설, 특히 불교의 전설에 수용된다. 히마밧트의 산허리에 바이샤알리(Vaisali)라는 마을이 있다. 일곱 Kalaparvata의 북쪽에 gandamadana 산(山)이 있다. 그 산 위에는 언제나 노래와 음악소리가 들린다. 그 산에는 두 개의 굴이 있는데 하나는 '낮' 이며, 또 하나는 '좋은 낮' 이다. 일곱 가지 보석으로 만들어진 이 굴들은 신(神)들의 옷처럼 늘 달콤한 향이 난다. 이곳의 왕은 gandharva로서 묘음(妙音, Manjughosa)이라고 부른다. 두 개 굴의 북쪽에는 사라(Sala) 나무들의 왕이 있다. 그 나무들의 발 밑에는 50요자나의 넓이를 가진 큰 호수 만다키니(MandaKini)가 있다.

시킴 사원에서도 티베트어 경전을 읽는다. 티베트어 경전에 그려진 문수보살의 판화그림이다. 시킴에서 출가하는 경우 티베트어를 반드시 배우게 된다.

묘음(妙音, Manjughosa)은 바로 만주스리의 또 다른 이름이라는 사실은 이미 널리 알려져 있다. 히말라야 권에서는 만주스리보다는 만주고사로 자주 불리기도 한다.

뒤에 붙은 고사(ghosa)는 음(音)이라는 의미를 갖는다. 예를 들어 남방

불교에서는 가장 권위 있는 논서인 『청정도론(淸淨道論)』의 저자인 붓다고사(Buddha-ghosa)는 자연스럽게 불음(佛音) 혹은 각음(覺音)이라고 번역된다.

『문수보살의 연구』를 계속 본다.

아나바타프타(Anavatapta) 호수는 수다르샤나(Sudarsana), 치트라(Citra), 카알라(Kala), 간다마나다(Gandhamanada), 카일라사(Kailasa)라고 부르는 다섯 봉우리에 둘러싸여 있다. 문수는 바로 이 다섯 봉우리에 현신(現身)한다.

수다르샤나는 숲으로 덮여 있다. 높이는 300유순(由旬)이며 끝은 독수리 부리 같은 모습이다. 치트라는 일곱 가지 보배로 되어 있고, 카알라는 빛나는 광채로, 간다마나다는 여의주로 되었다. 또한 카일라사는 온통 은(銀)으로 덮여 있다. 종종(種種)의 진기한 식물들로 뒤덮여 있으며 만월 때의 빛나는 금(金)처럼 빛을 발한다. 이 모든 봉우리들이 높이나 형태는 다 수다르샤나와 같은데 호수 위로 우뚝 솟아 있다.

만주스리는 히말라야와 연관이 깊은 보디삿뜨바이다. 네팔에는 곳곳에 만주스리, 만주고사의 신화가 배어 있다.(후에 네팔 히말라야 편에서 기술할 예정). 네팔의 수도 역시 만주스리의 칼끝으로 초발 계곡을 베어냄으로 호수의 물이 빠지며 탄생했다.

불교사원에서는 '옴 마니 밧메 훔' 만큼 '옴 아라 바즈라 디' 라는 만뜨라를 자주 듣게 된다. 마지막 말만 가지고 디, 디, 디를 반복하는 동자승들의 장난스러운 모습을 자주 본다.

이것은 만주스리의 만뜨라다. 티베트 불교 역시 토론을 시작하면서 손바닥을 딱 마주치며 '디!'를 외치고 시작하는 이유도 만주스리의 지혜를 생각하며 불법의 성취를 이루기 위한 하나의 예가 된다.

문수보살의 집은 어디일까

● ● ●

만주스리의 현신처는 과연 상상 속의 세계인가, 아니면 히말라야라는 지구의 척추 상에 좌표를 설정할 수 있을까.

일부에서는 만주스리의 거처를 마하친으로 설정하고 있다. 마하친은 거대함을 의미하는 마하(Maha)와 중국 진나라를 칭하는 친(chin)으로, 결국 중국을 말하며 경전에서 언급한 다섯 개의 봉우리의 이야기에 따라 중국 우타이 산〔오대산(五臺山)〕을 문수보살의 거처로 삼았다.

『화엄경』에 문수보살은 많은 제신과 보살들을 거느리고 자신의 주처를 나와 남방유행(南方遊行)에 나선다.

"그렇다면 문수(文殊)의 집, 산스크리트어 프라티스타나 쿠타가라〔선안주루각(善安住樓閣)〕는 어디일까?"

"어디에 머물고 있었기에 남쪽으로 떠났을까?"

물론 문수보살의 집은 견고부동한 공(空)의 세계 위에 구축되어 있고 세속을 초월한 지혜의 상징, 진여의 비유임은 틀림없다. 그러나 경전에 언급된 쉬바신이 거주한다는 수미산, 메루산 등은 이미 티베트의 설역고원 위에 자리한 카일라스라는 지도상에 표기되는 위치를 가지고 있음을 상기한다면, 문수보살의 거처 역시 지구 지표면 위에 상징적 좌표를 설정할 수 있으리라 본다.

일부에서는 중국의 오대산을 문수보살의 거처로 보고 있으나 이 경전이 이루어지는 시기에 중국은 불법이 채 미치지 못하는 시기였다. 한편으로는 자장 앞에 나타난 문수보살이 이역승(異域僧)의 모습으로 나타난 것 역시 하나의 단서가 된다. 따라서 문수의 집은 불법이 자리하고 있던 인도를 중심으로 찾아야 한다.

그런데 문수보살과 관계되는 이야기들은 한결같이 히말라야를 말하고 있으니 히말라야 중에서도 하나를 골라야 한다.

어떤 신화적 의의를 따로 도출할 수는 없을지라도 적어도 하나의 결론은 내릴 수 있다. 즉 문수보살은 다섯 봉우리의 산에 주처(住處)한다는 점이다. 그 문수보살이 살기 때문에 이름을 주었건 혹은 그 산에서 본래적으로 비롯되었건 이것은 바로 후대 문수신앙의 근거가 된다. 이 문수는 중국은 물론 티베트, 중앙아시아, 한국 등 어디로 가든 오봉(五峰)의 어떤 산줄기에 위치하는 것은 한결같다. 만약 후대 문수신앙이 지역에 따라 변동 없는 근거가 있다고 하면 바로 이 오대산신앙이며 그 흔적을 우리는 확인할 수 있는 것이다.…… (중략) 적어도 히말라야를 중심으로 하는 문수신앙, 그리고 그 문수신앙의 근거가 영원한 이상세계에 대한 현현이었음을 확인할 수 있는 것이다.
—정병조의 『문수보살(文殊菩薩)의 연구(硏究)』 중에서

이 다섯 개의 봉우리와 관련이 있는 문수신앙은 인도와 히말라야에서 중국으로 전래된다. 옛 사람들의 산에 대한 숭배가 『화엄경』의 유입과 함께 오대산 문수신앙으로 발전했다.

정병조 교수님은 같은 책에서 '막연한 경외의 산악숭배가 불교적 이론 근거를 갖게 되는 사상적 상승이라고 본다' 고 서술했다.

판차시르사 파르바타, 즉 다섯 개의 봉우리를 가진 산은 당연히 히말라야에서 몇 달을 걸어야 도착하는 중국의 우타이 산과는 조금 거리가 멀어 보인다.

히말라야, 만주스리, 향산, 다섯, 호수, 이승.

성배를 찾아가는 인디아나 존스처럼 몇 가지 단어를 단서로 삼아 심증을 품게 되면 당연히 캉첸중가를 꼽지 않을 수 없다.

다시 상기하면 빛나는 백색 몸을 가지고, 머리 뒤로는 찬연한 광배를 가지며, 오발관을 쓴다. 앞으로는 성스러운 호수를 품고 오늘도 하얀 연꽃처럼 시킴 위에 가부좌로 앉아 있는 존재.

이쯤 되면 아무리 생각해도 중국의 우타이 산은 저쯤 멀리 밀어놓게 되며 고개를 캉첸중가로 돌리게 된다.

절을 세우는 일을 개기(開基)라고도 한다. 이는 사찰을 지을 때는 보통

산골짜기 등에 터를 닦아 세웠기 때문에 이렇게 말해 왔다. 새로운 종파를 일으킨 고승, 즉 개조(開祖)는 개산제일조(開山第一祖)라 말하고, 새롭게 사찰을 건립하거나 하나의 종파를 일으킨 존자를 개산주(開山主)라 한다.

캉첸중가는 만주스리를 개산제일조(開山第一祖)로 여겨야 한다고 주장하고 싶다.

캉첸중가는 올라서야 할 봉우리가 아니라 허리를 꺾어 오체투지를 해야 하는 만주스리 신전(神殿)이다.

집을 찾는 일이 헛된 노력이라도

● ● ●

『임제록』「시중(示衆) 3」을 보면 임제 화상은 사자후를 토한다.

> 그대들이 만약 성인을 좋아한다면 그때 성인은 성인이라는 이름일 뿐이다. 어떤 납자들은 오대산에서 문수보살을 친견하겠다고 하는데 그것은 확실히 틀린 얘기다. 오대산에는 문수가 없다. 문수를 알고자 하는가? 그대들 눈앞에 작용하는 그것—용처(用處), 처음과 끝이 다르지 않고 어딜 가든지 의심할 것 없는 이것이 산 문수이다.

이렇게 캉첸중가의 봉우리를 보고 문수의 흔적을 찾으려는 나의 아둔한 시도는 임제할(臨濟喝) 덕산방(德山棒)감이다. 무착 선사의 주걱으로 종일

맞아도 할말이 없다.

그러나 결국 오대신앙 · 문수신앙은 한반도에 이르렀다. 자장이 한반도에 가지고 들어온 것은 문수보살이며, 기록에 의하면 중국의 우타이 산이지만, 실재적인 근원은 저 히말라야 캉첸중가일지 모른다.

캉첸중가를 바라보며 말한다.

"오대산은 히말라야 출신이다. 캉첸중가와 의형제다."

전국 각지의 문수굴, 문수당, 문수사, 문수암, 문수원 등이 내게는 바로 캉첸중가굴, 캉첸중가당, 캉첸중가사, 캉첸중가암, 캉첸중가원이다.

이렇게 추리해 나가는 나로서는 캉첸중가를 바라보면서 예불문 한 대목이 저절로 튀어나오는 것은 신기한 일이 아니다.

지심귀명례 대지문수사리보살(至心歸命禮 大智文殊舍利菩薩).

설산의 성채는 결코 물들지 않는 청정한 몰염(沒染)의 봉우리들이다, 황홀경이다. 바라보는 동안 지고(至高)의 문수보살—만주스리가 다섯 개의 하얀 꽃잎 위에서 명상에 잠겨 있다.

캉첸중가로부터 흘러내려오는 능선에 자리한 시킴 히말라야는 당연히 문수보살의 성지이자 정토이고, 도량이며 불국토다.

<Sikkim> Buddhist State—시킴 불국토.

<Sikkim> Manjughosa & Buddhist State—시킴 묘음처.

저 오대산부터 의식을 역추적해 본 나로서는 시킴 히말라야의 주인 캉첸중가를 바라보니 가슴이 먹먹할 따름이다. 다시 삼배를 올린다.

문수대성(文殊大聖)께 머리 숙여 예배하노라.

시킴에서 스님이 되는 가장 중요한 자격은 혈통이다. 부티아 즉 티베트 혈통이 최우선이 된다. 혈통에 문제가 없는 8살에서 12살 사이에 소년들은 일정한 자격시험을 치르고 합격되면 3년 동안 티베트어를 배운다. 그리고 경전 · 아비달마론 · 의학 · 딴뜨라 등을 학습하고, 스승들 앞에서 질문을 통해 시험을 치르게 된다. 시험을 통과하면 정식으로 계를 받는다.

시킴 히말라야에서 비구계는 거의 대부분 페마양체 사원에서 받는다. 이때 시킴 왕국을 세우고 시킴에 공식적으로 불교를 전래한 라충 챔보가 사용한 삭도(削刀)를 사용해서 삭발하게 된다.

시킴의 사원은 동쪽 문을 연다

뿔라하리의 활불승원에서 무명(無明)의 어둠에 싸여 있는
마떼의 무지(無知)를 지고(至高)한 의식의 촉광으로 빛 밝히거라.
그를 영원히 자유로운 광명(光明)의 폭포수에
무지의 때를 벗고 새로 태어나게 할지어다.
—틸로파

무지개 사원에서 흐르는 눈물

● ● ●

솔직히 이야기하자면 눈물이 조금 흘렀다. 이마의 땀이 눈에 들어가 자극해서가 아니라 맑은 눈물이 그냥 주르륵 흘렀다. 고색창연한 절집은 아닌데 그 맑고 순수한 기운이 눈물샘을 슬쩍 건드렸기 때문이다.

따시딩 사원은 일명 무지개 사원이다. 천국에서부터 내려온 무지개가 지상에 걸린 자리에 세운 사원이다. 일부에서는 캉첸중가 정상에서 출발한 무지개가 하늘을 가로질러가며 선명하게 이어져 끝이 닿은 지점이라는 이야기도 전해진다. 1716년에 이 신비로운 무지개가 걸린 자리에 작은 오두막집으로 사원을 시작해 점차 증축되었다고 한다.

사실 무지개는 티베트 불교의 시조(始祖)를 기억하게 만든다. 그들에게

무지개 서렸던 자리에 사원을 세웠고 그 자리에 많은 린포체들이 주석했다. 이제 스승들은 초르텐으로 남아 살아생전 얼굴을 보지 못한 후세사람들을 기다린다.

불교를 전해 준 빠드마삼바바는 무지개 꼬리가 내려앉은 북인도 우겐 국의 다나코사 호수의 연꽃 안에서 태어났다. 빠드마삼바바의 또 다른 일체인 예세 초걀 역시 무지개 꼬리가 맞닿은 연못의 연꽃에 싸여 있었다.

따시딩 사원은 서 시킴의 지알싱에서 40㎞ 정도 떨어져 있는 빨간꽃—닝마파 사원으로 라퉁 강과 란지트 강이 만나는 두물머리 언덕에 자리한다. 날이 좋으면 캉첸중가 연봉이 눈이 서늘하게 다가선다는 명당이지만 이곳까지 가기 위해서는 거의 트래킹 수준의 급박한 산길을 한동안 걸어 올라가야 한다. 바닥은 토양의 유실을 막기 위해 돌을 빽빽하게 박아 놓아 밟고 오르는 일은 보통 힘겨운 노동이 아니다. 땀이 비 오듯이 흐른다.

현지인의 말로는 흐르는 땀방울 하나하나가 죄(罪) 하나하나라고 한다. 땀을 많이 흘릴수록 죄가 많이 사해진다는 이야기다. 농담이냐고 물으니 정말이라고 정색을 한다.

"내 죄는 무엇일까?"

생각지도 않았는데 대답이 들려온다.

"다시 태어났다는 것이다."

경사가 부드러워지면서 마니석들과 무수한 룽따들로 치장한 사원이 눈에 들어올 무렵, 코끝이 많이 매워지더니 기어이 눈물 몇 방울이 무지개가 걸렸던 땅으로 떨어졌다.

돌이켜보면 이 삶의 식(識) 안에 사원(寺院)을 세운 지 10년이 훨씬 넘었다. 반가부좌로 허리를 펴고 앉아 내 사원을 바라보니 이승에서 그 세월은 참으로 잠시였다.

이 사원의 터를 닦은 것은 이승의 내가 아니었고, 주춧돌을 놓은 것도 내가 아니었다. 식(識)이라는 흐름 저편, 즉 전(前) 삶—전생(前生)의 내가 만들어 놓은 것이었다. 이승에서 갈림길을 통해 불교와 힌두교로 들어와 지난 10년 동안 이루어 놓은 작업을 살펴보면 나머지는 모두 지난 삶들이 해온 작업임을 쉽게 알 수 있다.

따시딩 사원만 해도 그렇다. 처음에 작은 오두막을 세운 존재가 있었는가 하면, 후에 사지(寺址)를 닦은 존재가 따로 있었고, 기단에 기둥을 조심스럽게 세우고 더불어 귀공포를 올린 존재가 세월 속에 또 달랐다. 뿐만 아니다. 한순간에 도량이 완성되는 것이 아니라 대들보와 서까래를 올리고 용마루를 만든 또 다른 존재가 있었다. 무수한 룽따를 세우고, 마니석으로 치장하고, 초르텐을 조성한 사람이 모두 달랐다. 단 한 세대에 단 한 사람이 이루어 낸 작업이 결코 아니었다. 그렇게 시간 속에 차차 사원이 만들어졌다.

나라는 존재의 사원을 짓기 위해, 산기슭 땅 고르던 첫날이 생각날까?

아직 공력이 그곳에 이르지 못해 기억은 그 자리를 더듬지 못한다. 하지만 생을 거듭하며 사원을 만들어 오는 동안, 완성을 독려하기 위해 붓다를 위시해서 33분의 조사, 큰스님, 수많은 선지식이 다녀갔고, 라마크리슈나를 위시한 힌두교의 만만치 않은 구루지들과, 서양의 철학자들의 왕림 흔적을 건축물 곳곳에서 읽는다. 그들은 신속한 사원 건축의 비법을 전하기 위해서 자신들의 저서를 남겨주고, 그것들이 사원을 세우는 귀중한 재료와 힘이 되었다.

10년 전 어느 날. 이번 삶의 목표가 앞서간 존재들의 뒤를 이어 사원의 나머지를 완성해야 한다는 것을 알아차린 날, 눈에는 불꽃이 튀었다. 눈앞에 미완성의 절집을 보는 순간, '이 삶에서 끝을 보리라!' 용맹정진의 발심(發心)이 대단했다.

그러나 비통스럽게 완성은커녕 삶의 온갖 인연의 흐름으로 험한 비구름, 모진 바람에 서까래가 내려앉으니 앞서간 식(識)에 누를 더하는 모습이다. 과거의 식(識)들이 정성스럽게 물려준 사원을 도리어 허물고 있으니 언제쯤이면 단청을 올리고 본존불에 점안할지 까마득하다.

따시딩 사원에서 초발심(初發心)을 찾는 동안 눈물 하나 더 떨어진다.

정사에서 시작되고

사찰의 어원은 산스크리트어로 상가람마. 승려들이 모였음을 뜻하는 상가(Samgha)와 거주처를 뜻하는 아라마(arama, 園林)]의 복합어다.

산스크리트어의 발음을 자신들의 언어로 옮기는 데 천재적인 능력을 가지고 있던 중국인들은 이 상가람마를 승가람마(僧家藍摩)로 바꾸었고 이것조차 길다고 해서 가람(伽藍)으로 정착시켰다. 한편 상가람마를 발음으로 옮기지 않고 뜻으로 번역해서는 중원(衆園)으로 부르기도 했다.

이 가람은 본래 수행자들의 거처였다. 오래 전 인도에서는 몬순으로 인해 많은 비가 내리게 되면 수행자들이 유행(遊行)을 멈추고 한곳에 머무는 안거를 시작했다.

인도 대륙에 퍼붓는 몬순 양은 상상을 초월하기에 비가 오면 다니는 길이 지극히 위험했다. 수행자들이 주로 위치했던 북인도 숲은 빗물이 순식간에 범람하며 생명을 위협하기 십상이었다.

또한 이 기간 중에는 오랜 건기를 견디어 낸 식물들이 기다렸다는 듯이 무성하게 자라고 곤충들이 왕성히 번식한다. 구름이 하늘을 지나고 비가 대지에 내리니 만물이 널리 지상에 퍼지는(雲行雨施 品物流形) 시기다. 길을 걷다 보면 이들을 무의식적으로 짓밟을 수 있기 때문에 자비와 아힘사〔비폭력(非暴力)〕의 수행자들은 당연히 걸음을 멈추어야 했다.

한반도에 살던 사람들은 이 우기의 빗줄기를 경험하면 적지 않게 놀란다. 나 역시 샤워꼭지보다 강한 빗줄기에 밖으로 뛰어나와 샤워하듯이 몸을 닦아내는 현지인들을 바라보면서 기막혔던 기억을 가지고 있다.

『사분율(四分律)』 37권을 보면 한 사건으로 인해 안거제도가 힌두교에서 불교로 들어오는 과정이 적혀 있다.

붓다가 설법하던 당시, 여섯 무리의 비구들이 여름철 몬순 동안 일어난 홍수로, 의발 · 방석 · 바늘통을 물에 띄워 잃어버리고, 산 초목을 밟고 다니다가 거사들의 비난을 받는다.

"석가의 제자들이 부끄러움을 모르고 초목을 밟아 죽인다. 겉으로는 내가 바른 법을 안다고 자칭하지만 이렇게 늘 어찌 바른 법이 있겠는가. 봄 · 여름 · 겨울 언제나 세간으로 다니다가 여름철에는 소나기가 와서 강물이 넘치면 의발과 방석과 바늘통을 띄워버리고 초목을 밟아 죽이고, 남의 목숨을 끊는가. 외도(外道)의 법에도 석 달 동안은 안거를 하거늘 이 석가의 제자들은 언제나 봄 · 여름 · 겨울 언제나 세간으로 다니다가 여름철에는 소나기가 와서 강물이 넘치면 의발과 방석과 바늘통을 띄워버리고 초목을 밟아 죽이고, 남의 목숨을 끊는가. 심지어는 벌레와 새들도 오히려 둥지와 굴이 있어 머물거늘 이 석가의 제자들은 언제나 봄 · 여름 · 겨울 언제나 세간으로 다니다가 여름철에는 소나기가 와서 강물이 넘치면 의발과 방석과 바늘통을 띄워버리고, 초목을 밟아 죽이고, 남의 목숨을 끊는가?"

이 비난이 안거의 시작이 된다.

붓다는 몬순이 이어지는 3개월 동안 안거를 시작하기로 한다. 안거는 승원 · 암굴 · 작은 방 · 통나무 가운데 자신의 거처를 마련한다.

불교 최초의 가람 격인 라즈기르의 죽림정사(竹林精舍)는 빔비사라 왕이 기증했다. 이것을 시작으로, 쉬라바스티의 수닷타 장자에 의한 기원정사(祇園精舍, 기수급고독원), 유복한 여성인 비사카에 의한 동원록자모강당(東圓鹿子母講堂), 안바파리의 대림정사(大林精舍), 온천정사(溫泉精舍) 등등이 각기 나름대로 아름다운 인연과 그에 못지않은 사연을 가지고 생겨났다. 왕이나 권력층 그리고 부유한 상인들이 수행자를 위한 장소를 제공했다.

이 자리를 중심으로 많은 붓다의 설법이 이어지니 경(經)이 태동되었다.

또 다른 사원의 발생은 스투파다. '흙을 쌓아올린 것' 이라는 의미의 스투파는 사리, 그것을 담은 그릇, 화장에 사용한 숯 등을 나누어 보관하기 위해 반원형의 탑을 만든 것이다.

시간이 흐르면서 수행자들이 기거하는 정사와 스투파는 자연스럽게 결합하면서 사찰 형태를 이루게 되었다. 더구나 붓다 입멸 후 500년이 지난 무렵 간다라 지방에서 불상이 만들어지고, 불상을 모시는 금당이 보편화되면서 이 두 가지, 즉 금당과 탑은 사찰의 가장 기본적인 구조물이 된다.

불교가 중국 · 한국 · 일본 등으로 북방 길을 따라서, 한편으로는 스리랑카 · 태국 등 남방 길을 따라 전파됨에 따라 가람도 각기 그 나라의 토양과 전통에 부합하며 고유한 형태로 응용, 발전, 전개되기 시작했다.

시킴의 사원 양식은 티베트의 사원 양식이 히말라야를 넘은 것이되, 보다 많은 룽따와 색색의 마니석으로 화려하게 치장한다. 하얀 설산을 배경으로 펼쳐진 빛의 향연은 아름답다는 말조차 떠올리지 못하게 한다.

따시딩 사원을 걷다 보면 말문이 모두 닫힌다.

시킴 사원의 종류를 보면

● ● ●

내가 절을 처음 본 것은 몇 살인지 정확하지 않다. 쌀 주머니 머리에 얹

따시딩, 일명 무지개 사원은 무지개만큼 아름답다. 신심 깊은 신자들이 룽따를 내걸고 옴 마니 밧메 훔 마니석을 만들어 외벽을 둘렀다. 이제 더 이상 무지개가 걸리지 않아도 따시딩은 이미 무지개가 되어 있다.

은 외할머니를 따라 먼 길을 갔다. 무거운 짐을 얹은 외할머니는 어린 나보다 늘 걸음이 빨라 이미 언덕 저만큼씩 가 계셨다.

독실한 가톨릭 신자였던 내 모친에게 이런 절집 방문은 비밀이었다. 외할머니는 걸음을 멈추면서 몇 번이고 신신당부를 하셨고, 내려오는 길에서 쪼그리고 앉아 새끼손가락을 걸어 비밀을 지키겠다는 다짐을 받아내기도 했다. 그 비밀은 아직까지 유효하다.

절집 앞마당의 백토가 좋았다. 유달리 하얀 운동장은 이렇게 달리고 저렇게 달려도 피곤하지 않고 발끝이 상쾌했다. 가끔 올려다보면 엎드린 할머니 위로 황금빛 부처가 모습을 보였다가 몸을 일으킨 할머니 뒤로 금빛이 가뭇가뭇 숨었다.

사원에서 옛날 풍경화를 다시 그려낸다. 살아 계시다면 수저 위에 장조림을 찢어 올려준 외할머니를 내 등에 업고 적멸보궁을 하나하나 함께 순례 다니고 싶다. 그러나 이겨낼 수 없는 세월 안에 고인이 되어 풍화된 지도 오랜 세월이다. 이제는 두 발로 절집을 찾아드는 외손자를 보면, 그리고 살아서 붓다 근처에 이르겠다고 히말라야를 도량 삼아 오가는 핏줄을 보면 '기특하다' 하시리라.

통상 티베트 문화권에서는 사원을 곰파라고 부른다. 그러나 엄밀하게 말하자면 시킴 히말라야 사원은 크게 세 가지로 나눈다.

1. 탁푸

2. 곰파

3. 라캉

탁푸는 직역하면 바위동굴로 토굴 혹은 암자에 해당한다. 은둔자들이 세속으로부터 멀리 떨어져 홀로 칩거하며 수행하는 동굴 은신처를 일컫는다.

히말라야 주변은 이런 조건을 가진 천혜의 지형이 많다. 외부와 완전히 절단되어 독수리만이 닿을 수 있는 높은 절벽 근처에 자리잡고 있거나, 짐승들이 오가는 외롭고 깊은 골짜기에 위치하고 있다.

많은 수행자들이 해탈을 위해 이런 천혜의 은거지를 찾아 히말라야 속으로 깊고 높게 들어갔다. 그들은 고독의 한가운데 들어서서 용맹정진하며 궁극의 목적지에 이르렀다.

탁푸는 비밀스럽게 전수되기도 한다. 한 스승이 깨달음을 얻은 자리는 영적으로 축척된 현존의 정신이 승화되어 남겨져 있어 도움을 준다고 한다. 수많은 향을 피운 자리에 향냄새가 남아 있듯 명상이 거듭한 자리에는 제자를 끌어주는 수행의 잔향과 은총이 남아 있게 마련이라는 이야기다.

스승 마르빠는 늙은 어머니를 마지막으로 만나고자 하는 제자 밀라래빠의 간청을 받아들인다. 마르빠는 이승에서 이 제자와 다시는 만날 수 없다는 사실을 알고 허락하면서, 수행에 대해 충고하고 다짐을 받는다.

"아들아, 그대는 이제 나를 떠나가도 좋다. 존재하는 모든 것들은 몽환(夢幻)과 같고 신기루와 같음을 나는 지금 보여 주었다. 앞으로 그대는 스스로 이 진리를 깨닫도록 하여라. 깊은 산 속 은둔처나 한적한 동굴이나 황량한 숲 속에 들어가 명상하면서 이 진리를 깨닫게 되리라."

마르빠는 은둔처를 일일이 열거한다.

"깊은 산의 은둔처로는 인도의 여러 성자들이 이미 축복한 장소들이 있다. 그 장소로는 곌기스리라(성산의 영화로운 봉우리)와 부처님이 설산으로 언급한 띠세 봉우리가 있다. 이 띠세 봉우리는 뎀촉이 살고 있는 곳으로, 명상 수행자가 수행하기 적합한 산이다. 그리고 또 랍치 깡이 있는데, 이곳은 12성지(聖地) 중에서 가장 성스러운 곳이다. 랍치 깡은 고다바리라는 이름으로 나온다. 또한 망월 지방에 있는 리워뻴와르와 네팔에 있는 욀모깡라도 명상 수행에 적합한 곳이다. 이들은 대승경전에도 언급되어 있다. 이런 장소에서 명상하라. 또 진 지방에 있는 츄와르는 다끼니 여신들이 성화(聖化)시킨 땅이다. 그 밖에 어떤 한적한 동굴이라도 물과 땔감만 가까이 있으면 명상 수행하며 거주하여도 괜찮다."

후에 밀라래빠는 스승의 말을 받들어 이 동굴들을 찾아 동굴수행을 거듭한다. 바로 탁푸다.

현재 시킴에는 동서남북에 각각 하나씩 유명한 탁푸가 있다. 빠드마삼바바, 라충 챔보, 그 외 티베트 불교 승려들이 수행을 거듭해 온 장소로 알려져 있다. 모든 인기척을 끊으며 가행정진하며 장부 일대사(一大事)를 완성할 수 있는 웅자(雄姿)를 품은 웅자(雄者)를 위한 요처다.

동쪽의 동굴은 텐동과 마이놈 산 사이에 자리잡고 있으며 패푸—'비밀동굴'로 매우 큰 땅굴이다.

서쪽은 쫑그리 근처에 있으며 일명 데챔푸—'크나큰 행복의 동굴'로 눈에 덮여 있기에 우기가 끝난 가을 무렵에만 접근이 가능하다.

남쪽에 카도상푸—'신비로운 다끼니—요정의 동굴'로 옆에 온천이 있으며 바위 주변에는 많은 다끼니의 발자국이 남아 있다.

가장 유명한 북쪽의 라리닝푸—'신의 언덕의 오래된 동굴'은 가장 거룩하고 성스러운 장소로 간주되고 있다. 따시딩에서 북쪽으로 3일간을 걸어가야 하며 길이 위험하여 접근하기 어렵다고 한다.

밀라래빠에서 흘러오는 법의 흐름은 오늘 이 작은 동자스님까지 이르렀다. 티베트 어 경전 받아쓰기를 하는 걸음마 수준이지만, 곧 큰 흐름에 합류하리라.

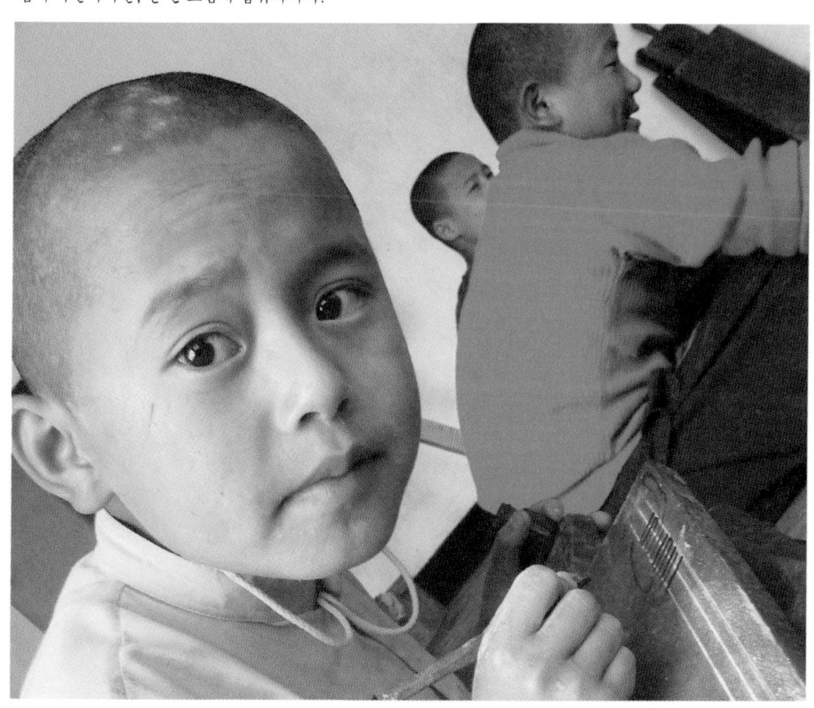

현재 사원에도 명상과 수행을 위해 고립된 부속물을 가지고 있는 것은 바로 탁푸를 사원 안에 끌어온 것이다.

『허당록(虛堂錄)』에는 백의배상(白衣拜相)이라는 말이 나온다. 재화, 관직과는 아무런 관계가 없는 천부(賤夫)가 어느 날 나라의 재상(宰相)이 되어서 사람들의 절을 받는다는 뜻이다.

이것은 물론 평범한 범부(凡夫)가 수행을 거듭하여 깨달음을 얻는 전범입성(轉凡入聖)을 말하는 이야기지만 '하얀 무명옷을 입은 자' 라는 의미의 밀라래빠에게는 너무 잘 어울리는 이야기다.

티베트의 위대한 요가 수행자 밀라래빠의 깨달음은 후세에 하나의 거대한 물줄기를 이루고 많은 제자를 배출하게 되었다. 마르빠 권유에 따른 탁푸 수행의 결과였다.

결국 탁푸는 수원(水源)인 셈이다. 격리되어 외부에 아무런 영향을 미치지 않는다고 생각하면 안 된다. 법(法)은 이런 자리에서 힘을 키워 용솟음치며 분출되어 많은 영감을 사부대중에게 남기게 된다.

성채처럼 커다란 사원이나 종교건물에만 큰 법이 있는 것은 아니다. 현재 웅장한 승원들의 원천지를 찾아 원류로 돌아가면, 홀로 수행하는 구도자와 그들의 은둔처인 탁푸를 만난다. 정토의 출발지인 탁푸의 중요성은 말로 이를 수 없는 가치를 지닌다.

따라서 우리들의 선방(禪房)의 중요성까지 말한다면 사족이 되는 셈이다. 명상에 잠긴 수행자들이 비행동적이라며 사회의 적극적인 참여를 권하는 일부의 목소리는 그리하여 한낮 미풍(微風)이다. 환경 보전을 위해 삼배하며 행진하는 수행자 못지않게 결가부좌로 앉은 수행자 역시 막중한 비중을 갖는다.

많은 구도승들은 탁푸에서 수행하기를 원한다. 1976년 초모랑마 원정 중에 릭 리지웨이는 남체에서 하루 거리에 있는 아름다운 마을인 탕포체의 한 승려에게 소원을 물었다.

"깊은 산 속의 계곡에서 혼자 명상하면서 살고 싶다."

1999년, 그는 다시 이곳을 찾아 그 승려를 다시 해후한다. 승려의 염원은 23년이 지났음에도 조금도 바뀌지 않았다.

"이 사원과 세르파들을 위한 기도를 하지 않아도 된다면 동굴에서 살고 싶다."

서울이라는 도시 환경을 버리고 히말라야에 오는 행위는 사실 마음의 탁푸를 찾는 일, 탁푸를 세우는 일이다. 도시에서 살아가기 위하여 내세워야 하는 감정과 감각은 이런 자리에서 소멸된다. 그 동안 등 돌리고 앉았던 '본성에 대한 귀환' 이 시작되어 환상이 깨져 나가기 시작한다.

결국 우리는 육신이라는 동굴—탁푸를 가지고 있다는 사실까지 추리할 수 있다.

의식은 탁푸 안에 깃들어 있으니, 이 의식을 어떻게 성공적으로 해탈까지 이끌어가겠는가? 탁푸—동굴에 들어가 어찌하면 육신이라는 탁푸를 닫아 내면의 불꽃을 그대로 드러낼 것인가?

"오늘 산에 들어가면 이 길이 내 마지막 길이 되게 하리(一入靑山 更不還)."

고운(孤雲) 최치원의 입산 시를 빌려 단호하게 외치고 싶은 마음, 아직 곧지 못한 마음을 지닌 이 범부에게도 있다.

> 도량은요? 어느 곳을 말합니까? 하고 물었다(問 道場者何所是).
>
> 곧은 마음이 바로 도량입니다 하고 대답하였다(答曰 直心是道場).

곰파는 일종의 독립된 사원을 말한다. 곰파의 본래 의미는 세속으로부터 멀리 떨어져 산문을 완전히 닫아버린 수행처다. 직역하면 외진 곳, 고립

시킴에서 통상 곰파라 부르는 이런 사원은 라캉이 정식 이름이다. 라캉의 고향은 탁푸로 그곳에는 오늘도 불법을 위해 용맹정진 하는 은자들이 있다. 사원 앞의 사람 키 두 배의 탑은 이 라캉이 생긴 역사를 기록하고 있다.

된 곳 등을 의미한다. 수행자라면 동서를 막론하고 누구나 그렇듯이 고립을 통해 수행을 하고자 하는 열망을 가진다. 그 의식을 반영한 수행지이다.

이곳의 주인은 은수자(隱修者)들로서, 길이 멀고 아득한 곳에 자리한 외진 암자나 오두막에서 생활하면서 침묵을 통해, 금욕 고행을 거듭한다. 일부 곰파는 위험스러운 대나무로 엮은 다리를 건너 깎아 세운 듯한 험악한 절벽 위에 자리잡아 외부와 단절되어 있다. 이곳의 정보는 외부로 전혀 흘러나오지 않고 있다.

일반적으로 흔하게 만나는 것이 라캉이다. 일반 신도와 접촉이 빈번하게 일어난다. 우리가 통상 아무 생각 없이 곰파라고 부르는 곳이다.

라캉, 곰파, 탁푸의 실질적 · 상징적 모습을, 그리고 역할을 구별해서 바라보는 일은 의미가 있다. 마치 눈에 보이지 않는 땅 밑에서 한 톨의 씨앗(탁푸)이 지상으로 싹을 틔우고 차차 키를 키워서(곰파) 모든 이에게 보이는 화려한 꽃(라캉)을 피우는 과정 같다.

건물구조라고 다를 법이 없으니 법(法)의 변화해 가는 아름다움이라니!

사원이 즐겨 자리잡는 곳은

땅이 생명체라는 생각은 동양에서는 광범위한 사상이었다. 그 생명력은 용맥을 따라 흐른다고 보았다. 그러나 땅은 움직이지 않기에 음(陰)으로 해석했으며 반면에 물〔水〕은 운동성을 가지므로 양(陽)으로 보았다. 이 음양이 대지 위에서 어우러지고 기운이 응축되어 잘 자리잡은 곳을 명당이라고 했다.

고대인들은 이 대지와 물에 더해 역시 움직이는 성향의 바람〔風〕에도 큰 비중을 두었다. 더불어 방향이 중요했다. 차가운 북쪽 바람에 의한 피해는 물론 따스한 남풍에 의한 풍요로운 수확과 관계가 있기 때문이었다. 그것이 풍수(風水)로 자리잡았다.

길지를 고를 때 기본적인 조건이 되는 것은 산(山), 수(水), 방위(方位) 세 가지다. 풍수의 구성은 이 세 가지의 길흉 및 조합에 의해 성립된다.

시킴 히말라야의 사원은 보통 전망 좋은 곳에 자리한다. 우선 절의 지리학적 위치를 보면 높은 지대의 지축 위에 놓인다. 능선 위에 자리잡기도 하지만 때로는 뒤로는 산을 업고 있는 자세를 취하기도 한다. 악한 곳을 누르고 약한 곳을 돋우는 비보(裨補) 사찰은 예외다.

불가의 수행처인 사(寺)를 좋아하지만, 솔직히 이야기하자면 고대 도교 사원인 관(觀)도 좋다. 내가 그럴 듯한 자리에 앉아서 스스로 이곳은 맑은 물이 흐르니 옥류관이고, 저렇게 하얀 구름이 지나가니 백운관이야, 생각하는 것도 '바라본다' 는 관(觀)이 너무 좋기 때문이다.

아주 오래 전에 스승 노자(老子)를 열렬하게 추종하는 사람이 있었으니 궁정 서쪽 함곡관(函谷關)의 관문지기 윤희(尹喜)였다. 그는 초원에 오두막집을 짓고 살았는데 그 목적은 '바라보기' 위해서였다.

그러던 어느 날 윤희는 노자가 출관(出關)하여 세상을 등지기 위해 푸른 소를 타고 서쪽으로 가는 것을 보게 되었다. 당연히 '바라보기' 를 통해 보는

한 번 바라보는 일만으로도 죄가 사라진다는 유서 깊은 탑. 시킴의 역사와 비슷한 나이를 가지고 있다. 주변에는 그 후 시킴을 주석하며 불법을 수호한 린포체들의 유골이 담긴 하얀 초르텐들이 겹겹이 외호하고 있다.

눈이 깊어진 윤희는 노자를 붙잡았다. 완전히 세상을 결별하기 전에 스승 노자는 도(道)와 덕(德)에 관한 뜻이 담긴 5천 자의 가르침을 내려 주었다.

그것이 바로 『도덕경(道德經)』이다.

말하자면 『도덕경』은 윤희의 '바라보기'에서 기원되었고, 도가의 사원 역시 '바라보는' 오두막에서 출발했다.

"나는 움직이는 관(觀)이 되어 사(寺)도 가고 산으로도 가고……."

"그러다 보면 어느 날, 내 눈에 '월송정 언덕에 해월이 갓 떠오를 제, 저 복건 쓰고 호리병 술을 차고, 뿔을 두드리며 소를 타고 가는 사람(越松亭畔

海月初窺 彼其幅巾壺酒叩角逍遙者)을 보게 될 것이고, 그때까지 마음 안에 꾸준한 관(觀)을 세우며……."

이것이 능선에 앉으면 늘 휘감기는 생각 중 하나다.

높은 자리에 위치하는 사원들은 이미 관을 포함한다. 멀리까지 바라볼 수 있으며 더불어 마을 주민들의 위안이 되는 자리에서 아래를 굽어보게 된다. 절집이 자리가 좋다는 것은 경내를 걸으면서 사방을 둘러보면 쉬이 알아차린다. 산의 흐름과 능선의 맥박이 발뒤꿈치를 통해 올라와 심장에 그윽하게 맥동을 전한다.

기어코 눈물 흘리게 만든 따시딩 사원 역시 봉우리 꼭대기에 자리한다. 그러기에 이곳에 도착하기 위해서는 죄를 상징한다는 모진 땀을 방울방울 흘리며 올라야 한다.

히말라야를 배경으로 좌정한 이런 도량을 보면 용세론(龍勢論), 즉 그곳에서 마을로 기운을 보내는 현상을 느끼게 된다. 이런 현상은 일반적으로 동기 감응 또는 아날로그 생명장의 공명으로 마치 강한 자석 주변의 쇠가 일시적으로 자력을 가지는 현상으로 설명된다. 생체에서는 흔히 기(氣)를 받는다고 표현한다.

마을에서 고개를 들었을 때, 언덕 위에 정좌한 사원이 쉽게 보인다면 좋은 자리가 아닐 수 없다. 주민들이 사원을 보면서 붓다와 보디삿뜨바를 명상하고 만뜨라를 외운다면 당연히 사원의 영향을 받는 현상이다. 마을에서 사원을 바라볼 때, 합장을 하는 동안 내부에서 일어나는 미묘한 현상들. 가게 없는 마을에서는 살아도 사원 없는 마을에서는 살지 말아야 하는 이유가 된다.

시킴 히말라야 사원은 동쪽으로 향한다. 이것은 태양이 가장 먼저 찾아오도록 하는 배려다. 그리고 그 방향으로 문을 달고 법당이 위치하도록 한다. 동쪽이 불가능하다면 남동쪽 혹은 남쪽으로 한다. 티베트 지역을 포함해서 캉첸중가 히말라야에 걸터앉은 시킴 히말라야의 날씨는 가혹하다. 북풍한설이 몰아치고 겨울밤은 길다. 이런 곳일수록 건축물이 들어앉은 방향은 중요하다.

히말라야에서 잠을 자본 사람이라면 누구든지 해뜨는 동쪽의 중요성을 자연스럽게 알게 된다. 더구나 텐트를 치고 긴 밤을 지새우고 일어나 동쪽 능선을 넘어오는 빛다발을 기다린 경험이 있는 사람이라면 동향의 중요성을 절실하게 안다. 태양이 동쪽에서 일어나 남향으로 돌아서는 시간까지 기다리며 추위를 달랠 수 없다.

당연히 동향으로 문을 열어 햇살이 동쪽 능선을 넘자마자 둔각으로 방안 깊숙이 들어오도록 받아들여야 한다. 사원이라고 예외는 없다. 아침 해가 사원 안으로 들어오며 여러 불상과도 환히 만나도록 배려해야 했으니 거의 모두 동향이다. 이곳 따시딩 사원의 법당과 부속건물들도 문이 모두 동쪽으로 향해 있다.

그리고 거리가 제법 떨어져 있더라도 호수가 있으면 길지로 친다. 반면에 강물의 물줄기가 직접 사원 방향으로 앞으로 흘러들어올 경우, 흐름이 지나치게 짧게 보일 경우에는 악지로 여긴다. 사원의 기운이 흐름으로 빨려나

간다는 이유다.

근처에 폭포가 있으면 기운이 뭉쳐져 들어오니 매우 좋은 길지로 선택되며, 이 경우에는 문의 방위는 아무 관계없이 사원이 폭포를 향해 자리잡아도 무방하다.

시킴 히말라야에서 꼭 방문해야 할 사원은 따시딩 이외 룸텍, 포동, 라룽, 엔체이, 페마양체 사원으로, 사원이 자리잡은 모습을 바라보며 공통점을 찾는 일도 흥미롭다.

한편 사원을 방문하는 경우 지켜야 할 최소의 예절이 있다. 우리네 사원 방문과 거의 같다.

1. 짧은 치마 혹은 팔이 없는 셔츠는 입지 않는다.

2. 사원 외부와 내부를 산책할 때와 걸을 때는 시계방향으로 진행한다.

3. 담배를 피우지 말아야 한다. 당연한 예의지만 나무로 지은 유서 깊은 사원에 화재를 불러일으킬 수 있다.

4. 사원 안에 있는 의자에 앉지 않는다. 이것은 스님들만을 위한 자리이기 때문이며 권할 경우에 앉게 된다.

나, 한때 무지개 사원을 거닐었으리라

● ● ●

따시딩 사원에는 안과 밖에 하나씩, 두 가지의 성스러운 것이 있다.

우선 사원 내부에는 범추가 있다. 범추는 이 사원을 건립한 고승 나닥셈파 챔보의 덕화 가득한 축복이 내려진 범파〔성수(聖水)〕가 담긴 그릇이다. 그 고승은 물 내부에 50만 번 이상의 만뜨라가 스며들도록 했다. 300년이 지난 현재까지 마르거나 부패하기는커녕 물에서 향기가 뿜어 나온다고 전한다. 평소에는 봉해졌다가 티베트력으로 정월 보름에 일반인에게 공개하고 있다.

바깥에 있는 성물은 통와 랑돌의 초르텐으로, 시킴에 공식적으로 불교를 전하고 시킴의 왕을 임명했던 라충 챔보가 만든 초르텐이다. 라충 챔보는 열반에 들면서 시킴 사람들의 신화가 되어, 이 초르텐을 한 번 바라보는 것만으로도 모든 죄악이 사라지는 것으로 널리 알려져 있다.

성스러운 초르텐은 오래된 역사를 고스란히 반영이라도 하듯이 겹겹하게 올린 벽돌들이 노승의 검버섯처럼 보인다. 새롭게 조성된 하얀 스투파 사이에서 설산에 거주하는 새들의 맑은 목소리와 함께 지난 세월의 존재의 그림자를 드리운다.

다시 태어난 것이 죄라면, 살면서 어쩔 수 없이 죄를 짓는다면, 통와 랑돌의 초르텐은 지금까지의 모든 재생(再生)을 정화시켜 준다. 그렇지 않아도 힘들게 땀 흘리며 올라와 이승에서의 죄를 청산한 사람에게, 이 초르텐은 다시 태어난 죄까지 탕감을 약속한다. 미망이 누적된(迷來溼累劫) 무수한 생을 거듭하며 감옥에서 또 다른 감옥으로 이감되면서 탁푸에서 근심, 혼란, 탐욕, 원한, 집착, 등등과 동거해 온 중죄인의 무지(無知)의 족쇄를 풀어 준다.

"이제 윤회의 사슬을 끊게 하소서."

다시 초발심으로 돌아가, 모든 죄를 내려놓고 신속하게 내 사원을 완성

룽따가 숲을 이루는 곳을 지나면 마음이 경건해진다. 많은 사람들의 소망이 빛으로 화해서 이야기를 걸어온다.
이런 길은 조용히 그리고 천천히 걸을 것. 무엇보다 '그들의 소원이 이루어지기를'이라는 축원을 잊지 말 것.

할 수 있도록, 절을 올리고 몇 번이고 손가락을 탑에 대고 탑돌이 한다.

사원에 따라서 이런 행위를 금지하고 있지만 신성한 불상 혹은 조사상과 초르텐을 직접 손으로 만지고 이마를 대보고 어루만지는 일이 내게는 너무나 좋다. 다행스럽게 따시딩 사원의 탑들은 모두 만지고 입을 맞출 수 있으며 껴안아도 무방하다.

손가락 끝을 따라 패어지고 삭아버린 벽돌의 촉감이 전해진다. 이 초르텐 안에 육신의 재를 넣은 노승의 몸매를 더듬는 기분이라 마모된 홈을 지나는 손가락을 따라 기쁨이 전해져 온다.

또한 이곳 무성한 초르텐 숲 사이에는 현재 서양에 가장 널리 알려진 쇼갈 린포체를 키워낸 고승(高僧) 잠양 켄체 최기 로되의 초르텐이 자리잡고 있다.

켄체는 오래 전부터 시킴 왕으로부터 초청을 받아왔다. 왕은 시킴을 방문하여 사부대중에게 가르침을 주시고, 시킴 왕국을 축복해 주십사 여러 번 부탁했다.

1955년 켄체는 초청을 받아들여 티베트를 떠나기 전, 티베트의 여러 성지를 향해 순례를 거듭한 후 남쪽으로 향했다. 이것은 티베트의 많은 승려들과 일반인들에게 티베트가 무너진다는 신호였으며 적당한 시점에 그들 역시 떠나기를 권고하는 무언의 메시지였다. 그리고 시킴 왕국으로 들어섰다.

그는 시킴에 주석하던 중 몸이 약해지기 시작하자 16대 깔마파에게 '자신이 이승에서의 할 일을 다 했노라' 고 밝혔다. 통상 이런 이야기는 자신의 열반을 상징하는 린포체들의 화법이었다.

그는 마치 티베트의 비극에 동조하듯이 티베트의 유서 깊은 세라, 드레풍, 칸덴 사원이 중국인들에게 유린되자 입적(入寂)한다. 이 소식이 알려지기 전에 티베트의 많은 승려들은 이미 그의 열반을 영적으로 감지해서 눈물을 흘리고 있었다.

많은 제자들이 스승의 시신을 직접 알현하기 위해 기다려달라는 부탁과 더불어, 그들이 위험한 국경을 넘어오는 기간 동안 다비식은 지연되었다. 그리고 또 이런저런 사연이 겹쳐지면서 무려 6개월이나 늦춰지게 되었다. 신비롭게 시신은 부패가 시작되지 않았다.

제자들은 켄체를 이곳 무지개가 서렸던 따시딩 사원에서 화장했다. 켄체의 모든 제자들이 나이와 관계없이 아래 마을에서부터 일일이 돌을 등에 지어 올라오고, 맨손으로 직접 돌을 차곡차곡 쌓아 초르텐을 세웠다.

그 초르텐 주변에 키 작은 야생화들이 즐비하다. 모두들 어김없이 꽃을 머리에 보관(寶冠)인 양 화려히 얹었다. 마치 나이 든 인자한 켄체 스님이 돌보는 정원 같은 느낌이 든다.

사실 데이비드 봄의 이야기를 빌리지 않아도 우리는 에너지 덩어리다. '물질은 응축된 얼어붙은 빛이다.'

이미 공정열반(空靜涅槃)에 든 켄체 스님은 빛으로 화하여 허공계로 퍼져 나가 이제는 지상에 광명을 내려 보낸다. 주변에 영롱한 야생화들의 현란한 빛도 알고 보면 그의 자상한 가피일 수 있다.

덩달아 빛에 고양되며 사진기를 내려놓고 켄체의 영광에 삼배의 예를 갖춘다.

땀방울이 흘러야 죄가 사해질 터인데 땀방울 대신 눈물이 자꾸 떨어지는 이유를 몰라 어리둥절하는데 하얀 꽃송이 발밑에서 환하다.

금강저(金剛杵)와 금강령(金剛鈴)

1990년 초반, 인도 히말라야에 자리잡은 성지 중의 하나인 바드리나트에서의 일이다. 도착 다음 날 비슈누 사원으로 향하던 나는 사람들이 한곳에 몰려 떠드는 소리를 듣게 되었다.

웃음소리가 터져 나오고 박수를 치는가 하면, 웅성거리는 모습을 보니 매우 재미있는 일이 벌어지는 모양이었다. 더구나 바드리나트 현지 주민은 물론 이 여름 산길을 따라 올라온 오렌지 샤프론을 입은 수행자, 거지, 아이들까지 몰려 있는 것으로 보아 재미있어도 아주 재미있는 일이 벌어지고 있음에 틀림없었다.

어찌 그냥 갈 수 있을까. 다가서서 어깨 너머로 살펴보니 방울 장사였다. 염소, 소, 쪼오(소와 야크 사이의 혼합종), 야크 등등 산에서 방목하는 짐승 목에 매다는 방울을 파는 장사꾼이 주인공이었다.

문제는 염소 한 마리의 목에 방울을 매다는데, 이 염소가 자신의 목을 치는 줄 알고 눈알을 새빨갛게 충혈시켜가며 거칠게 반항하는 중이었다. 방울 장사는 방울만 팔아보았지 염소 목에 방울을 걸어본 적이 없었는지 전전긍긍이었다. 그러다가 자신이 이런 것은 전공이라고 나선 수행자 하나가, 손을 바꾸어 시도하다가 그 힘에 밀려 나가떨어지니 사람들이 또다시 와르르 박장대소하는 것이 아닌가.

방울 장사꾼의 시선과 마주치는 사람들은 모두 한 번씩 도전해 보지만 대부분 웃음만 제공할 뿐 제대로 해내는 사람이 없었다. 마치 히말라야 마을의

따시딩 사원의 외벽을 장식하는 마니석을 만드는 장인. 정성을 다하는 모습에서 경건함이 묻어나온다. 신도들은 이 옴 마니 밧메 훔 마니석을 사서 사원에 놓고 자신의 기원을 대신한다.

즐거운 여흥시간 같았다.

무궁한 시간을 품은 하얀 설산이 굽어보는 가운데 바람도 쾌적한 정오.

이상한 일이었다. 한 사람이 염소의 몸통을 꽉 잡고, 다른 사람이 레슬링의 헤드락 자세처럼 목을 움켜잡고, 또 다른 사람이 방울을 걸면 될 일을 이 사람들은 협동은 생각지도 못하고 혼자 도전해서는 염소 한 마리에 뻥뻥 나가떨어지고 있었다. 어차피 이 히말라야 산중에서 오늘 할 일은 모두 끝났다는 듯이, 이 일만이 해결해야 하는 유일한 과제라는 듯이 모두들 다른 일과는 밀어 접어둔 듯했다. 더구나 수행자 몇 명은 앞자리에 가부좌를 틀고 앉아 삼지창을 내려놓고 파이프에 불을 붙이는 중이었으니 이제는 장기전으로 들어가려는 모양이었다.

염소에 대한 자비심으로 가득 찬 장사꾼과 구경꾼은 염소가 호흡을 고르며 쉴 시간을 주면서, 그 사이 서로 웃으면서 대화를 나누고 쪼그리고 앉아서는 때를 기다리기 시작했다. 그러다가 다시 이 사람 저 사람 달라붙더니 급기야 다 죽어가던 거지까지 순서가 돌아왔다.

그는 염소 앞에 방울을 놓고 염소를 향해 먼저 절을 하는 바람에 모두들 배꼽을 잡아야 했다. 그리고는 놀라운 힘으로 염소에 달라붙었다. 그런데 '며칠 굶었다는 건 다 거짓말이야!' '배고파 힘이 없다는 것은 모조리 거짓말이야!' 모르긴 해도 이런 웅성거림과 쑥덕임을 들었는지 갑자기 픽 쓰러지는 '연기'를 보여 또 한 번 그 속보임에 웃음바다가 펼쳐졌다.

사원에서 두어 시간 놀고 북쪽 마나빠스 쪽으로 산책을 하고 돌아오다가 참, 어떻게 되었을까! 방울 장사가 생각났다. 그는 그 자리에 혼자 앉아 있었다. 그 많던 사람들은 이미 썰물처럼 빠져 나갔다.

아마 끈질긴 싸움에서 염소가 지쳐 순순히 자신의 목을 내주었을 것이다. 그렇게 바톤 터치를 해가며 이 사람 저 사람, 하나씩 달라붙어 자신의 목을 요구하는데, 아무리 짐승이지만 그토록 시간을 무시하는 인간의 느려터진 끈질김에 어찌 포기하지 않겠는가. 염소의 흥분이 힌두들의 '느림'을 어찌 당하겠는가. 신이 우주에 무한(無限)을 심어 놓았다고 주장하는 인간 무리를 어찌 당하겠는가. 더구나 이곳은 그 신이 바로 옆에 앉아 계신다는 성지가 아닌가.

어지러운 발자국 중앙에 앉은 그에게 다가섰다. 가로 세로 1미터 정도의 더러운 천에 이제 방울이 두 개만 남아 있었다. 그 사이 모두 팔았던 모양이다.

방울 하나를 손에 잡아 보았다. 딸그랑, 금강령처럼 맑은 소리가 났다. 가슴이 서늘했다. 표면에는 산스크리트어 진언이 새겨져 있는 제법 그럴 듯한 작품이었다.

"하나에 얼마죠?"

그는 두려워했다. 영어를 하지 못했던 것이다. 시선을 방울에 두고 다른 사람의 도움을 청하려는 듯 고개를 길게 빼고 이리저리 살폈다. 어차피 그런 성격이었기에 방울을 팔면서도 쉬이 염소에 방울을 걸지 못했을 터이다.

결국 방울 두 개는 내 것이 되었다. 사실 염소 사건 이후, 바드리나트 마을에는 방울이 골고루 퍼져 있었다. 수행자 삼지창에 매단 것을 보았고, 버스 종점에 앉은 거지의 깡통 안에도 예의 그 방울이 있어 웃음을 터뜨려야 했다. 자리에 모였던 많은 사람들은 그때의 대동제(大同祭)와 같은 재미, 혹은 오로지 방울에만 매달렸던 한가한 정오를 기억하기 위해서 하나씩 사들였는지 모른다.

방울은 히말라야 산 속으로 들어가면서 배낭 안에서 딸그락거렸다. 다시 돌아와 버스 천장에 배낭을 올리거나 내릴 때, 혹은 기차를 타기 위해 달려나가면, 배낭 겉주머니에 들어 있는 방울은 히말라야 소리를 나지막하게 전했다.

서울에 돌아와 이 방울 하나를 차 시트의 손잡이에 걸었다. 자동차가 정지하거나 출발할 때, 혹은 급경사를 슬며시 돌아갈 무렵, 방울은 딸그랑 소리를 낸다.

그 순간 나는 어떻게 되겠는가.

저 먼 서쪽의 푸른 하늘을 배경으로 우뚝하니 서 있는 눈부신 은빛 설산과, 그 밑에서 염소 한 마리를 붙잡고 방울을 거는 순박한 주민들, 파이프를 입에 물고 연기에 눈물을 찔끔거려 가며 방울을 매달다가 뻥뻥 나가떨어지는 수행자, 그 모습에 웃음을 참지 못하고 깔깔대는 아이들.

그리운 것들이 모조리 살아 나와 내 차에 동승하고 있는 것이 아닌가. 그리운 모두가 내 차에 초대를 받아 함께 박장대소하며 움직이는 것이 아닌가.

그러나 무엇보다 그 한량함, 넉넉하고 여유롭고 한가한 시간이 나를 감싸고 돌아 나는 스스로를 감속하며 느림으로 향한다. 그러면 이상스럽게 황홀한 순간이 슬며시 찾아들며 히말라야의 시간이 내 안에서 무한으로 확장하는 것이다.

방울은 내게는 설산추억(雪山追憶), 설산회상(雪山回想)이다. 어김없다, 그날 그 시장으로 초대된다.

히말라야 근처의 사원을 걷다가 안에서 들려오는 금강령 소리를 들으면 마음은 들뜬다. 무한시간을 품은 추억이 그렇고 탐진치(貪瞋痴)라는 세 가지 독약을 해독 제독하는 불법의 뜻을 새겨서 그렇다. 어쩌면 바드리나트의 방울소리와 그렇게 똑같으냐.

종소리는 지극히 종교적 상징이며 다르마[法]의 진동으로 여긴다. 방울은 사원으로 들어오면 바즈라 칸타라고 부르며 번역하면 금강령(金剛鈴)이 된다.

구조를 보자면 금강저와 비슷한 고부, 사람이 잡을 수 있는 손잡이 부분, 그리고 가장 아래 부분에 영부(鈴部)라고 부르는 종으로 구성되어 있다. 내부에 방울이 있어 흔들면 소리가 난다. 영부는 작은 종이기 때문에 붓다, 보디삿뜨바, 신장(神將) 혹은 문양들이 장식으로 부조되어 있다. 법회 중에 금강령을 흔드는 이유는 방울소리가 사람의 마음속으로 쉽게 스며들어, 불법의 세계로 안내한다는 의미를 갖는다.

이렇게 금강령을 흔드는 일을 동령(動鈴)이라 한다. 불교가 핍박 받던 조선시대에는 탁발을 나갈 때 요령을 흔들었다. 여기서 동령이라는 단어가 동냥

경전을 읽고 나서 그 위에 금강저를 올려놓는다. 염주와 함께 놓는 경우도 있다. 좌측에는 금강저 · 금강령 한 쌍이 놓여 있다.

으로 비하되었다. 그러나 종소리에 불음(佛音)을 듣는 사람에게는, 동냥이라는 말만 들어도 종소리가 귀에 들리니 좋기만 하다.

옴 바즈라 카데 훔.

저(杵)는 방망이를 말한다. 지팡이를 의미하는 장(杖)과 한자가 비슷하다. 이 둘은 단장(短長), 길이의 차이다. 금강저는 일종의 무기로서 방망이 중에서는 최고로 강도가 높은 최상의 방망이〔杵〕가 된다.

인도 신화에 의하면 인드라〔제석천(帝釋天)〕는 천둥과 번개를 일으키는 신이다. 고대 인도인들은 인드라가 이 무기를 자유자재하게 사용해서 사악한 집단을 가차없이 응징한다고 여겨왔다. 사람들은 번개 속성인 정확, 강력, 예리, 파괴의 힘을 형상화해서 손에 잡고 있는 무기를 만들었으니 바즈라, 즉 금강저다. 바즈라는 산스크리트어로 천둥, 번개, 금강석 등을 상징한다.

신화가 살아 있는 베다 시절의 인드라는 후에 불교의 제석천이라는 이름으로 흡수되고 바즈라는 점차 사천왕, 팔부중 등의 불교 호법신들이 무장하는 무기가 되었다. 금강이라는 단단함 때문에 모든 장애물을 극복할 수 있다는 뜻으로 종교적 제의를 표현한다.

이 법구(法具)는 금 · 은 · 동 · 철 · 나무 등으로 만들고, 탐진치 등의 번뇌를 깨뜨려서 보리심을 성취시켜 주는 기능을 하기에 시킴 사원에서는 의례 중에 반드시 지니고 있어야 한다.

예불시간에 금강저와 금강령, 두 가지 법구를 들어 이 둘은 함께 사용하며 금강저는 오른손으로 잡고 금강령은 왼손으로 잡는다.

금강저를 잡을 때에는 '옴 바즈라 카데 하' 라는 집저진언(執杵眞言)을, 금강령을 흔들 때에는 '옴 바즈라 카데 훔' 이라는 집령진언(執鈴眞言)을 외운다.

의식이 끝나고 나면 손을 엇갈려서 금강저는 좌측에 금강령은 오른쪽에 내려놓게 된다. 오른손은 양(陽)을 상징하며, 더 이상 부서지려야 부서지지 않는 순야타〔공(空)〕를 의미한다. 왼손은 음(陰)이며 지혜를 상징한다.

시킴 히말라야에서 방울소리를 들으니 가슴이 영롱하다. 인간세에 들지 못한 축생에게는 목에 방울을 걸지만, 인간은 불심을 품은 마음 안에 종을 놓아야 하리라.

시킴의 초르텐에 절할 때는 붓다를,
탑돌이 할 때는 다르마를

직선으로 움직이는 것은 존재하지 않습니다. 모든 것은 하나의 원 안에서
움직입니다. 곧은 직선도 무한으로 확장되면 원이 됩니다. 그렇다면 어떤
영혼의 완전한 타락이란 있을 수 없습니다. 그것은 불가능합니다.
모든 것은 원을 완성하여 근원으로 돌아가게 되어 있습니다.
—엔 마렌, 도로시 메디슨의 『근원에 머물기』 중에서

오체투지는 혼자 하는 것이 아니다

● ● ●

욕섬에서의 이른 아침, 초전지로 산책을 나왔다. 산으로 떠나기 전에 이곳은 흐린 날씨였는데 돌아온 오늘 아침은 수고했다는 듯이 청명하기 그지없다.

히말라야에 여명이 찾아오는 이른 시간임에도 불구하고 여러 사람들이 탑 주변을 돌고 있다. 얼굴 표정은 신심을 반영이라도 하듯 모두 진지하다. 현지 주민은 물론이고, 히말라야 너머 두고 온 고향을 그리는 사람이 있을 것이고, 그곳에 남겨진 가족의 안위를 위해 이렇게 한 마리 버러지처럼 오체투지로 구불구불 탑을 선회하는지 모를 일이다. 비단 이 마을에 사는 사람들만이 아니라 시킴의 먼 곳에서부터 순례를 떠나온 사람 역시 섞여 있을 테다. 유달리 남루한 옷을 입은 노파가 시선에 걸린다.

현지인들을 바라보는 시선이 동정심일 경우 실패한다. 자비심으로 그들 마음에 공명해야 한다. 동정심인 경우, 그 출발은 분별심—판단에서 기인한다.

살다 보면 인간 사이를 통하고 묶어 주는 다양한 끈을 본다. 이런저런 동호회를 통해 같은 취미를 가진 사람, 같은 뜻을 품은 사람끼리 모이게 되니 이들은 하나의 공통점을 매개체로 서로의 벽을 무너뜨리며 교통한다. 극단적으로 이야기하자면 내가 보기에는 저것이 어떻게 애완동물인가? 의문을 가질 만한 동물을 키우면서 서로 모여 동물뿐 아니라 신기하게도 사람간의 정을 쌓아간다.

나 같은 경우 산을 좋아하는 사람들, 특히 히말라야를 좋아하는 사람들과는 형제 같은 느낌을 받는다. 이것이 인간관계로 발전하며 서로 이해하고 아껴주는 일이 되어 자비가 된다. 그들의 고통에 감응하고 기쁨에 함께 즐거워한다. 이 관계에서는 상대에 대한 우쭐한 자만심이나 아래로 내려보는 비하의 마음이 없다. 더불어 공명하기에 슬픈 일을 만나면 동정이 아니라 자비가 생긴다. 이것이 삶이라는 여행자의 기본자세가 되리라.

탑에 절을 한다. 나는 절 중에서 오체투지를 제일 좋아한다. 내던지고 이마를 땅에 붙이면 정말 귀의하는 느낌이 든다.

오체투지는 아름답고 감동적이다. 오체투지는 티베트 불교에서 행하는 예불의 일종으로 시킴 히말라야의 사원에서 당연히 흔하게 만나는 모습이

히말라야 봉우리는 그 자체로 초르텐이다. 하얀 법신을 가진 탑이다. 오랫동안 탑을 향해 경배해 온 인간의 마음을 담은 룽따들이 절하듯 봉우리를 향해 기울어져 있다.

된다.

예불은 예경제불(禮敬諸佛)의 약자로 모든 붓다에게 예의를 갖추고 공경한다는 의미를 갖는다. 통상 세 가지가 있다.

1. 양손을 마주하며 허리를 굽히는 동작.
2. 무릎을 꿇고 합장을 더해 허리를 꺾어 절을 올리는 형태.
3. 그리고 마지막으로 머리를 땅에 닿도록 완전히 엎드리는 절.

두 번째는 남방불교 사원에서 흔히 보는 모습이다. 오체투지는 세 번째 절의 변형으로 산스크리트어로 단다와뜨쁘라남이라고 한다. 인사하는 법이 나무막대기 같아 붙여진 이름으로, 고대에는 전쟁에서 패한 왕이 상대편 왕에게 항복을 선언하며 완전복종을 하겠다는 의미로 실행되기도 했다. 이것이 티베트 고원으로 넘어가 예경제불의 하나로 굳어졌다. 현재 힌두교에서는 거의 사용되지 않는다.

오체투지는 두 손, 두 다리 그리고 이마가 바닥에 닿기 때문에 붙여진 이름이다. 절하는 방법으로는 우선 두 손을 가슴 부근에서 모으며 합장한다. 모은 손은 쭉 펴서 머리 위를 지나 하늘로 향해 올린 후(옴), 다시 가슴 부근으로 당겨 내리며 얼굴 부분에서 가볍게 멈춘 후(아), 다시 가슴까지 그대로 끌어온다(훔). 이어 합장한 채로 무릎을 굽히고 오른손, 왼손을 차례로 바닥을 짚고, 몸을 앞으로 진행시키며 허벅지, 배, 가슴을 땅에 붙인다. 이마를 땅에 붙이고 손을 쭉 뻗은 후, 마지막으로 손바닥을 하늘이 보이도록 뒤집는다.

일어설 때는 역순을 취하면 된다.

보통 티베트 불교에서는 수행의 모든 시작과 마지막을 오체투지로 예경제불 한다.

오체투지를 할 경우에는 자신이 서 있는 전방에 붓다가 앉아 있는 것으로 본다. 붓다의 앞으로는 붓다를 지키는 신장(神將)과 수호신, 좌우로는 많은 보디삿뜨바와 티베트 불교의 구루들과 린포체들이 모여 있는 것으로 이미지화한다. 말하자면 우리 나라 후불탱화 속 세상을 상상하면 된다.

자신의 좌측으로는 어머니와 여자 친척들, 우측으로는 아버지와 남자 친척들, 뒤로는 내 친구와 나를 돕는 사람들, 앞에는 내 원수와 방해자들이 있다고 상상한다. 원수를 앞에 두는 이유는 분별심이 없다는 평등심 때문이다. 그리고 이렇게 이루어진 둥근 원 바깥으로는 육도윤회의 모든 존재들이 사람 모습으로 겹겹이 에워싸고 있다고 생각한다.

더불어 내가 절하는 순간에는 이 모든 존재가 동시에 나와 함께 오체투지를 올린다고 상상한다. 장엄한 광경이 아닐 수 없다. 일제히 나를 중심으로 오체투지 올리는 만다라가 된다.

이렇게 오체투지를 할 때, 그래도 나는 축복 받은 사람이라는 생각이 든다. 먹고살기 위해 절할 시간이 없는 사람들, 다르마를 모르거나, 혹은 짐승이기에 절을 할 수 없는 가여운 유정무정들을 이 자리에 초대한다. 내 절을 통해 함께 선근(善根)을 쌓는다.

오체투지를 할 때는 한때 내가 키우던 애완동물, 돌보던 가축들, 그리고 이 사원에 도착하기까지 만난 새, 산짐승, 벌, 나비, 야크 등등을 만다라 안에 모두 포함시킨다.

이들 모두 내가 합장하고 서면 그들도 합장하고, 내가 절을 하면 동시에 오체투지를 한다. 함께 절을 해보면 가슴자리가 따뜻하다. 가슴에 이 이미지를 그리면 웅장하다, 그리고 행복하다. 오체투지는 절대로 혼자서 하는 굴신(屈身)이 아니다.

법달(法達)은 홍주(洪州) 사람으로 일곱 살에 출가하여 항상 『법화경』을 읽었다. 법을 통달했기에 법달이라고 불리게 되었다.

이 스님은 어느 날, 자기 이름도 변변히 쓰지 못하는 일자무식의 혜능 선사 이야기를 듣는다. 더구나 도를 깨쳤다고 많은 제자를 거느린다는 이야기에 '이런 마구니 같은 놈이 있나' 하는 마음으로 혜능을 찾아 나선다.

법달은 혜능을 마주한다. 상대가 어른이기에 우선 절을 하는데 법달의 이마가 바닥에 닿지 않는다.

혜능이 이야기한다.

"네가 절을 하기는 하는데 이마가 땅에 안 붙는 것을 보니, 분명 네 마음 속에 무엇인가 가지고 있는 것이 있구나."

법달 스님, 자신의 유식을 슬며시 드러낸다.

시킴 지역에서 높은 비중을 두고 있는 두들 초르텐 군(群) 중에 한 탑이다. 이 안에는 시킴 왕국의 개국 시에 설역고원의 달라이 라마로부터 전해온 성물들이 보관되어 있다.

"제가 『법화경』을 3천 번 독송했습니다."

"『법화경』 3천 번 읽으면 무엇 하느냐? 부처님의 가르침은 마음속 아만을 꺾자는 것인데 너는 도리어 아만만 가득 차 있구나."

혜능은 게송을 읊는다.

절이란 본래 아만을 꺾자는 것
어째서 머리가 땅에 닿지 않는가.
'나' 라는 생각 있으면 허물이 생기고
제 공덕 잊으면 복이 한량없다.

진정한 절은 무릇 이마가 땅에 닿아야 한다. 아만이 사라지게 만들면 이마가 스스로 땅을 찾아 내려가니 오체투지가 가장 확실하다. 이때가 돼서야 내 마음 안에 있는 순례자가 밖으로 나와 그동안 갈망하던 신성함과 만난다.

절을 마치고 나 역시 그들 사이에 섞여 천천히 탑돌이를 한다. 코흘리개 꼬마 하나가 신기한 듯 바라본다. 앞서 가는 노파의 굽은 등이 아직 여명 안에서 유달리 구부정하다. 손에 든 염주에서 짜그락거리는 소리가 시냇물 속에서 서로 몸을 비비는 조약돌 소리처럼 맑디맑다.

돌아오는 길에 멀지 않은 자리에 앉아 있는 고봉들이 이제 우측으로부터 차차 밝아지는 모습을 본다. 히말라야에서 가장 먼저 햇살이 찾아오는 봉우리들이다. 히말라야는 이제 얼음 속에 불길이 솟는 듯〔氷河發焰〕하다.

조사께서는 '아무 곳에나 파리가 달라붙을 수 있더라도 불꽃 위만은 달라붙지 못하는 것과 같이, 중생 또한 그러하여 곳곳마다 인연을 맺을 수 있으나 반야 위에서는 인연을 맺을 수 없다' 고 말씀하셨다.

저렇게 햇살이 다가서는 캉첸중가의 봉우리는 거대하게 타오르는 불꽃과 같다. 아니 불꽃이다, 반야(般若)다.

산들은 이 산기슭에 인간이 들어오면서부터 이들의 생로병사의 역사를 무심하게 굽어보았다. 만년설(萬年雪)이라는 말로는 부족한 4천 만년설은 고승대덕의 행진처럼 세속을 초탈한 듯 장하고 강해 보인다.

탑의 근원을 향해

● ● ●

탑은 시킴 히말라야에서 눈을 돌리는 사방에 있다. 하룻밤을 묵은 게스트 하우스 입구에도 탑이 있을 정도다. 히말라야 일대에서는 짐꾼들이 돌을 주워 하나둘 쌓아올린 작은 돌탑부터 시작해서, 등정에서 유명을 달리한 동료를 위한 위령탑은 물론 베이스캠프에 등정 성공을 위한 탑에 이르기까지 많은 탑들이 여러 가지 목적으로 즐비하다. 심지어는 시킴의 북서쪽 로낙 계곡에는 초르텐 니마, 즉 니마탑이라는 이름을 가진 해발 6천587미터의 탑형(塔型) 봉우리까지 있다.

불교가 중앙아시아와 실크로드를 거쳐 중국으로 전래되기 전까지 중국에는 탑이 없었다. 그러니 탑을 일컬을 만한 단어를 가지고 있지 못했다.

탑은 산스크리트어로 스투파, 빨리어로 투파다. 중국인들은 발음에 의거해서 탑파(塔婆)·도파(兜婆)·솔도파(率都婆)·수두파(藪斗婆)·사투파(私偸婆)·소투파(蘇偸婆)라고 음역하고, 방분(方墳)·원총(圓塚)·귀종(歸宗)·고현(高顯)·취상(聚相)이라 의역하게 된다.

중국에는 없었던 이 탑의 역사를 거슬러 올라가다 보면 까마득한 세월의 저편, 인도 땅에서 한 노(老) 스승을 뵙게 된다. 기원전 5세기 무렵이다. 보드가야 보리수 밑에서부터 진리의 법륜을 움직인 지 45년, 제행무상(諸行無常)의 붓다는 이제 이미 여든을 넘긴 노구가 되어 있었다.

어느 날 바이샬리에서 그동안 그림자처럼 뒤따르던 아난다에게 이야기한다.

"나는 이미 모든 법을 설했고 내게 비밀은 없으며 육신은 이제 가죽끈에 매여 간신히 움직이고 있는 낡은 수레와 같다."

그리고 다음과 같이 설법했다.

자기 자신을 등불로 삼고, 자기 자신에 의지하라.
진리에 의지하고, 진리를 스승으로 삼아라.
진리는 영원히 꺼지지 않는 등불이 되리라.
이 밖에 다른 것에 의지해서는 안 된다.
—『장아함경』「유행경」 중에서

그리하여 바이샬리를 떠나 간다촌, 암바라촌, 염부촌, 부가성을 차례로 지나 파바에 도착한다. 그리고 대장장이 춘다로부터 수크라 맛따바라는 음식 공양을 받은 후, 노구에 감당키 어려운 무거운 짐이 더해지는 심한 병고를 만난다. 이곳에서 불과 20㎞에 불과한 쿠시나가르까지 25번이나 길을 멈추어야 했다.

옆에서 이 모습을 바라보는 아난다의 심정은 어떠했을까. 불길한 예감으로 몸둘 바를 몰라 했으리라.

결국 쿠시나가르에 도착하여 '사라쌍수 아래에서 머리를 북쪽으로, 얼굴은 서쪽으로, 오른쪽 옆구리를 침상에 붙이고, 두 발을 조용히 포개어 고요히 옆으로 누우셨다.'

이제 무여열반(無餘涅槃)이 시작된다. 빨리어 경전에 의하면 바이샤카달(인도력으로 둘째 달) 만월(滿月)의 날이었다.

소멸이란 존재의 본질이다. 이 덧없는 세상에서 자연스럽게 종지부를 찍는 종교 역사상 가장 아름다운 입멸이 시작되었다. 육신에 못을 박고, 피가 튀기고, 비명을 지르는 종말이 아니었다. 그동안 가득 찼던 달은 순리대로 이제 기울기 시작했다.

관습에 따라 즈하빼띠〔다비식(茶毘式)〕를 치르니 많은 사리라〔사리(舍利)〕가 출현했다. 다비식을 주관했던 말라족이 이 사리를 소중하게 거두어 들였다. 뒤늦게 불멸(佛滅) 소식을 접한 마가다 국왕 아자타삿투는 사절단을 보내 유골을 나누어 주기를 부탁했다. 이어 바이살라의 리챠비족, 카필라바스트의 석가족, 아라캇파의 부리족, 라마가바의 코리야족, 파바의 말라족 등이 차례로 사절단을 보내왔다. 또한 힌두교의 베타티파에서도 바라문을 파견해 왔다.

이들은 모두 사리를 분배해 주기를 요구했다. 말라족이 거부하자 당시 강국이던 마가다국의 왕 아자타삿투는 분기탱천, 정 안 주겠다면 힘으로 빼앗아 가겠다며 선전포고를 하는 지경에 이르렀다. 이것이 유명한 '사리분쟁'이다.

불전에서 이 대목을 읽을 때마다 동산의 제자인 도응운거(道應雲居) 스님이 생각난다.

어느 날 한 선객이 찾아와 스님들을 상대로 문제를 냈다.

"우리 집에 작은 솥이 하나 있는데 거기에 떡을 찌면 세 명이 먹기엔 부족하지만, 천 명이 먹으면 남습니다. 그 이유를 아시는 분 있습니까?"

선객의 질문에 대중은 아무 말도 하지 못하고 우물쭈물했다.

그때 멀찌감치 앉아 있던 운거 스님이 말했다.

"항상 자기 배만 채우고 나눠 먹어본 적이 없는 사람에겐 항상 음식이 모자라는 법일세."

그러자 선객이 말했다.

"서로 다투면 항상 부족하고, 사양하면 남는 법이지요."

사리를 서로 가지겠다고 다투면 부족하다. 그러나 사양하면 서로가 넉넉하지 않은가.

"여기에 사리가 있는데 여덟 나라가 나누면 부족하지만, 지상의 수많은 나라가 나누어 가지면 도리어 남습니다. 그 이유를 아는 분이 있습니까?"

운거 스님 일행에게 법거량 하려던 선객의 정답은 이미 붓다 입멸 당시 나와 있다.

이 위기에 바라문 도로나(徒盧那)가 바로 이 역할을 자청했으니, 중재안을 내어 여덟 나라에 공평하게 나누게 되었다. 이들은 각기 사리와 화장 후에 남은 재(灰)를 나누어 가지고 되돌아갔다.

일부에서는 붓다의 사리가 8가마니가 나왔다고 이야기한다. 또한 이것이 과학적으로 가능하지 않다고 이야기한다. 이때 8가마니라는 것은 물론 많은 사리가 나왔다는 상징적인 의미지만, 불가의 전통적인 상서(祥瑞)로운 숫자인 8이 메타포로 사용되었다. 8정도(八正道)를 생각하고, 8가지 성스러운 선물을 상기한다면 쉽게 이해가 된다. 8가마니라는 숫자에 매달려 고개를 갸우뚱거린다면 도레미파솔라시의 7음에서 빠져 나오지 못하는 서양적인 시선이다.

8가마니라는 분량 안에는 화장할 때 사용한 재까지 일컫고 있다. 붓다 당시 그리고 현재까지 인도에서는 재 역시 종교적인 중요성을 가지고 있다. 힌두교 일부에서는 비부띠〔성회(聖灰)〕, 즉 하얀 재를 몸에 바르고 명상에 들기도 한다. 불가에서 역시 고(苦)와 공(空)을 배워 백 가지 상념을 재처럼 식힌다(上人學苦空 百念已灰冷)는 이야기가 있다. 모든 존재의 소멸과 궁극의 무욕을 나타내기에 힌두교 제신 중에서 가장 강력한 쉬바신을 추종하는 교파 역시 몸에 하얀 재를 바르고 정진한다.

실존이 존재의 본질이지만 소멸 역시 존재 본질의 또 다른 한 모습이라는 것을 타고 남은 가벼운 재는 종교적으로 설명한다.

이렇게 나누어진 사리와 재는 각처에 탑으로 세워져 지상의 모든 불탑들의 어머니인 근본팔탑(根本八塔), 팔분사리탑(八分舍利塔)이 되었다.

이때 탑은 산 속이나 사원이 아니라, 많은 사람이 오가는 길가에 세웠다. 모두들 쉽게 바라보고 경배하면서 이미 열반한 성자의 가르침을 가슴에 품도록 하기 위한 배려였다.

탑들의 아버지, 아쇼카

그로부터 200여 년이 지난 기원전 330년경, 마케도니아의 알렉산드로스 대왕은 페르시아 제국을 정복하고 동진을 계속한다. 그리고 인더스 강을 지나 인도의 일부를 점령한다. 그는 갠지스 강을 넘어 동쪽 해안으로 향하라 명령했으나 오랜 전쟁과 거친 인도 환경에 지친 병사들은 명령을 따르지 않고 귀향을 요구하며 농성한다.

알렉산드로스는 다음 해 페르시아의 수사에서 말라리아로 사망한다. 세상을 굴복시킨 것은 알렉산드로스였으나 그를 무너뜨린 것은 어이없게도 작은 모기 한 마리였다. 그는 죽음에 이르러 자신의 손이 무덤 밖으로 나오도록 하라는 명령을 내렸다고 전한다. '인간은 무엇을 구하러 이 세상에 오지만 빈 손으로 간다' 는 것을 보여 주기 위해서였다.

그의 사망 후, 권력의 공백이 생기며 인도 내부 점령지는 혼란에 빠진다.

이 시기에 기원전 320년~기원전 293년까지 재위했던 찬드라굽타 마우리아가 자신의 이름을 딴 마우리아 왕조를 건립하고, 마가다를 지배하던 난다 왕조를 무너뜨린다. 이어서 알렉산드로스의 점령지를 해방시키고 내친 김에 데칸 고원까지 정복한다.

이어 찬드라굽타의 아들인 빈두사라가 왕권을 이어받아 기원전 293~273년까지 통치하면서 부친의 영토확장 정책을 계승 추진했다.

빈두사라는 이발사 출신을 첫째 왕비를 맞고 그 슬하에 두 아들을 두었는데 아쇼카와 수시마다.

『잡아함경(雜阿含經)』 안에는 「아육왕경(阿育王經)」이 있다. 아육왕(阿育王) 또는 육왕(育王)은 아쇼카 왕의 중국식 표기법이다.

아쇼카는 몸이 추하여 왕이 그다지 좋아하지 않았다. 왕은 어느 날 두 아들 가운데 누가 왕이 될 수 있는 인물인가를 시험하였다. 왕은 브라만 대신에게 "누가 왕이 될 것인가?" 하고 묻자 브라만 대신은, 아쇼카가 왕이 될 수 있는 상(像)을 갖추고 있으나 왕이 좋아하지 않는다는 것을 알고 아쇼카를 곧바로 지칭하지 않고, "가장 좋은 수레를 타고 가장 좋은 자리에 앉아 있으며 가장 좋은 그릇에 음식을 먹는 자가 왕이 될 것입니다"라고 예언하였다.

그때 아쇼카는 늙은 코끼리를 타고 맨땅에 앉아 흰 그릇에 밥을 먹고 있었는데, "가장 나이 많은 코끼리를 탔으니 내가 가장 좋은 수레를 탄 것이며 땅에 앉아 있으니 가장 좋은 자리이며 흰 그릇을 갖고 있으니 가장 좋은 그릇이다"라고 하였다.

이러한 일을 자세히 전해 들은 아쇼카의 어머니는 브라만에게 감사의 뜻을 전하였고 이 브라만도 아쇼카가 왕이 될 것을 알고 아쇼카와 가까이 지냈다. (중략) 이후 아쇼카를 미워하는 부왕은 지방의 반란이 일어날 때마다 군사와 무기를 주지 않고 아쇼카에게 평정을 명령했다. 이때마다 브라만 등의 대신들의 도움으로 아쇼카는 무사히 평정할 수 있었다. 그리고 왕이 병을 얻어 수시마를 왕으로 세우고자 하였으나 역시 대신들은 아쇼카를 도와 결국 수시마는 죽고 아쇼카가 즉위하게 되었다.

아쇼카는 아버지의 미움을 많이 받은 것으로 전해진다. 아버지 빈두사라는 병사와 무기가 충분하지 않은 상태로 아들을 전쟁터로 내몰았음에도 불구하고 아쇼카는 늘 승리했다. 아쇼카는 결국 까르마대로 왕권을 쥐고 마우리아 왕조를 통치하기 시작했다.

등극 당시까지 인도 동남지역에는 강력한 군사력을 가진 칼링가 왕국이 위세를 떨치고 있었다. 칼링가는 인도 대륙에서 데칸 고원 남쪽지방과, 동남아시아를 연결하는 육로와 해상로가 있는 대륙 동쪽의 벵골까지 자리잡았다. 더구나 아쇼카가 통치하는 왕국의 변경지역을 자주 침범하며 약탈하여 양측은 일촉즉발 긴장관계에 있었다.

아쇼카는 즉위 8년, 기원전 261년에 칼링가를 토벌하기로 결심하고 대대적인 전쟁을 벌인다. 이 격렬한 전투에서 수십 만 명이 목숨을 잃어 시체

두들 초르텐 주변에는 닝마파의 고급반인 닝마쉐다가 있고, 이곳에서 수학하는 스님들을 탑 주변에서 쉽게 만날 수 있다. 세상사에 물들지 않은 순한 모습들이다.

가 산처럼 쌓이고 피가 강이 되어 흘렀다고 한다. 기록에 의하면 '그때 15만 명이 포로로 붙들려가고, (그 중) 10만 명이 살해당하고, 또 그 몇 배가 죽었다' 하니 끔찍한 상잔이었다. 당시 인구를 추정한다면 비극의 어마어마한 크기를 알 수 있다.

아쇼카는 냉혹하고 잔인하게 전투에 임하면서 엄청난 희생을 치르고 칼링가를 거꾸러뜨린다. 결국 명실공히 인도를 통일하게 되었다.

이 엄청난 살육은 아쇼카를 깊은 회한에 빠지게 만들었다. 그는 비록 정치적 배경이 있기는 했지만 불교에 완전 귀의했다. 아힘사를 추구하여 평소 즐기던 사냥을 더 이상 하지 않고, 가능하면 육식을 피했다.

이런 기록이 남겨질 정도였다.

"부왕의 수라상에 올릴 카레를 만들기 위해 매일 수백 수천의 생물이 살해되었으나 이후에는 불과 3마리가 살해될 뿐이다. 즉 두 마리의 공작과 한 마리의 영양, 그나마 영양은 언제나 잡는 것은 아니다."

사람은 물론 짐승들을 위해 곳곳에 땅을 파서 샘을 만들고 그늘을 위해 나무를 심었다. 그는 '근심 없는 자'를 의미하던 아쇼카에서 '자비로운 자'라는 프리야다르신으로 개명했다. 칙령에서는 '신들의 사랑을 받는 자' 데바남프리야로 표기하도록 했다.

이러한 선행은 힌두쿠시 산맥, 마이소르, 벵골만 등등의 바위, 돌기둥, 동굴에 새겨져 있어, 후세의 사람들에게 현세까지 말을 건네며 귀감을 주고 있으니 〈아쇼카 조칙(詔勅)〉이라 부른다.

그 중에 지금까지 많이 인용되는 '다른 종교에 대한 배려'를 적은 유명한 조칙은 이런 내용을 담고 있다.

> 데바남프리야 프리야다르신(아쇼카)은 출가와 재가의 모든 종파를 보시와 다양한 공양으로써 존경한다. 그러나 모든 종파의 본질을 증진시키는 것보다도 뛰어난 보시는 없다고 생각한다. 본질을 증진시키는 방법은 다양하나, 그 근본은 부적당한 기회에 자신의 종파를 칭찬하고 다른 종파를 비난하는 것을 삼가는 것이며, 각각의 종파는 각각의 방법으로 존경되어야 한다. 이와 같이 하면 자신의 종파를 증진시키는 것이며 다른 종파에게도 이로운 것이다. 만일 그렇게 하지 않는다면 자신의 종파를 해치고 다른 종파에게도 해를 끼친다. (중략) 그러므로 종파의 화합이 최선이다. 즉 다른 각각의 종파가 서로의 법을 듣고 준수해야 하는 것이다.

아쇼카는 붓다의 사리가 모셔진 근본 8탑 중에서 7개의 탑을 열어서 그 안에 안치되어 있던 사리를 나누어 인도 전역에 무수한 사리탑을 지었다. 탑들이 마치 많은 기러기가 줄지어 날아가는 모습을 이루었으니 인도 대륙은 그야말로 탑탑안행(塔塔雁行)이 되었다.

더불어 이 시기에 꺼내진 사리는 인도뿐 아니라 중국, 남방, 그리고 시간이 흐르면서 한반도까지 전래되어 왔다. 이집트, 마케도니아 여러 왕국에 사신을 보내 불교에 귀의를 권유하기도 했다.

『삼국유사』 권3 탑상편의 「요동성의 육왕탑(育王塔)」에는 아쇼카가 우리의 역사와 만나는 순간이 있다.

『삼보감통록(三寶感通錄)』에 이렇게 실려 있다. 고구려 요동성(遼東城) 곁에 있는 탑은 고로(古老)들의 전하는 말에 의하면 이러하다.

옛날 고구려 성왕(聖王)이 국경 지방을 순행하던 길에 이 성에 이르렀다. 여기에서 오색구름이 땅을 덮는 것을 보고는 그 구름 속을 찾아가 보았다. 거기엔 중 하나가 지팡이를 짚고 서 있었다. 그 곁에는 세 겹으로 된 토탑(土塔)이 있는데 위는 솥을 덮은 것 같으나 그것이 무엇인지 알 수가 없었다. 이에 다시 가서 중을 찾아보았으나, 다만 거친 풀이 있을 뿐이었다. 거기를 길 깊이나 되게 파보았더니 지팡이와 신이 나오고 더 파 보았더니 명(銘)이 나왔는데 명 위에 범서(梵書)가 있었다.

시신(侍臣)이 이 글을 알아보고 불탑(佛塔)이라고 말하였다. 왕이 자세한 것을 묻자 시신은 대답했다.

"이것은 한나라 때 있었던 것으로, 그 이름을 포도왕(蒲圖王, 본래는 休屠王)이라 했는데 하늘에 제사 지내는 금인(金人)이라 합니다."

성왕은 이로부터 불교를 믿을 마음이 생겨서 이내 칠중(七重)의 목탑을 세웠고, 뒤에 불법이 비로소 전해 오자 그 시말(始末)을 자세히 알게 되었다. 지금 다시 그 탑의 높이를 줄이다가 본탑(本塔)이 썩어서 무너졌다. 아육왕이 통일했다는 염부제주(閻浮提州)에는 곳곳에 탑을 세웠으니 이는 괴상할 것이 없었다.

현재 우리는 아쇼카의 덕을 보고 있다. 그러나 무엇보다 고대 인도의 칼링가에서 죽은 수십 만의 영령들에게 빚을 지고 있는 것과 똑같다. 그들의 죽음이 아쇼카를 비폭력의 불교로 철저하게 전환시켰고, 불교에 몰입한 아쇼카는 주변 국가에 평화와 자비의 불교를 적극적으로 확산시켰다.

사리가 공식적으로 우리 나라에 들어온 것은 진흥왕 10년, 즉 549년이다. 양무제가 사신 심호와 유학승 각덕(覺德) 편에 보내와, 진흥왕은 백관과 함께 흥륜사 앞길까지 나가 영접했다. 그 후 자장율사가 선덕왕 12년, 643년 당나라에서 사리를 가지고 와 사리신앙이 본격적으로 시작되었다.

『삼국유사』에는 가야국 김수로왕 즉위시절, 인도 아유타국(阿踰陀國)의 허 황후가 이 땅에 들어오는 이야기가 있다. 이때 차(茶)를 비롯하여 여러 물건이 함께 오는 바, 파사석탑(婆娑石塔)이 실려 온 내용이 있다. 아쇼카 재위기간은 기원전 260~230년, 김수로 재위기간은 기원후 42~199년이니 인도에서 불교가 더욱 일어서는 적당한 시간 차가 있다.

일부에서는 풍랑을 견디기 위해, 즉 배의 균형을 잡기 위해 파사석탑을 실었다는 의견이 제시되고 있다.

그러나 당시 탑의 중요성을 생각한다면, 탑을 만든 돌—파사석뿐 아니라 사리가 함께 바닷길을 건너왔을 가능성이 조심스럽게 점쳐지지 않는가. 허 황후 일행을 불교도로 간주하고, 아쇼카로부터 들불처럼 일어난 인도의 탑 신앙을 본다면 몇 과의 사리가 함께 봉안되어 한반도의 남쪽에 상륙했으리라.

결국 아쇼카에 의해 해체되고, 이어 나누어 건립된 적멸보궁들은 하늘의 별자리처럼 인도 전역에 방대하게 확장하며 자리했으며 차차 인도 대륙을 넘어서 각지로 흩어졌다. 생명력이 남다른 벵골 보리수처럼 왕성하게 자

라나며 가지를 나누었으니, '불사리는 모자란 듯 남았다.'

탑과 열반이라는 말은 동의어

• • •

열반이란 말의 의미는 '그 자체의 개체성을 잃어버리고 대상 전체 속으로 녹아드는 것' 이다. 열반을 '꺼진 불' 에 비유하던 붓다의 설법을 상기한다면 어렵지 않은 이야기다.

아쇼카에 의해 지상 곳곳으로 사리가 퍼져 나간 일은 붓다의 또 다른 열반이라고 볼 수 있다. 몇 개의 탑으로 개체성을 가지고 있던 붓다 사리탑들이 무너지고, 민들레 꽃씨처럼 지상 곳곳으로 전체적으로 퍼져 나갔다. 그리하여 먼 동쪽의 한반도에도 법신 사리들이 시차를 가지고 속속 도착했다. 그리고 아직까지 도착하고 있다.

전통적으로 적멸보궁이라 부르는 국내의 5곳은 사리가 확연히 자리잡고 있다. 최근에는 국내에 개산(開山), 즉 새로운 사찰들이 문을 열면서 이런저런 사연을 품고 사리들이 새롭게 조금씩 이동해 오고 있다. 주로 남방불교의 길을 따라 퍼져 나갔던 사리들이, 사리를 모시고픈 열망에 따라 다양한 경로를 통해 국내에 유입되고 있다.

위대한 열반이란 그렇게 쉽게 끝나지 않는다. 영원함이란 끝나는 것이 아니다. 유위(有爲)의 열반이 무위(無爲)의 법륜을 굴린 것으로 보아도 좋다.

사실 고타마 싯달타를 시조로 삼는 불교에서 최초로 형상작업을 이룬 것은 탑이다. 불상이나 탱화 등은 모두 나중 일로, 기원 1세기경에 인도 서북의 간다라에서 그리스 로마 예술의 영향에 의한 불상이 만들어지기 전까지 사리, 즉 탑에 대한 예배가 주된 종교행위였다.

탑이란 붓다의 몸이며 현세까지 붓다 혹은 붓다의 뜻을 이어받은 제자들이 지상에 남긴 법신의 연결고리다.

노스승의 열반에 이어지는 아쇼카의 잔인한 전쟁, 무고한 병사들의 수많은 죽음, 피 묻은 칼을 내려놓고 아힘사로의 귀의, 근본 팔탑의 해체, 그리하여 꽃씨로 퍼져 나가는 다르마〔法〕 과정이 모조리 스며들어 적셔져 있다.

탑이 있으면 그냥 지나치지 않는다. 근원을 상징하는 모습을 향하여 허리라도 한 번 깊게 숙이고, 탑 주위를 행성처럼 돌아보게 된다. 그리고 기단석에 머리를 낮추어 가며 이마를 맞대면 노스승으로부터 발원한 모든 이야기들이 한 번에 울려온다. 시킴은 가는 곳마다 탑을 만난다. 이 모든 사연을 가슴에 담고 있으면 탑 하나하나는 모두 노승이다. 열반이다.

옴 나모 스투파.

시킴 히말라야에서 현지인들이 가장 의미를 두는 스투파는 강톡에 있다. 강톡에서 가장 전망이 좋은 언덕 위에 도타푸 초르텐 군(群)이 있고, 이 중앙의 두들 초르텐이 최고 대접을 받는다. 두좀 린포체의 예언에 따라 1945년에 건립을 시작해서 1946년에 완성되었다.

티베트 문화권과 시킴에서는 탑을 초르텐 혹은 강하게 발음해서 최뗀이라고 한다. 최는 공양물을, 뗀은 저장 혹은 그릇을 뜻하고 있으니 공양물을 모신 곳이라는 의미를 갖는다.

이 초르텐 내부에는 만다라, 까귀파의 경전, 사리, 그 외 여러 종교적인 성물을 넣었다고 한다. 초르텐의 역사가 일천함에도 가장 귀중하게 대접 받는 이유는 이 성물들이 시킴 왕국의 역사, 즉 공식적인 불교 전래와 같이하는 소중한 것들이기 때문이다.

초르텐 주변에는 또 다른 스투파인 빠드마삼바바 입상으로 장식된 구루 라캉의 초르텐이 있고, 바깥쪽은 4각형으로 108개의 회전기도기를 설치했다. 빨간꽃—닝마파의 고급반인 닝마 쉐다, 명상센터인 두루파가 타푸 초르텐 군(群) 옆에 호위하듯이 자리한다.

우리의 고탑을 해체 복원할 경우에 내부에서 사리, 그것을 담았던 유리 혹은 옥합(玉盒)으로 만들어진 사리장치, 불교 경전, 그리고 발원문 등을 만나게 된다. 시킴의 초르텐 역시 내부에는 불상, 종교서적, 약초, 그리고 간혹 무기형태의 푸루바와 같은 불구 등이 모셔져 있다.

이렇게 탑 내부에 무엇인가 모시는 일은 경전을 따른 것이다. 「조탑공덕경」을 보면 관세음보살이 붓다에게 탑에 관해 묻는 대목이 있다.

붓다는 탑 안에 두어야 할 내용물에 대해 이야기한다. 즉 사리, 머리털, 치아, 수염, 손톱, 발톱, 그마저 여의치 않으면 그 외 신체의 최하 한 부분이라도 간직할 것을 이야기한다. 또한 법장인 「십이부경(十二部經)」을 두되 역시 여의치 않으면 사구게(四句偈)만을 두라 말한다.

사구게란 4글귀로 된 게송을 말한다. 한문인 경우에는 8자로 이루어진 4

행이 되기도 하며 법문을 이루는 짧은 글로 생각하면 된다.

관세음보살은 묻는다.

"사리와 법장을 안치하는 것은 제가 이미 받들어 지녔지만 사구게란 뜻을 알지 못하겠사오니, 바라옵건대 저를 위하여 분별하고 말씀해 주십시오."

붓다는 게송을 읊는다.

모든 법은 인연에서 일어나니
내가 이를 이르러 인연이라 한다.
인연이 다한 고로 소멸하느니
붓다는 이것을 말하노라.

이것이 붓다의 법신(法身)이 된다. 세상의 인(因)과 연(緣)에 따라 과(果)를 따라 세상에 왔고, 그것이 소멸하면서 사라져 가는 존재. 이 외 무슨 말이 더 필요하겠는가.

붓다는 이어 설법한다.

"만일 어떤 중생이 이러한 인연의 뜻을 깨달으면 곧 부처를 보는 것이다."

이 모든 역사적 흐름과 가르침을 잘 새기면 탑을 보는 시선이 달라진다. 탑 하나 바라보면서, 혹은 탑돌이를 하면서 기복신앙에 매달리기보다는 가없이 법륜을 굴려온 다르마를 헤아리게 된다.

시킴 히말라야의 초르텐은 통상 사원 안에 자리하지만, 그 외 계곡을 가로지르는 다리 근처, 험한 언덕 등등에 세워져서 지나가는 사람들의 안녕과 함께 악귀를 물리치는 역할을 동시에 맡는다.

시킴 지역의 초르텐은 통상 3가지 형태를 갖는다.

1. 네팔 카트만두의 보다나트 사원을 닮은 회칠한 대형 석조양식.
2. 티베트 양식과 흡사한 소규모 형태의 것.
3. 정방형의 초르텐.

시계 방향으로 돌아야 하는 탑돌이

● ● ●

DNA뿐만 아니라 가장 낮게는 아미노산에 이르기까지, 지구상의 생물계의 모든 분자가 오른손잡이 방향의 나선형이라는 것이다.

—제임스 트레필의 『산꼭대기의 과학자들』 중에서

히말라야 문화권에서 탑돌이를 할 때는 하나의 중요한 규칙이 있다. 반드시 그 대상을 우측으로 놓고 지나가거나 우측으로 돌아야 한다는 것이다. 혹시 반대로 도는 사람을 만난다면 뵌뽀—뵌교 신자다. 더불어 가능하면 원을 그려야 한다. 우주의 법칙에 따르는 것이다.

나 역시 탑돌이 할 때는 반드시 이 규칙을 지켜왔다. 가끔 사찰에서 반대로 탑돌이를 하는 사람을 보면 방향을 다시 짚어 주는 일도 있다.

"그런데 왜 그렇게 오른쪽으로 돌아야 해요?"

우리는 물어야 한다. 답을 알아야 우측으로 돌면서 뜻을 헤아릴 수 있다.

인간을 포함한 무수한 유정무정이 살아가고 있는 지구는 항상 자전과 공전이라는 회전운동을 하고 있다. 태양계의 모든 별들 역시 저 드넓은 우주 공간에서 회전운동을 하며, 이러한 회전운동은 결국 원의 형태로 모습을 만들게 된다. 지구의 회전운동은 생명력의 표현이며 원운동은 바로 생명력이다. 씨앗, 열매, 알 종류 등등 생명을 품은 것이 그런 연유로 원형이다.

우리가 탑을 중심으로 회전운동을 한다면 이것은 바로 자연의 영적(靈的)인 법칙, 브라흐만—불성에 일치하는 행위가 된다. 내 안의 아뜨만의 중심축을 그의 근원이며 고향인 브라흐만에 옮겨주는 것이다.

「우요불탑공덕경」을 보면 사위성 기수급고독원에서 사리붓다가 붓다에게 여쭙는 대목이 있다. 이때의 그의 자세는 이렇게 기술되어 있다.

사리불 장로가 일어나 '오른' 어깨를 드러내고 '오른' 무릎을 땅에 대어 합장하고 부처님을 향하여 게송으로 청하였다.

위덕이 크신 부처님이시여
원컨대 저희들께 말씀해 주소서.
불탑을 '오른쪽' 으로 도는 사람이
얻게 되는 과보가 어떠하온지.

초르텐은 단순히 종교적 표현만이 아니다. 시킴 히말라야에 무수한 초르텐은 가족들이 걸터앉아 쉬기도 하고, 만남의 장소도 된다. 그러나 대륙의 더위를 피해 시킴 지역을 방문한 인도 여행객들에게 초르텐은 독특한 구경거리다.

이때 사리불의 모습은 오른쪽 무릎을 땅에 대고, 왼쪽 무릎은 직각으로 세웠다. 그리고 합장하고 있으니 소위 우슬착지(右膝着地) 동작이다.

이 모습은 월정사의 팔각구층석탑 앞의 석조보살좌상, 일명 약왕보살좌상의 형상을 연상하면 된다. 인도와 네팔에서 하누만을 위시해서 많은 제신들에게 존경을 표하는 좌상모습으로 흔하게 만날 수 있다. 고대 인도에서의 왕 앞의 신하, 스승 앞의 제자는 물론 남편 앞의 아내가, 출타 후에 돌아온 부모 앞의 자식이 일상적인 존경을 나타내기 위한 자세였다.

사리불이 질문하는 이 대목에서 보면 오른쪽의 중요한 의미가 곳곳에서 나타난다. 더구나 탑을 중심으로 시계방향으로 돌아야 한다는 사실은 이미 기정사실화되어 있다. 존경의 표시로 반드시 시계방향(왼쪽에서 오른쪽으로)으로 돌아야 하며, 이 행위는 신자들의 공덕을 쌓게 하는 효과가 있다고 믿어왔기 때문이다.

탑이나 부도를 만나면 반드시 시계방향으로 동쪽에서 남쪽으로(自東南來) 걷는 것은, 고대 인도로부터의 예법인 성스러운 존재를 오른쪽에 놓고 천천히 도는 행위에 기인한다. 이것을 오른돌이, 프라닥시나(Giri-pradakshina)라고 한다. 주로 세 바퀴를 돌기에 우요삼잡(右繞三匝)으로 표현되기도 한다. 힌두 경전과 불경에서도 이렇게 성자 혹은 탑에게 예를 올리고 그를 중심으로 오른쪽으로 도는 모습들이 여럿 표현되고 있고, 불교에서는 간단히 요잡(繞匝)이라고 말한다.

이것의 시초는 자신의 몸을 산천에 두고 그 안에 취하는(身卽山川而取之) 순례에서 기인한다. 힌두교 순례의 역사는 이 종교의 탄생과 거의 일치한다. 힌두교에서의 순례는 목적을 지닌 방랑으로 신을 향하여 나가는 길이었다. 거칠고 험한 순례는 길을 걷는 행로(行路)가 바로 목적으로 자기 정화를 통해 아뜨만 스스로를 신에게 되돌려 준다고 믿었다. 순례 걸음걸음은 아뜨만의 곤한 잠을 깨워 브라흐만을 만나게 하는 지름길로 여겼다.

순례에 접어들면 이미 필요한 것이라고는 없다. 걷기만 하면 된다. 이것은 모든 구속으로부터 해방되는 자유가 아니겠는가. 마음을 저기 위나라 궁궐 같은 저자거리에 두는 것(形在江海之上 心在魏闕之下)이 아니라 성지에 몰두하게 된다. 히말라야에서는 다 내려놓고 걷기만 하면 된다.

1953년에 걷기 시작해서 1982년 불의의 교통사고로 사망한 미국인, 이름을 반추하면 기막히다.—피스 필그림은 힌두교도와 같은 이야기를 한다.

"내가 얼마나 자유로운지 생각해 봐요."

"나는 그냥 일어나 걷기만 하면 돼요."

힌두교도들의 최고 순례지 성산(聖山)은 카일라스로 쉬바신과 그의 아내 파르와티가 주석하고 있는 자리로 상정했다. 고대의 순례자들은 이 산에 도착해서 하늘을 보았다. 태양은 힌두의 성산인 메루—카일라스를 둥글게 돌았다. 순례자들은 이 태양을 따라 걸어 나갔다. 동쪽에서 떠오른 태양이 남쪽으로 가더니 서쪽으로 향했으니 바로 시계방향이었다.

이것이 리그베다 시대부터, 고대로부터 체계적으로 자리잡아 나갔다. 『마하바라타』에서 역시 시계방향으로 회전하는 중요성을 이야기한다. 이런 행위는 자연현상에 호흡을 일치시키는 인도의 모든 생활의 행동강령으로 적용되었고, 불교에서 이 모든 것이 자연스럽게 그리고 당연하게 받아들여졌다.

말하자면 우측돌이는 우주의 운동과 태양계의 회전운동에 동조하며 일치한다는 의미를 지니고 있다. 우주를 지배하는 힘—브라흐만〔梵〕—불성(佛性)의 순리를 따른다는 표현이다.

많은 사람들이 오늘도 스투파—탑—초르텐을 중심으로 탑돌이를 하고 있다. 우측으로 돌아야 하는 이유를 모르면서 행위하는 사람들이 많다.

그러나 저런 오른돌이는 영적 근원인 자연과 연결되어 있는 행위로, 거듭하면서 자연 운동과 닮아가면서 자신의 영혼은 보다 고차원적인 원칙, 고차원에 자리한 자연의 영적인 에너지와 접촉하게 된다.

왜 그런 식으로 회전을 해야 하는지 몰라도, 자연과 조화를 이루는 결과를 맞이한다. 그 자리에 평화가 찾아온다. 그러나 알고 탑돌이를 하면 평화는 더욱 빨리 깊게 찾아온다.

> 마침내 영혼이 주변과 완전한 조화를 이루어 무한히 높은 진동상태에 도달하여 우주의 모든 것과 하나로 융화되면서 자신의 개체성을 상실하고 다시 원래 태어났던 근원으로 되돌아간다. 육체와 결합되어 있던 지금까지의 인생은 길고도 힘들었으며 때로는 고통스럽기도 했다. 그러나 이제는 물질계의 여정을 끝내면서 물질계의 공허함을 완전히 이해함은 물론 그 무엇에도 집착하지 않는 영혼의 평정을 회복한다. 영혼은 평화로부터 샘솟는 이타적인 사랑으로 충만하여 우주 전체(현상계는 물론 비현상계를 포함해서 전 우주를 통칭)에 무조건적인 사랑을 항구히 전할 수 있다. 그래서 모든 영혼은 정도의 차이는 있을지라도 나름대로 우주의 평화에 기안한다.
>
> — 콜림 코츠의 『살아있는 에너지』 중에서

탑을 시계방향으로 도는 것은 깨달음이란 명사가 아니라 과정을 나타내는 동사임을 의미한다. 삶 또한 그렇지 않은가. 성지, 성스러운 산, 사원, 호수, 탑을 도는 행위는 이 모든 요소를 포함하고 있다.

이런 회전운동은 원자 수준에서도 나타나며, 바닷속과 대지 위의 생물에서도 나타나고, 또한 우주의 은하에서 보이기도 한다. 하나의 힘, 불성—브라흐만이 각각 다른 장소와 차원에서 다른 모습으로 재포장되어 있는 것이다. 가는 곳마다 초르텐을 만나게 되는 시킴 히말라야에서는 이 공부가 참 쉽기만 하다.

진정한 탑돌이란, 탑에 절을 하면서 한 위대한 인물의 열반과 탑의 역사를 더듬고, 탑돌이를 하면서 사량으로 전달되지 않는 붓다의 금구언설(金口言說)—불성(佛性)에 대한 접촉을 시도하는 것이다.

옴 나모 스투파. 옴 나모 초르텐. 옴 나모 붓다여.

염주(念珠)

염주는 구슬을 꿰어서 만든 것으로, 붓다 · 보디삿뜨바의 이름을 부르거나〔念佛〕, 만뜨라를 외우거나, 수행하면서 그 횟수〔數〕를 헤아리는 법구다. 그 기능 때문에 이름을 부른다는 의미로 송주(誦珠), 주주(呪珠), 불주(佛珠)로 부르고, 수를 헤아리기에 수주(數珠), 주수(珠數)라고 하기도 한다.

염주의 역사는 기원전까지 거슬러 올라간다. 인도에서 출토된 고대 브라만의 조각상을 보면 염주를 걸고 있는 모습이 심심찮게 보인다. 전통은 현재까지 전해 내려와 힌두 수행자들은 어김없이 염주를 몸에 걸거나 들고 다닌다.

힌두교에서 염주는 여러 가지 이름이 있으나 대표적인 것은 '자파—말라'다. '자파'는 만뜨라를 중얼거리거나 신을 부르는 염송을 말하고 '말라'는 서로 꿰어 있는 것〔輪〕을 일컫는다. 비단 염주처럼 구슬이 꿰어진 것뿐 아니라 히말라야 문화권에서는 아침마다 신상(神像)에 거는 화환(花環) 역시 말라라고 부른다.

이 염주 역시 힌두교에서 자연스럽게 불교로 들어왔고, 티베트로 전해지고 시킴으로 들어왔다. 또한 중국을 지나 우리에게도 전해져 왔다.

불교 경전 가운데 염주의 기원과 관련된 언급으로는 「불설목환자경」이 시초다.

붓다가 영취산에 있을 때, 비사리국의 파유리왕(波流離王)은 사신을 보낸다.

"세존이시여 지금 우리 나라에서는 사방에 도둑이 날뛰고 질병까지 번져서 백성의 생활이 곤란합니다. 그리하여 우리 대왕께서는 밤낮으로 불안하시어 오로지 석존께서 자비를 베푸시고 불쌍히 여기셔서 이 괴로움과 환난을 벗어나는 좋은 방법을 가르쳐 주시기를 바라고 계십니다."

「불설목환자경」에서는 그 방법을 이른다.

붓다는 말한다.

"만약 번뇌의 장애와 과보(果報)의 장애를 없애려 하는 사람은 마땅히 목환자 108개를 꿰어 항상 걷거나 앉거나 눕거나에 따라 늘 지극한 마음으로 뜻이 흐트러지지 않게 하고, '부처님〔佛陀〕과 법〔達摩〕과 승가(僧伽)의 이름을 부르며 하나씩 목환자를 넘기라.' 이와 같이 차차 목환자를 넘기되 10번 · 20번 · 100번 · 1,000번 내지 백 천만 번을 행하되 능히 20만 번을 채우면 환난이 없어지고, 백만 번에 이르면 백팔번뇌가 끊어져 해탈한다."

자파 말라를 가지고 불법승(佛法僧)을 반복하며 암송해서 마음의 평화를 찾으라는 가르침이다.

고대 인도에서 흔히 사용되었던 자파 말라는 이 지역을 여행하는 상인들을 통해 서쪽으로 소개되었다. 이때 자파라는 단어를 상인들이 잘못 알아듣고 비슷한 발음의 자파아—장미로 소개되는 바람에 서양에서는 장미와 연관된 것으로 받아들였다.

그래서 묵주(默珠)를 장미(rose)에서 유래한 말인 라틴어의 로사리움(rosarium), 포르투갈어의 로사리오(rosario), 영어의 로사리(rosary)라고 부르게 된다. 말하자면 염주와 같은 목적으로 사용되는 로마 가톨릭의 묵주는 언어적 오해가 들어갔고 고향은 인도인 셈이다.

염주는 스님들뿐 아니라 일반 신도까지 남녀노소 구별 없이 광범위하게 소유한다. 히말라야 지역에서 염주를 째깍째깍 헤아리며 길을 걸어가는 사람들을 만나기란 쉬운 일이다.

시킴 히말라야에서는 프랭바, 탱와라고 부르며 스님들과 신도들에게는 항상 소유하는 필수적인 불구(佛具)다. 염주를 세는 행위는 탕체라 한다.

티베트인들이 가장 사랑하는 관세음보살은 체레시, 혹은 첸라지라는 이름을 가지며, 매우 다양한 모습을 보이지만 대체로 네 개의 팔을 가지고 빛나는 하얀 몸을 갖는다. 보석을 쥔 두 손은 가슴 근처에서 모아지고 오른손에는 지물로 역시 염주를, 왼손에는 연꽃을 들고 있다.

시킴에서 염주는 만뜨라를 외울 때만이 아니라 계산기로도 사용한다. 욕섬과 같은 마을에서는 똥바를 마신 후에 계산을 부탁하면 염주를 들고 조용히 계산하는 모습을 볼 수 있다. 가운데 염주알의 우측에 매달린 금속링을 타탕이라 부르며 일(一)의 자리를 센다. 반대로 왼쪽은 추도라고 부르며 십(十)의 자리를 기록한다.

시킴은 다른 지역의 보통 염주처럼 108개의 구슬로 구성되어 있다. 여러 개의 알들이 끈으로 서로 엮어져 하나가 되는 것은 존재의 기본 양상과 같다. 서로의 인연으로 하나가 됨이다.

108이란 불교에서는 성스러운 숫자가 된다. 붓다가 탄생했을 때, 아버지 숫도다나[정반왕(淨飯王)]는 아들의 운명을 점치기 위해 108명의 브라만을 초대했다. 많은 사람들이 108개 알로 꿴 염주를 들고, 108배를 하면서, 108번뇌를 끊으며 삼매 증득(證得)으로 향한다.

시킴에서는 100번을 외우는 것을 원칙으로 하기에 외우다가 놓치는 경우에 대비하고, 혹시라도 염주알이 손상되어 사라지는 일에 대비하는 의미에서 108개로 구성한다.

「다라니집경(陀羅尼集經)」·「수호국계주다라니경(守護國界主陀羅尼經)」·「제불경계섭진실경(諸佛境界攝眞實經)」에 의하면, 염주의 재료는 금·은·적동(赤銅)·수정·목환자·보리자·연화자·진주·향목(香木)·수석(蒐石)·철 등 다양하다.

시킴에서는 노란색을 띠는 전나무, 백단향 나무, 하얀 조개껍질, 사람의 두개골, 뱀의 척추뼈, 코끼리 위석(胃石)으로 만든 염주가 있다.

염주를 사용하지 않을 때는 팔찌처럼 오른손 팔목에 감거나 목걸이처럼 목에 건다. 스님들은 통상 평상시 사용하는 염주와 구별해서 법회에서 사용하는 것을 밖으로 가지고 나오지 않고 금강저, 금강령과 함께 둔다.

일반인들은 염주에 쪽집게, 이쑤시개, 열쇠와 같이 일상적으로 사용하는 작은 물건들을 부착해서 필요할 때 사용한다.

시킴의 식구를 소개하면

한 조각 흰 구름이 골짜기를 막으니
얼마나 많은 새들이 돌아갈 길을 잃었는가.
구름 흩어져 만 리에 청산이 드러나니
하얀 돌 높은 봉우리가 바로 내 고향이라네.
—효봉 스님

유달리 비가 많은 시킴

이제 갤 만한 오후인데 비가 주룩주룩 내린다. 여기까지 올라오는 길 역시 간간히 비가 내리고 사위는 가스에 가득 차 있었다. 지난밤에는 천둥번개를 동반한 폭우가 쏟아지다가 아침이 되면서 한풀 꺾였다.

얇은 돌을 켜켜이 이어 만든 지붕에 모였던 빗물이 떨어지며 땅위에 부딪히는 소리가 듣기 좋다. 저 멀리 히말라야의 위용은 비안개 속에서 몸을 감추어 온통 희뿌연 안개다.

『주역(周易)』에 의하면 '비가 내린다는 것은 천지(天地)의 기운이 풀리는 것' 이라 했다. 땅과 하늘에 의해 생성된 음양의 두 기가 교감해서 교통한다는 것이다. 「해괘(解卦)」에는 '엉겼던 천지의 기운이 풀리니 우레가 울고

산에 내리는 눈은 고스란히 산의 몫이다. 얼음과 눈으로 오랫동안 머물러 있거나 아주 천천히 녹아 낮은 곳으로 물을 내려 보낸다. 갇혀 있는 상태가 아니라 보관되는 것이다. 캉첸중가 일대는 상상하기 어려울 정도의 물을 품고있다. 시킴의 주민들은 물 부족(不足)이라는 말을 모른다.

비가 내린다. 우레가 울고 비가 내리니 온갖 과일과 풀과 나무가 모두 싹을 돋는다(天地解而雷雨作, 雷雨作而百果草木皆甲坼)' 고 했다.

빗소리를 들으며 곰곰이 생각하니, 정말이지 맞다. 천지의 기운(天地之氣)이 이런 식으로 풀린다. 순리대로 잘 풀리면 그 사이에 있는 인간은 시원함을 느끼며 평화로움을 느끼지만 지나치게 과(過)하면 두려움이 온다.

모든 것은 이런 식이다. 가령 수풍지화(水風地火)가 일정하게 균형을 이루며 서로 주고받을 때 인간은 건강하고 여유롭다. 수(水)의 성분이 지나치면 호우가 퍼붓게 되고 균형이 깨진다. 그런 식으로 나무를 뿌리째 뽑아버리고 지붕을 날려버리는 폭풍〔風〕, 지상의 집들을 주저앉도록 만드는 지진〔地〕, 산불—대화재〔火〕 등이 있을 수 있다.

우주의 작은 축소판, 즉 소우주에 다름 아닌 인체라고 색다르지 않다. 수풍지화의 적절한 비율이 무너짐으로써 질병이 야기된다. 자신의 섭생과 생활태도에 따라 균형을 잘 유지하며 항상성을 가지는 건강상태가 유지되거나, 반대로 균형이 무너지면서 질병에 이른다.

더불어 세월이 흐르면서 끝끝내 이 평형을 유지하지 못하고 잘 어울려 지내던 수풍지화의 덩어리〔蘊〕를 본래의 수 · 풍 · 지 · 화 각각으로 서서히 되돌려 보내는 힘이 노화이고, 이 일이 모두 마감되는 현상이 바로 뒤따르는 죽음이 된다. 생로병사가 취산(聚散)에 의한 그런 과정이다.

워낙 조사어록을 좋아하는 나로서는 자연현상과 어록을 연결시키는 습관이 있다.

꽃이 피면 장사(長沙), 바람이 심하게 불면 혜능(慧能), 더위 추위의 동산(洞山), 가을바람이 불면 운문(雲門), 눈이 오면 방거사(龐居士) 등등이다. 자연현상 안에서 조사를 뵙고 선지식 앞에 머리를 조아리며 산다.

살활이 자재한 눈 푸른 종사들이, 자연이 곳곳에서 본지풍광(本地風光)을 드러내기 때문에 눈먼 나로서는 시방세계의 현상이 나무지팡이처럼 고마울 따름이다.

이렇듯 비 오면 당연히 도부(道怤) 화상이다.

경청 화상이 한 스님에게 물었다.

"문 밖에서 들리는 소리가 무엇이냐?"

"빗방울 소리입니다."

경청 화상이 말했다.

"너는 빗방울에 사로잡혀 있구나."

그러자 스님이 물었다.

"화상께서는 저 소리를 무엇으로 듣습니까?"

"자칫하면 나도 사로잡힐 뻔했지."

"자칫하면 사로잡힐 뻔하시다니 그건 또 무슨 뜻입니까?"

경청 화상은 이렇게 잘라 말했다.

"속박에서 벗어나 자유롭기는 그래도 쉽지만, 있는 현실을 표현하기는 어려운 법이다."

빗줄기는 이 지역 생물들에게는 선물이다. 깨달은 사람에게나 그렇지 못한 존재에게 비는 공평하게 내린다.

도부 화상의 빗방울 소리(鏡淸雨滴聲) 안에서 골고루 비—불법에 젖어 드는 존재를 묵상하며 사로잡힘, 분별심 내려놓고 비와 풍경을 즐긴다.

구조적으로 열십자 능선을 가지고, 급박한 고도 상승의 기본적인 지형이 있기에 조그마한 시킴 안에서 지역마다 강수량 차이가 크다.

동남면에 자리하는 강톡의 경우 연간 3천494mm이며(한국의 평균 강우량은 1천274mm), 북서쪽의 탕구는 겨우 82mm이다. 남동쪽 망안, 싱익, 딕쿠 지역과 남서쪽 힐레이에는 강톡 못지않게 많은 비가 내린다.

이 비는 시킴 히말라야의 얼굴을 만드는 중요한 요소가 된다.

비가 많이 내리는 우기를 이곳에서는 몬순이라고 부르며, 몬순이라는 말은 아라비아어의 '계절' 이라는 의미인 마우심에 뿌리를 두고 있다. 중세기에 인도양 계절풍을 항해에 이용한 아라비아인은 몬순이라는 단어를 인도와 유럽에 전해 굳어졌다

몬순의 정의는 '겨울에는 바람이 대륙에서 대양(大洋)을 향해 불고, 여름에는 대양에서 대륙을 향해 불어, 약 반년 주기로 풍향이 바뀌는 현상' 이다. 태양이 춘분 무렵, 적도를 지나 북상하면 북반구의 북쪽으로 불고, 추분이 지나 태양이 남회귀선으로 향할 때는 바람이 북쪽에서 남쪽으로 분다.

여름에 근접하면 열대의 바다에 내려 쪼이는 태양에 의해 많은 양의 수분이 증발한다. 이어 대양이 품고 있던 엄청난 수분을 함유한 구름이 탄생되고 이것들은 바람을 타고 대양에서 대륙, 즉 북쪽으로 움직이게 되니, 북쪽

에 자리한 대장벽 히말라야와 부딪치며 대량의 해수(海水) 출신의 수분을 지상에 공급하게 된다.

폭우가 며칠이고 퍼붓고 계곡의 시냇물들은 굉음을 내지르며 흘러간다. 덕분에 산과 그 하부 평야의 많은 동식물은 생명 유지에 필요한 혹은 그 이상의 물을 공급받는다.

시킴 히말라야의 경우 높은 곳과 낮은 곳의 해발 차이가 무려 8천 미터 이상이기에 빙하지역을 감안하더라도 강물의 흐름은 거의 예각을 이룬다. 몬순 때는 흘러가는 물의 위력은 대단해서 길은 곳곳에서 유실되며 계곡 부근에 산사태가 끊이지 않는다.

반대로 바람이 북에서 남으로 향하는 경우, 빗줄기는 끝나며 더위와 함께 가뭄이 찾아오는 건기(乾期)가 도래한다. 이 지역은 이 현상이 상당히 또렷하게 구분된다.

시킴 히말라야는 다른 히말라야와는 달리 바다와의 거리가 짧은데다가 후방에 병풍처럼 일어선 8천 미터가 넘는 캉첸중가 고도 때문에 영향을 심하게 받아 통상 5월에 시작해서 9월 말 내지 10월 초가 되어서야 몬순이 서서히 끝난다.

일반인들은 통상 건기, 우기 이렇게 둘로 나누어 이야기하고, 산을 오르기 위한 등반가들과 이 지역을 걷고자 하는 트래커들은 눈 · 비로 인해 등반이 불가능한 몬순을 중심으로 프레〔前〕 몬순 · 포스트〔後〕 몬순으로 구분한다.

프레몬순은 3월에 시작해서 4, 5월까지 이어져 나가며 기온이 계속 상승한다. 안개가 비교적 많기 때문에 풍경들이 가려지는 날이 많으며, 포스트 몬순인 9월 말부터는 서서히 날씨가 좋아지고 11월부터는 화창한 날들로 이어지는 대신 기온이 급강하한다.

높이에 따라 거주자들이 다르고

비 그치고 주변이 서서히 드러나면서 숲들이 보인다. 조물주의 수묵화는 저절로 기이하고 뛰어나다(天公水墨自奇絶). 걸어 올라오며 바라보았던 아름다웠던 숲들은 아직 안개다. 산은 울울창창 높고 깊으며, 물은 마냥 흐르고 흘러 넓고 맑으니 어찌 내 성령이 즐겁지 아니하겠는가(山鬱然而高深水悠然而廣且淸 而不悅吾之性靈哉).

오전에 작은 마을을 빠져 나오면서 곧바로 울창한 삼림 안으로 빨려들었다. 수백 년 이상 된 히말라야 삼나무가 주종을 이루고, 나무를 감고 오르는 종류를 셀 수 없는 기생식물들이 풍성했다. 습한 기후 탓에 유난히 이끼들이 나무에 많고, 그 이끼를 거처 삼아 난들이 자리잡아 하얀 난꽃을 수북하게 그리고 흐드러지게 피어 올렸으니 시킴의 숲은 어디나 세계 최고의 난 서식지다. 숲의 울울한 모습이 마치 서로 위없는 도를 향해 탁마정진하는 총림의 모습이었다.

새들의 천국이라는 별칭이 증명하듯이 숲 속에서는 다양한 새들이 제각기 지저귄다.

히말라야 트래킹은 이렇게 온몸을 녹색으로 물들이는 녹색 지대를 지나야 제격이다. 온통 하얀 산 속을 반짝거리는 하얀빛을 만나면서 걷는 일보다, 설산을 밑에서 받쳐주는 녹색으로부터 시작하는 일도 보람 있다. 진화의 도정 저편에서 인간은 한 시절 숲에서 거주했기 때문에 번잡한 도심이 아닌 이렇듯 풍요로운 자연은 여유롭고 풍족한 의식을 이끌어 낸다.

사람은 이런 자연을 떠나서는 살 수 없다. 인간 주변에는 한 치의 간격도 없이 자연이 밀착되어 있다. 기후, 토질, 지형, 기상, 풍경 등등이 인드라 그물〔제석천망(帝釋天網)〕을 세밀하게 직조(織造)하고 있으니, 이런 여러 요소에서 자유로울 수 있는 인간은 아무도 없다. 심지어는 죽은 사람조차 이 영향력 아래 묶여 분해되고 순환한다.

인간은 결국 자연으로부터 물리적 · 화학적 · 생리적 · 심리적 영향을 받아가며 그 지역만의 특유한 의식주(衣食住), 즉 다양한 의복의 형태, 먹는 음식의 종류, 가옥의 형태를 만들어 내고, 이차적으로 음악, 미술, 문학 등의 예술이 생기면 독특한 종교가 나온다. 형식〔지형(地形)〕이 내용〔문화(文化)〕을 규제하는 셈이다.

이어 녹색의 습한 길들은 지그재그로 아흔아홉 구비 이어지면서 상승했다. 한때 티베트로 넘어가던 상인과 구도자들이 만든 오래된 길이 보이고, 마음 급한 현지인이 즐겨 탔을 법한 은밀하고도 좁은 길들이 사이사이를 지름길로 연결했다. 가끔 홀로 피어난 야생화를 보면 홀로 됨이 고귀해 보였다.

“꽃은 홀로 스스로 있어도 외롭지 않구나(獨自亦無寂寞). 앞에 석가도 없고 뒤에 미륵도 없이 현존하는구나."

우측 무릎을 꿇고 앉아 합장하고 어두워질 때까지 바라보고 싶은 꽃들이었다.

인간이 이곳의 주인이 아니기에 숲 속의 길은 좁을수록 좋았다. 산수는 스스로 맑은 음이 있어(山水有淸音), 새소리 이외에는 세상 잡답이 발을 들여 놓지 못하는 곳을 품고 있었다.

이어서 황홀한 장관을 맞닥뜨리니, 수많은 꽃들을 빨갛게 피워낸 수령을 알 수 없는 랄리구라스 정글이 시작되었다. 지구상에 랄리구라스의 밀도가 가장 높은 지역으로 길 이외에는 발을 들여 놓을 조그마한 틈조차 없다.

모든 풍경은 일생에 단 한 번이다. 이 순간이 아니면 다시는 기약이 없다. 하산 길에 다시 보리라, 내년에 다시 찾아오리라 맹세를 하지만 돌아보건대, 하산 길에 거친 빗줄기 혹은 눈보라에 휩싸여 한 치 앞을 내다보지 못했고, 내년이라고 기약한 훗날은 아직도 좀처럼 다가오지 않고 있다. 따라서 천천히 풍경을 더듬어 오르는 구간이었다.

랄리구라스는 비단 붉은색만이 아니다. 마치 진달래처럼 분홍색, 하얀색 등이 군락을 이루었다. 아무리 천천히 가도 기어이 목적지에 도달한다는 것은 이런 풍경에서 만나는 비극이다. 숲 속에 앉았다가 피어난 꽃을 보고, 걸으면서 빨갛게 변한 숲을 보고, 또다시 앉아보아도 내가 움직이는지 숲이 뒤로 움직이는지 기어이 목적지에 도착하고야 만다.

사이 사이 피어나는 밀림을 지나 올라서면서 멀지 않은 곳에 예사롭지 않은 하얀 고봉들을 슬며시 볼 수 있었으니 뒤돌아보면 산빛은 이미 평범(平

凡)과는 담을 쌓고 있는 곳.

시킴의 식구들은 고도에 따라 다른 기후가 펼쳐지는 만큼 그에 따른 생물군의 다양성이 존재한다.

시킴 북쪽에 위치한 라첸과 라충 계곡을 제외하고는 북쪽은 거의 절벽 수준의 급한 경계면을 이루고 있어 사람들이 거주하기 어렵다. 반면에 남 시킴은 지대가 낮아 밭을 일구며 살 수 있다. 지형적으로 북쪽은 거의 막혀 있고 반면에 남쪽으로 물이 흘러내려 가는 열린 구조가 된다. 나지막한 산봉우

존경하는 분들에게 자연스럽게 경어를 쓰는 일처럼 자연은 '어머니 자연' '대자연'이라고 이야기해야 어울린다. Nature는 Mother Nature라 이야기해야 울림이 온다. 장자는 일찌감치 대자연이 만물에 형체를 부여한다는 조화부영(造化賦形)을 말했다. 대자연이 잘 보전된 지역에서는 우리 모두에게 형체를 준 어머니 본연(本然)에 오래 전에 끊어졌던 탯줄을 맞대볼 수 있다.

리에는 운무림(雲霧林)들이 자리잡고, 보다 낮은 지역에서는 저층 우림이 계곡을 가득 메우며 생주이멸(生住異滅), 성주괴공(成住壞空)을 반복하며 건강한 생태계를 유지한다. 세계에서 가장 유명한 300종 이상의 양치류, 660여 종의 난초들을 위시해서 570종의 새, 600종 이상의 나비, 4천 가지 이상의 현화식물, 104종의 포유류, 그리고 셀 수 없는 파충류들이 자리잡은 곳이다.

시킴의 저지대는 통상 해발 고도 250미터에서 1천500미터까지를 말한다. 아열대기후로 야생 바나나, 무화과, 대나무들이 주종을 이루며 주로 남시킴 지역이 이에 해당한다.

온대는 1천500미터에서 5천 미터에 이르는 지역이다. 철쭉 종류인 랄리구라스가 주인이다. 랄리구라스는 시킴 히말라야에서 가장 눈에 띄는 품목으로 약 45종이 있는 것으로 밝혀졌다. 특히 해발 3천300미터에서 4천 미터에 이르는 경사면에는 봄이면 붉은 꽃을 다투어 피워내 한 번 보면 평생 잊을 수 없는 꽃동산이 된다. 참나무, 밤나무, 단풍나무, 산목련, 전나무, 벚나무 등이 함께 자리한다.

고산기후는 5천 미터 이상에 해당된다. 여름 시즌에 이끼류와 고산 야생화들이 반짝 피어난다.

숲은 지상의 모든 동물의 영혼의 발상지이며 성소다. 30억 년 동안은 지구의 바다에서 많은 동물들이 생태계를 이루며 건강하게 성장해 왔고, 또다시 지구가 3억 5천만 년이라는 나이를 먹는 동안 이런 우림이 형성되었다.

바다에서의 왕조(王朝)는 육지로 이어져 많은 동물들이 다양성을 내보이며 숲에서 삶의 터전을 잡아왔다.

'여러 신들이 공존하여 세계를 창조하고 돕는 세계 질서의 도상화(圖像畵)' 를 이룬 것이 만다라라면, 시킴 히말라야에서는 바라보는 모든 자리가 생생한 만다라가 된다. 중심이 따로 없어 서로가 주인공이 되며 주체와 객체의 대립이 없는 원만무애(圓滿無碍)한 세상(事事無碍法界)이다.

자연은 정신이다

● ● ●

캉첸중가의 자연 변화, 자연 현상은 때로는 일반적인 기준을 초월한다. 많은 사람들은 엄청난 자연 앞에 감히 극복할 생각을 하지 못하고 무력하게 된다. 너무나 압도적인 위력 앞에서 인간의 힘으로 극복할 수 없음을 알게 되며 자연 현상에 대해 의지력이 끊겨 수동적이며 복종적인 심성을 품는다.

이런 심성이 자연이 가지고 있는 다양한 힘에 인격을 주어가며 범신론(汎心論)적인 사상을 탄생시킨다. 오로지 하나의 신에게 모든 힘을 몰아주는 유일신이 아니라, 해 · 달 · 물 · 불 · 바람 · 땅 · 대지 · 하늘 · 산 · 숲 혹은 짐승에까지 신격화가 이루어진다. 이들은 인간의 삶과 유리되지 않으며, 인간의 기쁨은 물론 고통까지 함께 감내한다. 이것이 바로 렙차이즘, 즉 시킴 히말라야 원주민 렙차의 종교의 핵심이 된다.

옛 전통에 대해 잘 이해하고 있는 원주민은 산업사회의 도시인들과는 달리 신성한 산과 어머니 대지에 폭력을 가하지 않고 살아왔기에 이곳은 세간언설을 내려놓은 가이아의 원본(原本)이라고 할 수 있다.

시킴 히말라야 산길에는 치성을 드린 장소가 흔하게 발견된다.

하이데거는 『존재와 시간』이라는 책을 통해 존재들이 시간에 의해 지배받고 있음을 이야기했다. 풀어보면 모든 존재는 결코 뒤로 물러서지 않는 시간 흐름 앞에서는 겸허하게 자세를 고칠 수밖에 없는 이야기다. 공자의 '가는 것들은 이와 같으니 밤낮을 쉬지 않는구나(逝者如斯夫 不舍晝夜)' 는 말의 의미도 그렇다. 아무리 한 시대를 풍미했던 위대한 인물도, 동서양을 잇는 광활한 영토를 장악한 대왕은 물론, 시대를 지배하는 담론도 시간 속에서는 무력하다. 나는 나답게, 너는 너답게 살기 위해 공자는 『논어』「자로편」에서 정명(正名)을 말했으나, 한 존재를 지배하는 것은 시간과 함께 자연이라는 주변 환경이다.

시킴 히말라야는 시간을 타고 변해 왔으며, 변화한 것은 자연이며 그 자연은 정신이다. 삶이란 이런 자연 안에서의 자율(自律)이다.

한 고립체는 당연히 하나의 유기체(有機體)로 그 유기체는 개성을 가지고 있으며 나름대로 자율성이 있으니 어느 누구도 오래전부터 뿌리 내려온 생활방식이나 관념을 바꿀 권리는 없다. 손님으로 들어가 손님으로 나올 뿐, 중세의 잉카로 들어가던 스페인 정복자 혹은 선교사의 시선으로는 차라리 입장불가(入場不可)하는 편이 낫다. 이들에게 산타크로스 복장으로 다가가서 선물을 나누어 주지 말고, 현지인의 옷차림으로 현지인을 만나, 현지인의 민속춤을 구경하는 것이 여행객의 정답이 된다.

이런 기본을 알게 되면 오랜 시간 동안에 형성된 그 민족의 정신, 전승과 습속을 존중하게 된다.

왜 이부다처제로 살아야 하는지, 왜 정기적으로 캉첸중가에 예(禮)를 올리는 것인지, 왜 그런 음식을 먹어야 하는지, 왜 산을 향하여 손가락질을 하지 않는지, 왜 개울을 건너기 전에 기도를 하는지 이해하게 된다.

숲에서 풍기는 향기가 엄청났다. 일설에 의하면 붓다는 향(香), 등(燈), 꽃〔花〕, 차〔茶〕, 열매〔果〕의 다섯 가지 선물을 기꺼이 받았다고 한다. 이 중에서 특히 향을 기뻐했다고 한다.

이런 이야기들은 계속 전해 내려와 '간다라'는 향나라〔香國〕, '간다쿠티'는 향집〔香室〕, 곧 부처 나라, 부처 집을 말한다. 향계(界)는 절이요, 향방(房)은 불당—법당, 나아가 불자(佛子)들을 좋은 향내 나는 향기로운 이들—향도(香徒)라 일컫게 되었다고 한다. 향산(香山)은 당연히 부처와 관계 있는 산이다.

시킴 히말라야 우림은 향, 꽃, 과로 가득 찬 불국(佛國) 묘향(妙香)의 나라이며 향산정사(香山精舍)다. 또한 아직 약효가 있는 분류되지 않은 약초가 부지기수라니, 신명나는 백가쟁명(百家爭鳴) 백화제방(百花齊放)이다.

고대 인도에 차라카, 수슈루타, 그리고 베에라, 세 사람의 위대한 의성(醫聖)이 있어 그들은 자신들의 의학서 『상히타〔의전(醫專)〕』를 남겼다. 그 문헌 중에 수슈루타가 남긴 것이 『수슈루타 상히타』로 산스크리트어로 된 이 책은 1916년에 영문으로 번역 출간되었다.

이 서적을 보면 질병 중에 '초인적 영향에 의한 질병'을 6가지 이야기하

시킴 히말라야의 랄리구라스는 다른 지역에 비해 종이 다양하다. 붉은색뿐 아니라 분홍빛이 있고, 사람 마음을 흔드는 설산을 닮은 하얀 랄리구라스도 숲을 이루며 장관을 이룬다. 꽃송이들이 어쩐지 캉첸중가의 다르마 차크라[法輪] 같아 보인다.

고 있다. 그 중에 영혼, 간다르바 그라하에 들린 사람의 특징을 이야기하는 대목이 있다.

"경치 좋은 물가나 아름다운 숲 속을 즐겨 걸으며, 몸도 행동도 청결하고, 음악과 꽃과 향기를 즐긴다."

산에 미친 사람들은 간다르바에 씌운 셈이다.

시킴 히말라야의 숲은 간다르바의 집이다. 어느 누구도 여기서는 그의 숨결을 피할 수 없다.

원주민처럼 이 땅을 속속들이 잘 알 수는 없을 것이다. 그러나 여행자 역시 선계(仙界)와 같은 방문지를 걸어가면서 어떤 식물이 자라나는지, 어떤 새들이 노래하는지, 어떤 동물들이 터를 잡고 살고 있는지 주의깊게 바라보는 일은 즐겁기만 하다.

더구나 캉첸중가 지역은 인간에 의해 구획된 곳이 아니라 자연이 스스로 비, 바람과 같은 기후와 토양, 고도에 의한 자연 스스로의 작품이기에 원시의 현장을 걸어 나가는 일이 더욱 흥미롭다. 속도는 관찰과 반비례하기 마련이라, 자연의 아름다움을 알기 위해서는 길을 따라 걸어가는 도보여행이 최고다. 자전거 혹은 자동차와 같은 탈것은 절대 금기다. 히말라야는 이런 탈것을 전혀 허용하지 않으니 두 발로 걸어다니는 완벽한 학습장이다.

간혹 이런 자리에서는 지복(至福)이 가득 차 오른다. 어디선가 아름답고 고차원적인 영적인 힘이 몰려와 나의 내부를 가득 채워 준다. 그러면 내 자신은 충만한 사랑으로 눈부시고 숭고해진다.

여기서 끝나지 않는다. 이제는 시선 닿는 모든 세상의 삼라만상에게 축복을 주고 싶어진다(漫然成福). 내 안을 가득 채운 지복을 두두물물과 나누고픈 순간이 뒤따라와 사방팔방을 자비의 시선으로 어루만진다.

"복 받으시라, 모두 붓다에 이르시라."

이 지복이 바로 브라흐만임을 안다. 따라서 '근원에서 노닐며, 그 길을 잃지 않고, 그 원천을 끊이지 않게 하며, 내 삶을 다하리라(游之乎之源 無迷其途 無絶其源 終吾身而已矣)' 맹세한다.

이런 아름다운 풍경 안에서, 이렇게 히말라야에 방부(房付)를 들일 수 있음에 감사하고 황송하니 이런 지역을 걷는 일은 산행이 아니라 포행길이 된다.

풍경을 보며 청허 스님 말을 빌려와 한탄하는 도리밖에 없다니.

"이 산중의 기특한 소식을 세상 사람에게 들려줄 수 없구나(山中奇特事不許俗人聞)."

사랑하지 않으면 잃는다

● ● ●

그러나 이 자리도 금세기 들어 안전을 보장받지 못하고 위협받고 있다. 영혼의 신성한 안식처인 시킴의 숲은 지구상의 파괴의 시선에 노출되었다. 땅보다 풍부한 것은 없다(莫富於地)는데 그 풍부함을 갉아먹는 유일한 종(種)이 인간이다.

히말라야의 산맥 저지대. 히말라야 산맥의 남쪽과 동쪽 가장자리를 빙 돌아 인도 북부의 시킴에서부터 네팔과 부탄을 가로질러 중국 서방을 잇고 있는 무성한 산림대가 있다. 이 지역은 남부 산의 열대종들과 북부 산의 온대종들이 뒤섞인 혼합지대로, 얼핏 끝없이 이어진 듯 보이는 깊은 계곡과 깎아지른 절벽이 동물상과 식물상을 여러 개의 지역 군집으로 나눈다. 이곳에 서식하는 약 9,000종의 식물 가운데 39퍼센트는 고유종이다. 원래 산림은 거의

34만 제곱킬로미터에 달했으나, 그 지역 내 또는 인근에 세계에서 가장 인구 밀도가 높은 지역이 형성되면서 벌목과 농지변경으로 숲의 3분의 2가 파괴되었고 현재도 빠르게 사라지고 있다.

—에드워드 윌슨의 『생명의 다양성』 중에서

잘 알려지고 이해가 깊어질수록 파괴가 적게 일어난다.

세네갈의 보호주의자 바바 디움은 말했다.

"결국 우리는 우리가 배운 것만을 이해하고, 우리가 이해한 것만을 좋아하고, 우리가 좋아하는 것만을 보호하게 될 것이다."

숲은 개발의 장소가 아니라 형이상학적인 터전이다. 저런 숲을 베어 내고, 서식처에 남아 있는 동물을 사냥해서 죽인 후에, 식탁에 오를 소 · 닭 · 돼지 등 동물을 사육하는 공간을 만드는 일이 얼마나 끔찍한 일인가. 이것을 주도하는 세계화는 막아야 하니 배워야 한다. 이해해야 한다. 이해에서 한 걸음 앞으로 나가 사랑해야 한다.

이해하지 못해 잃게 된다는 것은, 무지로 인해 상실해야 한다는 일은 무서운 일이다.

시킴 히말라야 숲 속에서 인간이 나가야 할 길을 읽을 수 있다. 가이아 지구가 오랫동안 스스로 건강을 유지해 왔던 수풍지화의 요소를 인간이 경제논리로 바꿀 수는 없지 않은가. 시킴 히말라야는 숲 속을 걸어 오르면서 어머니 자연의 중요성을 아무리 강조해도 부족함을 느낀다.

랄리구라스

랄리구라스는 시킴 히말라야의 자랑거리다. 랄리구라스의 건강한 아름다움은 물론 이 나무의 단위 밀도가 풍부한 지역이기 때문이다. 캉첸중가 산록에서는 핑크색, 붉은색, 노란색, 하얀색 등 다양한 빛깔의 랄리구라스를 만날 수 있다. 무릎 높이에서부터 사람 키를 훨씬 뛰어넘어 집채만한 크기까지 다양하다.

영국의 식물학자 조셉 후커는 1850년, 시킴 일대의 식물군을 조사하고, 해발 2천500미터에서 4천 미터에 이르는 고도에는 랄리구라스가 주종을 이룬다고 보고했다. 가장 낮은 곳은 1천800미터에서 자라는 종이 있고, 4천500미터 위까지 자라는 품종도 4가지가 있다. 높은 곳에서는 꽃의 크기가 비교적 작다. 랄리구라스는 현재 네팔의 국화(國花)로 지정되어 있지만 가장 밀도가 높은 곳은 캉첸중가의 서쪽과 남서면인 인도의 시킴 지역이다.

랄리구라스는 잘 성장하기 위해서는 온도가 낮고 습기가 높은 지역이어야 한다. 이런 적합한 조건을 가진 곳이 바로 시킴 히말라야 지역으로 무려 45여 종의 랄리구라스가 보고되었다.

사람과 산양, 방목하는 양들이 이 꽃을 먹는다. 그러나 R. cinnabarinum이라는 꽃은 유일하게 독을 가지고 있다. 조셉 후커의 보고서 중에는 이 꽃을 먹고 '입에 거품을 물고 죽어 가는 산양'에 대한 이야기가 있다. 꽃이 만발한 곳에서 만들어진 석청은 소량 의약재로 쓰이지만 다량 복용하면 치명적이다. 일부 향이 강한 종은 시킴의 사원에서 향의 원료로 사용하기도 한다.

시킴은 이렇게 역사책을 쓰고

산천의 빼어난 아름다움, 소박한 풍속,
현인군자의 유적 등이 나의 이목을 통해 접해지자 한데 뒤섞여
마음속에 부딪치며 영탄이 절로 나오게 되었다
(而山川之秀美 風俗之朴陋 賢人君子之遺迹 與凡耳目之所接者
雜然有觸於中而發於詠嘆).
—소식(蘇軾)

전생에 한때쯤

• • •

시킴의 두 번째 수도 랍단체는 명당이다. 멀리 캉첸중가의 하얀 능선이 시원스럽게 펼쳐지고, 같은 방향으로 초기 수도였던 욕섬이 능선 위에 올라앉은 모습이 시선 아래에서 선명하게 보인다. 마치 독수리 혹은 조나단 리빙스턴 시걸이 되어 일대를 조망하는 기분이 드는 위치다.

아주 오래 전부터 고색창연 했던 본지(本地)를 그대로 드러내는 봉우리들. 그 자리에서 뿜어 나오듯이 출발한 빛은 도리어 지금 막 탄생한 듯이 싱싱하기만 하다. 시간의 초월이 일어난다. 뒤로는 왕궁을 보호하는 형상의 페마양체 사원이 북서쪽에서 옛 왕궁 터를 굽어보고 있다.

가끔 기억 속에 기쁨을 선물해 주는 풍경들이 있다. 번잡한 도시의 지하철 안에서 꺼내 놓으면 스스로 미소가 더해지는 행복한 기억의 처소들이다. 이제는 이 자리 랍단체가 하나 더 모셔졌다. 미풍, 구름, 새소리, 설산, 모두들 기억 속에 소중하게 보관한다.

시킴의 첫번째 왕이었던 푼쏙에게 왕권을 받은 시킴의 두 번째 왕 텐성 남걀은 욕섬에서 이 자리에 천도하여 새로운 수도를 건설했다. 부왕이 통치하고 그리고 자신이 유년시절을 보냈던 욕섬을 바라보는 마음은 어땠을까.

시원한 바람과 한없이 뻗어나가는 시야 속에서 나 역시 세월을 되돌릴 수 있다면 이곳에서 한 소시민으로 살아보았으면 하는 소망이 일어난다. 그러다가 비약일까, '이 자리에서 살았다' 는 묘한 생각과 만난다. 전생의 기억들이 꿈틀거리려 하기에 얼른 눈을 감고 팔뚝으로 이마를 문지른다. 조금 어지럽다.

시킴에 와서는 전에는 만나지 못한 기억들이 슬쩍 들춰지고 있다. 이 삶 이외의 다른 삶들이 슬며시 드러난다.

쌀을 찾아 남쪽으로

● ● ●

세 명의 티베트 승려가 강톡 부근에서 빠드마삼바바의 예언서에 의해 푼쏙을 찾아내고 왕국을 세우는 과정은 이미 서술했다.

시킴의 태조 푼쏙의 혈통을 더듬어 보면 위로는 티베트 고원과 연관이 있다. 그의 조상은 9세기경부터 시작된 동(東) 티베트 민양 왕조의 혈통이다.

13세기경, 왕국의 왕자인 구루 따시는 깊은 명상상태에서 신탁을 받는다. 삼매경 속에서 남쪽의 먼 지역에 자리잡은 데모종베율〔쌀의 골짜기〕을 본다. 황금빛으로 출렁이는 추수를 기다리는 경작지와 설산 봉우리만큼 풍성하고 하얗게 담긴 쌀밥이 신탁 안에 나타났다. 티베트에서 쌀은 매우 귀한 곡식이었다.

그는 신탁에 따라 다섯 명의 아들과 가족을 데리고 남쪽으로 이동하기 시작한다. 물론 정치적이고 복잡한 어떤 왕가의 권력 다툼이 복선으로 깔려 있을지 모른다. 그러나 역사는 다만 신탁이라는 이름으로 이동의 의미를 부여하고 있다. 보다 나은 삶의 터전을 위해 고향을 등지고 예언의 땅으로 출발했다는 것이다. 모든 여행이 그러하듯이 모험이 기다리고 있었다.

그들 가족은 춤비 계곡에 위치한 샤카 왕국에 도착한다. 마침 이 왕국에서는 사원을 짓기 위해 노력하고 있는 중이었다. 그런데 이상하게도 기둥을 일으키기만 하면 자꾸 무너져 내려 사람들은 실의에 빠져 있었다.

구루 따시의 첫째 아들은 맨손으로, 그것도 한 손만으로 힘 하나 안 들이고 기둥을 간단하게 일으켜 세웠다. 모든 사람들은 괴력에 놀랐다. 그에게 구루 따시의 아들이라는 명칭 대신 이제는 '일 만의 영웅 중의 영웅', '일 만의 영웅의 지도자' 라는 의미의 '케이범사' 라는 이름이 새롭게 주어졌다.

일행은 이 사건을 계기로 자연스럽게 춤비 계곡에 머물게 되었다. 샤카 왕국 왕은 자신의 딸과 용맹스러운 구루 따시의 아들을 신속하게 결혼시켰다. 외부에서 유입되었지만 막강한 힘을 가진 집안을 무시할 수 없었다. 당시의 개념으로는 힘센 장수는 엄청난 화력을 가진 무기에 다름 아니었다.

한편 시킴의 원주민인 렙차족은 시킴에 정착하면서 자연스럽게 지도자를 선출해서 살아왔다. 그러다가 본격적으로 파노〔王〕를 선출하게 된 것은 1400년경에 이르러서야 가능했다.(후에 역사서가 만들어지면서 최고 지도자를 파노라고 칭했기 때문에, 기원전 렙차족의 지도자 역시 왕과는 비교하기 어려운 상태의 작은 권력을 가졌음에도 역시 파노라고 부른다.)

왕이 정식으로 생겨났다는 사실은 알고 보면 갈등의 시작이란 의미다. 그를 떠받치는 그룹이 생기고 지배와 피지배 사이의 간격이 발생된다.

『노자』를 돌아보면 여러 부락이 합쳐지고 덩치가 커지면서 광토중민(曠土衆民)에 이르며, 노자는 이것이 바로 모든 재앙의 근원으로 여겼다. 민중들은 이제 토지를 개간하고, 성을 쌓는 노역에 동원되고, 심지어는 전쟁터에 나가야 하는 일까지 생기기 시작한다.

풍광이 좋은 이 왕궁 터 역시 무수한 벽돌로 성곽을 빙 둘러 쌓았다. 왕과 왕족이 생활하던 방, 정사를 논의하던 자리, 대신과 부하들이 머물던 곳이 벽돌을 촘촘하게 쌓아 다른 공간으로 구획되어 있다. 이것을 만들기 위해 흙을 반죽하고, 벽돌을 만들어 불에 굽고, 산 정상까지 운반해서, 성을 쌓는 과정은 알고 보면 하층민으로 분류된 사람들의 괴로움을 기초로 한다. 평범하게 자신과 가족을 위해 밭에서 일하던 사람이 이제는 권력을 위해 집 밖으로 나서 부역을 해야 한다.

『노자』의 지적처럼 왕의 탄생과 함께 갈등구조가 생겨나면서 반란과 전

장자(莊子)에서 하늘과 더불어 조화를 이루는 것은 천락, 인간과 자연의 통합은 천화, 인간과 사회의 통일은 인화, 인간 사이의 조화는 인락이라 이야기한다. 이 모든 것은 조화가 바탕이다. 시킴의 기본틀은 이 천락(天樂), 천화(天和), 인화(人和), 인락(人樂)이 만들어진 어우림이 시킴이라는 모습을 창출했다.

쟁이 일어나더니, 초대 왕은 부족간의 전투 중에 사망했고 이어서 3명의 왕, 트루송 파노, 투르앵 파노, 투르아루 파노로 왕권이 이어져 나갔다. 그리고는 세 번째 왕의 갑작스러운 죽음으로 렙차들이 시도했던 군주제는 끝나게 되었다.

렙차들은 자신들의 종족에게 중요한 문제가 발생했을 때, 자신들을 이끌고 나가야 할 지도자를 선출하는 문제에 봉착했다. 결국은 주민을 정치적으로 다스리고, 중요한 일이 있으면 신에게 제사를 올리는 지도자를 모시게 되었으니 고대의 방법으로 되돌아갔다.

'일 만의 영웅의 지도자' 케이범사가 샤카 왕국에 머물 당시, 시킴의 강톡에는 이렇게 선출된 렙차족의 제정일치(祭政一致)의 지도자 테통택이 있었다.

케이범사는 춤비 계곡에서 시킴으로 자주 남하하여 테통택을 만나 교류를 시도했다. 샤카 왕국은 자신의 아버지가 신탁을 받았던 데모종베율〔쌀의 계곡〕은 아니었으니 더 남쪽 땅인 시킴으로 내려서야 했다.

시킴의 테통택은 케이범사의 세 아들을 포함해서 그의 가족에게 축복을 내림은 물론, 훗날 케이범사의 자손이 시킴의 지도자가 되리라고 예언하기에 이르렀다. 감사함과 존경심을 품은 케이범사는 그 후에도 자주 테통택을 방문하여 많은 시간을 보냈다.

테통택은 케이범사가 막강한 괴력의 소유자라는 소문을 들었음은 물론 두 눈으로 똑똑히 보았음이 틀림없었다. 또한 케이범사는 은근히 무력을 내

보이고, 아버지의 신탁을 이야기하며 남쪽으로 내려오겠다는 암시를 던졌으리라. 렙차족들로서는 이들의 힘을 막기는 어려웠을 터. 결국 1592년, 한반도에서 임진왜란이 일어난 같은 해, 카비룽촉이라는 렙차족의 성지(聖地)에서 이 두 지도자, 즉 렙차족과 부티아족 지도자가 서로 형제임을 서약하는 조약을 맺게 되었다.

역사서를 보면 흔히 한 줄로 표기된 부분이 있다.

"로마인은 서기 43년에 영국을 침입하였다."

"서기 1455년 장미전쟁이 시작했다."

이 한 줄을 학생들은 암기한다. 때로 사람들은 책에서 이런 글을 무심히 읽고 지나간다. 그러나 그 배후에는 수많은 창검소리, 음모, 울음과 비명, 이별, 죽음 등, 피비린내가 도사린다.

이 형제가 되는 과정이 '형제간의 조약' 등등으로 역사서에 다만 몇 줄로 표현되지만 당시 티베트라는 대국의 왕족 출신에다가 일 만 명에 대적하는 막강한 힘을 가진 사람들이 북으로부터 찾아오고 그로 인해 벌어지는 여러 일들이 숨겨져 있다.

제사장의 천막 휘장을 찢는 거친 바람이 북쪽에서 불어오고, 렙차 중생들이 치성을 드리는 성소의 신성한 나무가 뿌리째 흔들렸을지 모른다. 조상을 모신 사당 벽에 금이 가고, 그 앞에 세운 비석이 굵은 땀을 흘리지 않았을까. 렙차 지도자들의 대책을 세우기 위한 은밀한 회동과 어쩔 수 없다는 통탄의 눈물들이 있었을지 모른다.

그러나 렙차족의 지도자 테통택은 대중에 관한 깊은 애정을 가지고 있

장재(張載) 왈 "자신이 듣거나 보지 못했던 것이 저절로 조용히 느껴진다면(不聞不見自然靜生感者)이 또한 예전에 듣거나 본 것에서 연유하는 것이다." 기억을 불러일으킨 예전이라는 것이 언제일까. 옛 궁궐터 풍경 안에서 드러나는 과거로의 시간초월 그리고 기별. 나 한때 이곳에 있었다.

었음이 틀림없다. 도저히 감당할 수 없는 힘을 가진 외부인이 어차피 정권을 찬탈한다면 피를 흘리지 않을 도리가 없었으니 권력을 일부 이양함으로써 무혈로 가는 길을 타협했으리라. 한 손으로 그 무거운 기둥을 번쩍 들어올리는 장군이 있다면 아무리 싸워도 히말라야 바깥으로 나갈 수 없는 부족들이니 서로 공존하는 평화의 길을 택했으리라.

한 사유를 통해 세상은 전개되고 진행을 이루어 나간다. 지도자 한 사람의 결정에 따라 세상이 어떻게 변화해 나가는지, 그 사람의 사유에 따라 사회는 어떤 변화를 겪어야 하는지, 우리 세대는 평생 동안 이 경험을 해왔다. 우리 역사는 테통택과는 다른 길을 선택함으로써 덕분에 전화를 통해 수많은 무주고혼(無主孤魂)을 이 땅에 양산했다.

옴 바라 마니 다니 사바하.

한나라 유향(劉向)이 편찬한 『설원(設苑)』을 보면 '하늘의 뜻을 아는 자 하늘을 원망치 않고, 자신을 아는 자 남을 원망치 아니한다' 고 하던가. 테통택은 렙차의 운명과 렙차의 힘이 어느 정도인지 정확히 읽었고, 부티아족 케이범사의 능력 역시 소상하게 파악했다.

생명보다 소중한 것이 어디 있겠는가. 원망보다는 현실적이고 현명하게 유혈을 빗겨갔다. 생명을 경시하는 이즘이나 종교는 모두 아류에 불과하다.

모든 것은 연기(緣起)로 인함이 불가의 핵심 중에 하나다. 역사를 가만히 보면 그 많은 요소들이 맞물리며 종(種)의 터를 닦아나가고 있다. 너그러운 사람들이 서로 도와주고 이해하며 살아가면 극락정토가 되고, 그 반대로 다투고 경쟁하면서 망가지면 천국(天國)이 아닌 천국(淺國)의 길로 나아간다.

왕궁에 자리한 초르텐이 좋다. 왕좌에 앉아 군중을 다스렸던 위치보다 보다 나지막한 곳에 오롯이 서 있는 세 개의 초르텐이 따뜻하다. 이마를 초르텐 기단에 대고 만뜨라를 외운다. 정치를 하기 위한 왕궁보다는 사원을 세우기 좋은 자리로 보인다.

영혼이란 한 개체에서 눈에 보이지 않는 고위(高位)의 에너지 형태다. 자연에게도 당연히 이런 에너지 패턴이 있기에 인간은 미(美)라는 개념으로 그것을 바라보고 감동이라는 행위를 통해 접촉한다. 결국 아름다움 자체가 우주 창조의 정신이다.

그렇지만 모든 사람에게서 이 과정이 일어나는 것은 아니다. 공자의 이야기처럼 '모든 것은 나름대로 미를 지니고 있지만, 누구나 그것을 볼 수 있는 것은 아니다.'

따라서 우리는 이것을 개발하여 모든 사물에게서 이런 교감을 느끼도록 감수성을 일으키는 노력이 필요하다. 작은 일에 감동하는 소년처럼 변해 버리는 선사 조사들의 천진무구(天眞無垢)는 이런 자리에서 온다.

당시의 실세들은 무엇을 기원했을까. 수백 년을 버텨낸 작은 부조(浮彫) 안에 세월을 따라 마모를 통해 더욱 온화한 표정으로 변한 붓다, 불보살, 구루들이 결가부좌로 앉아 있다. 설산에 눈구름 피어나고 낮은 곳에서 꽃들이 어지러이 흩날리는 사이에 사람들은 가고 돌보살들의 미소만 남았다. 오래 앉아 있을수록 정이 새록새록 솟아나는 곳이다. 사방은 오로지 침묵이 장식하고 가끔 견실한 설산에서 불어오는 바람들이 룽따를 흔든다. 눈을 감으면 과거 그 언젠가 이곳 초르텐 앞에 엎드린 내 모습이 환영으로 보인다.

시킴 히말라야에서 가끔 이렇게 과거의 모습을 만난다. 그런데 반갑지 않은 것은 아직 내가 현세의 나를 잘 모르기 때문이다. 그런데도 오래 전에 이곳에서 살아본 적이 있는 과거의 내가 오늘쯤 내가 이곳에 오기를 기다렸다는 느낌을 받는다.

"과거의 너를 이제는 거두어 가라."

특정 상황의 깊은 감명은 비단 명상으로만 얻어지는 것은 아닌 듯하다. 온갖 색의 다루쪽이 휘날리고, 설산이, 능선이, 야생화가 즐비한 언덕에 서면 신비현상을 체험한다. 평소에는 나타나지 않는 감추어진 밀(密)이 일상적이지 않은 언어로 뜻을 전한다.

거대한 산, 드넓은 바다 등은 성인은 물론 범부에게도 감동을 준다. 아름다움을 통해서 수학적인 무한이 인간에게 다가온다. 사람의 힘으로는 결코 꾸며낼 수 없는 풍경이 우리 내부에 자리한 원형적인 무한과 감수성을 통해 반응하여 공명한다. 그런 떨림과 울림 사이에서 과거가 영상을 만든다.

그러나 범부에게 지난 삶의 단서가 주어지는 일이 그리 대단한가. 다만 삼사라와 까르마라는 법을 확실하게 믿게 해줄 따름이다. 그리하여 남은 삶, 그리고 다시 태어난다면 다음 삶에서는 피안으로 향하는 대승의 뱃전에서 노 젓는 보디삿뜨바가 되리라 서원한다.

옴.

형제의 계약을 맺고

● ● ●

이들의 계약이 이루어진 까비롱촉은 시킴의 강톡에서 북쪽으로 20㎞ 떨어졌다. 시킴 히말라야 지역의 중요한 사원, 왕궁, 유적지 들은 대부분 언덕의 능선 위, 혹은 언덕의 정상에 위치하듯이, 역시 범상치 않은 언덕이다.

야생 생강이 즐비하게 자라난 중앙으로는 원형의 작은 둔덕이 있고 몇 그루의 신단수가 자라나 있다. 돌계단을 밟고 올라가면서 자연스럽게 신성한 기운을 느끼게 되니 성소임이 느껴진다.

나무 아래 제단이 모셔져 있고 앞으로는 불끈 솟아오른 돌덩이가 하나 있다. 렙차들의 성스러운 돌〔石〕로, 바로 그 자체가 지명이 되어 버린 까비 롱촉—똑바로 세운 돌—직립석(直立石)이다. 카닥과 향들이 분위기를 더욱 신비롭게 포장하고 있다.

카닥은 순수함을 상징하는 하얀 비단 스카프를 말하며 티베트에서 들어온 것이다. 높은 스님을 찾아갈 때 가지고 가며, 공양물을 바칠 때 카닥 위에 얹어 싸가지고 간다. 먼 길을 떠나는 사람에게 안녕과 무사귀환을 빌면서 목에 걸어 주고, 죽은 사람에게 카닥을 걸어 극락왕생을 기원한다. 불상 앞에 놓거나 불상의 목을 감기도 한다. 축복, 존경을 표하는 모든 곳에 카닥이 있는 셈이다.

까비롱촉을 감은 카닥도 그런 의미다. 카닥의 길이가 유달리 긴 경우, 장수를 의미하며 혹은 어떤 관계가 오래 지속되기를 원하는 염원의 표시다. 까비롱촉의 카닥의 길이는 유달리 길다.

렙차족의 대표인 테통택과 부티아족의 대표인 케이범사는 이 돌을 중심으로 9개의 돌기둥, 즉 조케부붐사를 일으키고 엄숙한 의식을 통해 조약을 맺었다. 황소를 제물로 삼아 목을 치고, 피를 바닥에 흥건하게 뿌리고, 그 위에서 소의 피를 나누어 마시며 이제부터 서로 피를 나눈 형제가 되기로 서약했다고 한다.

렙차족과 부티아족이 형제간의 계약을 맺은 까비 롱촉. 인간은 사라지고 돌만이 남아 계약을 증명한다.

한편 제물이란 무엇을 포기하고 더욱 강한 것을 획득하기 위한 물건이다. 귀한 소를 잡아 제물로 삼은 것은 보다 귀한 형제를 얻기 위한 시도이며, 피를 마시는 행위는 이제 혈연으로 묶임을 상징한다.

아홉이라는 숫자는 샤머니즘이 퍼져 있는 곳이라면 어디든지 '궁극적인 단계나 여행 또는 지속'을 나타낸다. 1~9까지의 마지막 수이기에 깨지기를 원치 않는 지속을 상징하는 표현이다. 또한 9달 동안 태아로 있다가 새로운 세상으로 탄생하듯이 이제 두 부족이 하나가 되어 새 생명을 탄생시키자는 의미를 내포한다. 9개의 돌기둥은 그런 연유로 세워졌다.

이들은 렙차와 부티아의 형제는 결코 다투지 않으면서 부족간의 평화를 유지하고, 갈등 대신 조화를 이루면서 서로 도와 살기로 약속하고, 이 성스러운 약속을 깨는 부족에게는 현세는 물론 그의 자식 대대로 저주가 내려도 좋다는 서약을 했다. 이원동류(異源同流)가 되어 세월 속에 이제 한 배를 타게 된 것이다.

알고 보면 형제라는 개념은 중요하다. 비행기를 타고 한 시간만 날아가면 '다르다' 는 개념을 접한다. 언어가 다르고 문화가 다르고 외모 역시 다르다. 입국하는 순간, 심지어는 목적지를 향하는 비행기 기내 안내 방송에서부터 목적지와 나 사이의 차별이 느껴진다. 이것은 분리의 개념이고 형제라는 개념이 존재하지 않는다. 형제란 같음〔同〕에서 출발한다. 같음은 대립하지 않고 분쟁을 일으키지 않는 정신이다. 동일성을 찾는 시도다.

한반도 민족은 삼국시대부터 현세에 이르기까지 다른 나라에서는 찾기 어려운 단일민족이라는 진정한 생물학적인 형제였다. 그러나 이것이 정말 형제였는지, 목 터지라 구호로만 외친 형제였는지 지구상에 남은 유일한 분단국가라는 현실이 스스로 웅변한다.

렙차족과 부티아족은 혈통이 '다름' 에도 불구하고 이런저런 연유를 통해 '같음' 을 선택해서 9개의 돌기둥을 세운 후 같은 배—시킴호(號)에 승선하게 되었다.

괴력에 가까운 막강한 힘을 가지고 그만큼 머리가 좋은 케이범사는 형제조약을 맺고 나서 당장 시킴 지역으로 들어오지 않았다. 그는 수시로 시킴에 내려와 머물다가는 다시 샤카 왕국으로 되돌아가며 시킴 내에서 자신에 대해 알리고 세력을 넓혔다. 다짜고짜 형제의 계약을 내세우며 렙차들의 반발을 불러올 만큼 아둔하지 않았다.

세월이 흐르면서 케이범사의 세 번째 아들인 미폰랍이 아버지의 뒤를 잇는다. 미폰랍 역시 시킴 지역에서 세력을 과시하며 은근히 지도자임을 내세우지만 정식으로 이주하지는 않는다. 역시 렙차의 저항을 의식해서 조심스러운 행보를 거듭한다. 결코 서두르지 않는 히말라야 문화권 민족의 특징이 보인다.

그리고 미폰랍의 넷째 아들 구루 따시(처음으로 신탁을 받아 남쪽으로 떠나는 조부와 이름이 같다)가 1604년에 태어난다. 그는 시킴의 강톡 근처로 완전히 이주하게 되며, 바로 세 명의 티베트 승려에 의해 남갈이라는 칭호를 받게 되는 시킴 왕국의 초대 왕 푼쏙이다.

시킴으로 들어온 세 명의 티베트 스님들은 빠드마삼바바의 예언서를 이야기하며 푼쏙을 왕위에 올렸지만, 당시의 티베트 상황을 본다면 황모파와 적모파의 힘겨루기로 인해 힘이 달리는 적모파가 새로운 토양을 찾아 시킴으로 이주를 하기 시작했고, 이렇게 이주한 부티아족들은 이런저런 과정을 통해 시킴에서 왕족 귀족 신분을 얻어냈다고 보아도 좋다.

이주민들은 렙차족의 저항을 최소화하고자 일찌감치 시킴으로 들어와 거주하며 부티아족, 렙차족 모두에게 존경을 받는 푼쏙을 티베트 승려들의 도움으로 지도자로 선출한 것이다. 서건동진(西乾東震)이 아닌 북건남진(北乾南震)의 역사다.

렙차족의 지도자 테통택이 사망한 후, 렙차족은 세력을 잃고 피지배 민족으로 전락하기 시작하며 차차 부티아의 수하에 들어가게 되었다. 그러나 문화 · 종교의 정체성은 손상이 쉽게 일어나지 않았다.

렙차족은 당시 성스러운 계약을 체결했던 지도자 테통택과 그의 아내 니콩갈을 끔찍하게 사랑하고 따랐다. 아버지 같은 그의 결정을 모두 순수하게 받아들였다. 렙차는 나라의 힘이 외부에서 유입된 부족에게 넘어간 후에도 종족의 마지막 지도자였던 이 두 사람에 대한 애정을 버리지 않고 도리어 더욱 키워 나갔다.

렙차족은 아직까지 이 둘은 죽지 않았다고 말한다. 현재 캉첸중가의 경사면에 자리잡은 야훔 계곡에 살고 있다고 믿는다. 미래의 어느 날 말세가 와서 거대한 홍수가 지상을 휩쓸어버리거나, 또 다른 재앙으로 지상이 파괴될 무렵 다시 찾아와 렙차를 구하고 새로운 세상을 창조한다고 믿는다.

이 자리에 서면 그 부부가 여지껏 살고 있다는 계곡은 보이지 않는다. 그러나 북쪽의 계곡으로부터 따스한 기운은 느낄 수 있다.

시킴에 티베트 혈통의 왕이 생겨나고

● ● ●

시킴의 초대 왕 푼쏙은 렙차족의 삼부레를 재상으로 임명했다. 그는 렙차족을 중용하고 시킴에 살고 있는 림부족과 같은 소수민족에 대해서도 관직에 등용하는 등, 우호적으로 지내며 군주제의 길을 닦아가니, 커다란 충돌 없이 형제 관계를 유지하며 통치했다. 또한 자신이 왕권을 받은 욕섬을 수도로 삼아 시킴 히말라야 일대를 불교국으로 바꾸기 위해 노력했다.

그는 비교적 넓은 지역을 통치했다. 비록 부티아의 혈통일지라도 티베트 스님들은 당시 티베트 고원을 장악하고 있었던 노란 꽃—게룩파의 수장 달라이 라마의 재가를 받도록 권유했다. 그리하여 사신을 파견했다.

달라이 라마는 그를 히말라야의 남쪽 사면, 즉 시킴을 관할하도록 허락했다. 이제 티베트의 우산 아래로 들어간 셈이다. 달라이 라마의 인장이 그려진 카닥, 구루 린포체의 모자, 법구의 일종인 단검 모양의 푸르바, 그리고 무엇보다 귀중한 구루 린포체의 성스러운 탕카가 하사품으로 시킴 왕국에 들어왔다.

사실 이것은 시킴 왕국의 남걀 왕조가 티베트의 속국으로 묶이게 되는 것을 의미한다. 또한 원주민 렙차족이 왕권에 저항하며 반란을 일으키거나 봉기가 일어나면 당시의 강력한 국가였던 티베트가 좌시하지 않겠다는 의미도 품는다.

티베트 민양 왕조에 뿌리를 둔 부족이 이제 히말라야 너머의 데모종베율을 통치하기 시작했으니 신탁이 맞아 떨어졌다. 푼쏙의 밥상 위에는 자신의 영토에서 수확된, 조부의 꿈에 나타났던 하얀 쌀밥이 올라왔다.

멀리서 날아온 꽃씨 몇 개가 새롭게 군락을 이룬다. 더구나 생명력이 유별난 경우 주변에 변화를 유발시킨다.

부티아족과 함께 티베트 불교가 들어오면서 이 지역에서는 새로운 각양각색의 변화가 일어났다. 렙차족은 부티아족과 문화적인 면에서 거리를 두고자 했으나 자신들의 문화가 야금야금 차차 침식되어 갔다. 예술 · 문학 · 미술 · 제례 등 다양한 분야에서 렙차와 부티아 사이의 여러 요소들이 서로 배격하고, 흡수하고, 어우러지며, 새로운 물리화학적인 반응이 일어난다.

종국에는 힘을 바탕으로 한 불교가 승리를 거두었음은 자명한 일이다. 이제 승리자가 되어 새로운 힘으로 역사를 향해 발걸음을 떼어놓았다. 그렇다고 본래의 자연숭배가 완전히 사라진 것은 아니다. 저렇게 거대하게 천변만화하는 대자연 앞에서 그 대자연을 향해 숭배하고 모셔왔던 정신은 없앨 수 없었다.

도리어 이런 렙차의 종교 성분이 티베트 불교 안에 스며들어 시킴 왕국만의 독특한 종교와 문화가 형성되었다. 렙차는 티베트 불교를 받아들이고, 티베트 불교는 렙차를 받아들여 조금씩 변형했으되 서로 공존하게 되었다. 결국 시킴은 이런 역사적 과정을 통해 다양성을 생성했으니 지상의 다른 곳에서는 만날 수 없는 아름다운 문양(文樣)을 가지게 된 것이다.

사실 한때는 용광로 이론이 우세했다. 가령 수많은 이주민이 모인 미국과 같은 경우 모두 한데 어우러지며 하나의 미국을 만들자는 주장이었다. 그러나 모자이크 이론도 있다. 각기 다른 고유문화와 종교를 가진 민족이 모여 자신 특유의 빛깔을 잃지 않고 함께 살면 더 좋다는 것이다. 서로에게 배움을 주며 공존하는 모자이크 모습은 옛 시킴 히말라야에서 찾을 수 있다.

텐성 남갈은 2대 왕으로 1670년 왕권을 이어받아 수도를 지알싱 근처의 랍단체로 옮겼다. 바로 이 자리다.

그에게는 3명의 아내가 있었다. 각각 부티아, 렙차 그리고 림부족의 여자였다. 나라가 다(多) 부족으로 구성되어 있고, 각 부족을 무시할 수 없는 현실적 선택이었다. 어두운 그림자는 이미 드리워졌다.

두 번째 아내에서 태어난 촉달 망갈이 1700년에 3대 왕위를 받았으나 그의 이복 여동생인 팬디옹무가 인접한 부탄 왕국을 끌어들여 랍단체를 함락해 버렸다. 이에 촉달은 생명에 위협을 느껴 티베트로 망명하게 된다. 촉달은 티베트 라싸 정부의 도움으로 10년 후에 다시 왕권을 되찾았지만 1760년 라롱 근처의 따또빠니〔溫泉〕에서 문제의 그 이복 여동생에 의해 살해된다.

렙차족은 까비롱촉—똑바로 세운 돌에서 축제를 정기적으로 벌인다. 의미 있는 축제 중에 하나는 티베트 달력으로 9월의 15일째 되는 날, ① 치〔음료〕 ② 타파〔건조시킨 쌀〕 ③ 나고〔물고기〕 ④ 포〔새〕 ⑤ 립〔꽃〕을 공물로 바치면서 벌이는 형제의 계약을 기념하는 축제다.

이것은 본래 이 지역의 원주민인 렙차족들이 외부에서 들어온 티베트계의 부티아족 강자에게 형제의 계약을 잊지 말고 약속을 지키라는 하나의 호소와 같았다.

남걀 왕조는 332년 동안 세습을 거듭하면서 시킴을 통치했다. 그러나 시간이 흐르면서 시킴을 통치했던 티베트 출신의 부티아족 왕들은 이 신성한 계약을 소홀히 하기 시작했다. 그래서일까. 1642년부터 1975년까지 시킴을 지배했던 남걀 왕조라는 이들의 혈통은 렙차족을 멀리하면서 고대의 저주를 받아 험한 길을 걷더니 끝내 1975년에 인도의 22번째 주로 흡수되는 몰락의 길을 걷고야 만다.

남갈이라는 이름의 왕위 계승자는 암, 교통사고로 대(代)가 끊기며 결국 절멸(絶滅)한다.

그러나 렙차는 아직 이 축제를 이어나가고 있다. 테통택의 약속의 힘은 확실했다. 오래 전 렙차족의 번영을 약속한 테통택은 세대가 바뀌어도 렙차족을 단합시키는 구심점이 아닐 수 없다.

아무래도 다시 와야 한다

● ● ●

옛 왕궁의 폐허를 이제 다시 복원하고 있다. 입구에는 초르텐이 자리잡고 바로 앞에는 두 번째 수도에 대한 설명과 복원에 대한 안내문이 입간판으로 세워져 있다. 비록 인도로 편입되었으나 시킴 주정부의 자존심과 다양성을 인정하는 인도 정부의 의향을 반영하는 것으로 보인다.

시선 아래로 구름이 지나간다. 풍경에 도취되며 어떤 애틋한 그리움 같은 것이 더해진다. 돌아보면 인간 세상이란 얼마나 덧없는가. 그야말로 공환(空幻)이다. 그러나 저 웅장한 자연은 그동안 역사라는 이름으로 벌어진 모든 인간사를 굽어보고 있었다.

사람은 단지 머물다 갈 뿐이다. 그러나 저 자연은 수없는 시간 동안 인간의 싸움을 굽어보았다.

"누가 주인인가?"

시킴 히말라야에는 온천이 많다. 온천 주변 역시 예외 없이 룽따를 내걸고 탑을 세운다. 이 온천에서는 권력다툼으로 인해 핏물이 흐른 곳이다.

"인간이 과연 주인인가?"

시킴의 왕들도 이제는 한갓 먼지가 되어 고원을 떠돈다. 현상이란 공화이며 공화 또한 현상이다. 인간이 사라진다고 허무와 공허인가?

그렇지 않다. 만유(萬有)다, 단지 만유유변(萬有有變)이다.

"그러면 우리가 귀의할 곳은 어딘가. 덧없이 흘러가는 인간사인가, 권력인가, 아니면 자연과 합일하는 자리이던가."

마치 눈 밝은 종사의 가르침처럼 적연부동한 산은 어디에 귀의하겠냐고 질문을 던진다. 그나마 산은 오랫동안 모습을 쉬이 바꾸지 않는다(依舊靑山對面眞). 순간적으로 가 버리는 것들에게 내 삶을 어찌 걸겠는가.

자연에 순응하고 그 자연에 몸과 마음을 맞추는 일이 성을 짓고 인공물을 건축하는 일보다 좋아 보이고, 묵묵히 땅을 가는 일이 궁궐 안에서 세도를 부리는 영웅의 업적보다 뛰어나 보이는 것은 웬일인가.

> 한가히 산림에 누워 세상 일 다 잊었네.
> 명리에 허덕이는 세상 사람 가엾어라.
> 소쩍새도 잠이 든 달 밝은 밤에
> 한줄기 시냇물 소리 나의 벗일세.
> —보우 선사

풍경이란 그냥 풍경이 아니라 마음과 일치하는 풍경은 이미 잠재의식에서 어떤 변화를 일으키기 시작한다. 누군가 나를 부르는 듯하여 뒤돌아본다. 한 사내가 언뜻 폐허의 성 위로 깜박거리며 사라진다.

정말 혼자 다시 오고 싶은 곳이다. 저 아래부터 맨발로 걸어 올라오고 싶은 자리다. 내게는 과거 언젠가 이 자리에서 무슨 사연을 남겨 놓았을 것 같은 기분이 든다. 아니, 내가 이 자리에서 오랫동안 나를 기다리고 있었다. 여기가 마땅히 내가 있어야 할 자리임에 틀림없다.

렙차족 벽돌공이었을까. 왕의 가마를 메고 급한 길을 오르던 가마꾼이었을까. 만뜨라를 외우던 승려였을까. 뭉친 먼지 덩어리에서 흩어진 먼지로 가는 길을 반복하는 여정에서 이 자리에서 무슨 일이 있었을까.

"무엇일까? 내 식(識)이 겪었던 여정은 어떤 것이었을까?"

질문과 동시에 순간적으로 찢어진 시간이 이어지며 내 전생을 손으로 쓰다듬는 살가운 느낌을 만난다. 그러나 그것뿐이다. 세월을 타고 이제는 푸석거리는 젖은 벽돌들이 어떤 의미를 전해 주려는데 그 행간을 쉬이 읽어 내지 못하고 있다.

뚱바가 아니라 똥바다

진정한 발견은 새로운 땅을 찾는 것이 아니라
새로운 눈으로 보는 것이다.
—마르셀 프루스트의 『잃어버린 시간을 찾아서』

현지어 구사는 최고의 소개장

● ● ●

히말라야를 오가다 보면 자연스럽게 느는 것이 현지어다. 세월을 따라 오다 보니 이제는, 이 산길이 얼마나 험한지, 계속 오르막인지, 내가 가는 마을까지는 여기서부터 얼마나 떨어져 있는지, 그곳에 게스트 하우스가 있는지, 묻고 들을 수 있는 자리까지 왔다.

물론 먼저 배운 말은 빈방이 있냐? 하루에 얼마냐? 쌀밥, 야채만두, 짜우짜우—라면을 파느냐? 같은 의식주와 관계된 문장들이다.

그러나 더 일찍 배운 것이 있으니 '술 있냐?'는 질문이다. 평소 주장이 '체험보다 중요한 것은 없다'이기에 국내외 산행을 구별하지 않고 현지 터줏대감 노릇을 하는 토속 술과 안주를 찾게 되고, 당연히 이 말부터 배웠다.

"디디, 따빠이코 파살 뚱바 파인차—아주머니, 당신 가게에 뚱바 있나요?"

시킴 왕국 인구의 75%는 네팔인이다. 동쪽 시킴은 물론 히말라야 일대에서 네팔어는 은근한 실력과 세력을 가지고 있어 통하지 않는 곳이 없다.

현지어를 한다는 것은 무장해제다. 더구나 술을 현지어로 주문하면 이곳 사람들은 있다, 없다를 말하기 전에 먼저 웃음부터 짓는다. 싱긋이 웃는 사람부터, 손으로 입을 가리고 웃는 아주머니, 얼굴의 주름이 깊게 패도록 좋아하는 할머니, 박수를 치며 환하게 웃는 치아 없는 할아버지 등등, 모두들 그렇게 즐거워한다. 내 말 한 마디에 꽃들이 순식간에 피어나는 기분이 든다.

가령 우리 나라 대폿집에 외국인이 쓰윽 들어와서 엉성한 발음으로 '아줌마, 이 가게 마껄리 이써요?' 라고 물어보는 일과 같은 모양이다. 우리 대폿집 아줌마, 웬일이야, 우선 웃을 수밖에. 우리 나라 같으면, 없으면 이웃집에서 얼른 받아다 준다.

다음부터는 모든 일이 슬슬 풀린다. 없으면 있는 곳을 친절하게 알려준다. 더구나 술청에 앉은 술꾼들은 자신의 나랏말로 외국인과 대화를 나누고 싶어 안달하고 호시탐탐 호기심 많은 시선으로 접근할 시기를 기다린다. 그러다가 시선이 마주치면 즉각 말을 건넨다.

"어느 나라 사람?"

이것이 정해진 첫번째 질문이다. 예외 없다.

10년이 훨씬 지나면서 한국은 히말라야 민족에게, 돈을 벌어 자신의 고향에 게스트 하우스를 짓거나 경작할 땅을 살 수 있고, 혹은 자동차를 사서

운전기사로 생활을 할 수 있는 여건을 만들어 주는 꿈의 땅이 되어 있었다.

과거 어느 날, 배낭을 내려놓고 창술을 마시던 날, 코리아가 어딘지 모르는 사람들이 대부분이었다. 그들은 제법 유식한 고르카 용병 출신의 할아버지가 입장하기 전까지 한국 위치에 대해 자신들끼리 심각하게 토론까지 벌였다.

현지인처럼 정확한 발음을 하려고 노력하지는 않는다. 어차피 같은 네팔어라도 동쪽 끝과 서쪽 끝은 다르기 마련이고, 정확하지 않은 발음이 더욱 친근감을 준다. 일부러 발음이 비슷한 닭—쿠쿠라와 개—쿠쿠르를 바꿔서 이야기하는 경우도 있다. 닭고기 볶음밥을 먹지도 않을 것이면서 슬쩍 단어를 바꿔 '이 집에 개고기 볶음밥 있어요?' 묻는 거다. 이 말을 들을 수 있는 반경에 있는 사람들은 모두 뒤집어진다. 정말 모른 척하면 여러 사람들이 동시에 닭은 쿠쿠르가 아니라 쿠쿠라라고, 앞마당에 모이를 쪼는 닭을 지목하며 열심히 이야기한다. 물론 이 대화가 끝나면 사방의 분위기가 몰라보게 좋아진다.

배낭을 메고 떠나면서 '나마쓰떼, 쿠쿠르, 쿠쿠라!' 손 흔들면 또 한 번 꽃들이 확 피어난다.

그렇다고 네팔어를 잘 하는 것도 아니다. 한 200여 개의 단어를 가지고 이렇게 저렇게 조합하면서 오가면 히말라야 산골짜기에서는 네팔 왕이 쓴 친필 소개장보다 강력한 위력을 자랑한다.

창첸중가 부근에서 똥바는 단순히 술 이상의 의미를 가진다. 대동제에 반드시 필요한 도구다. 여행자는 문화체험이라는 의미에서 토속적인 술이나 음식을 그냥 지나칠 수는 없다.

시킴에 시킴스러운 음식은 없고

● ● ●

여행자의 시선을 잡아당기는 많은 요소 중에 음식이 있다. 한국인들은 미각이 고착되어 타지를 여행하면서 고추장, 된장, 김치를 그리워하는 일은 유별나다. 그러나 현지 문화의 체험 중에 하나인 현지 음식 만나기 위해서는 적극적이고 능동적 자세가 필요하다.

히말라야 높은 산에서 만나는 한글이 선연한 깻잎 깡통, 김 봉투, 고추장 튜브 등등을 보면 쓰레기 처리의 미숙함은 물론 이렇게까지 싸들고 와 먹어야 하나? 생각이 든다.

짐 꾸리기에 어설픈 성격 탓인지 오랫동안 한국 음식을 가지고 떠나지 않았다. 채식주의자로 히말라야 일대 여행에 조금도 불편함이 없고, 히말라야 음식을 먹는 일은 돌아보건대 산길을 걷기에 더 적합한 것 같기 때문이다.

시킴 히말라야의 음식은 지역만이 자랑하는 토속적이고 독특한 것은 없으며, 주식은 쌀이다. 남녀 구분 없이 술을 즐기고 발효음식과 발효음료를 많이 먹는다. 음식에 관해 렙차족, 부티아족, 네팔인 사이에 뚜렷한 구분은 없다.

밥 이외 즐겨먹는 음식으로는 티베트 문화권에서 공통적으로 즐기는 모모와 툭파 정도다.

모모는 만두로, 잘게 다진 고기, 야채, 치즈를 만두속으로 넣는다. 보통 닭고기, 소고기를 넣고 돼지고기 만두도 있다. 채식주의자들을 위해 야채만두도 함께 준비되며 야크 치즈를 넣기도 한다. 통에 넣고 쪄내는 것과 튀김

두 가지가 있어, 국내에서 흔히 만나는 찐만두와 군만두 같다고 생각하면 된다. 찍어 먹는 소스로는 시킴 지역의 매운 고추로 만든 칠리소스를 만날 수 있다.

세계에서 가장 매운 맛을 내는 고추는 인도 동북부, 즉 시킴, 부탄 그리고 아삼에서 자라는 나가졸로키아 고추라고 한다. 매운 맛을 유발하는 캡사이신을 다량 함유하고 있어, 2002년 초반까지 가장 매운 것으로 알려진 멕시코의 레드 사비나 아바네로보다 혀끝에 쏘는 맛이 1.5배에 달하는 것으로 새롭게 평가되었다. 매운 맛을 나타내는 스코빌 수치를 본다면 85만 5천으로 멕시코 고추의 55만 7천보다 월등하다. 청양고추와는 비교가 안 된다.

현재 인도 정부는 이 고추를 이용해서 최루가스를 만들려는 계획을 가지고 있다. 최근에 이런 동향이 매스컴에 알려지자 인도 국방연구소는 '고대에 적을 물리치기 위해 고추를 어떻게 사용했는지 알지 않느냐' 는 이야기로 이미 연구 개발중에 있음을 간접적으로 밝혔다. 무기로 사용할 수 있을 정도의 열(熱)나게 매운 맛이다.

툭파 혹은 갸툭이라고 부르는 음식은 국수 종류로 면과 국물 종류는 다양하다. 밀가루를 반죽해서 듬성듬성 썰어 낸 칼국수와 유사한 굵은 면을 여러 가지 국물과 함께 내놓는다. 일부에서는 가는 면발을 사용하기도 한다. 역시 고기가 들어간 툭파와 야채 툭파가 있다.

뚱바는 시킴 히말라야가 최고

●●●

라봉라 역시 시킴의 다른 지역처럼 뚱바 맛이 좋다는 소문이 자자하다.

차에서 내리자마자 바로 앞에 있는 가게에 가서 묻는다.

"여기 뚱바 파는 가게가 어디에요?"

가게 아저씨, 밖으로 나와 손가락으로 이리저리 움직이며 친절하게 알려준다. 의자를 내놓고 앉아 있던 아주머니, 예외 없이 입을 가리고 웃는다.

짐을 풀고 서둘러 뚱바 집을 찾는다. 해가 뉘엿거리니 적당한 시간이다. 시킴 히말라야에서 이 시간이면 설산은 더욱 또렷하게 보인다. 햇살이 가장 높은 자리에 머물러 있는 탓이다. 그런데 알려준 가게를 찾아 내려가다가 술 익는 익숙한 냄새를 만난다.

"디디, 따빠이코 파살 뚱바 파인차—아주머니, 당신 가게에 뚱바 있나요?"

뚱바 있냐고 묻자 얼굴이 확 펴진다.

"똥바 파인차—똥바 있어요!"

역시 웃음이 정리된 다음에서야 아주머니는 있다고 이야기하는데 발음이 뚱·바·가 아니라 똥·바·다. 자세히 듣기 위해 다시 '뚱' 바 있냐? 물으니 '똥' 바 있다는 대답이 되돌아온다. 그래도 술에 관해서는 다른 말과는 달리 모국어처럼 이야기했다고 생각했는데 조금 다르기에 귀에 콱 박힌다.

"천천히 이야기해 봐요."

"또·옴·바"

차라리 똠바 같은데 들리는 소리는 똥바다.

문득 '옴' 이라는 발음이 가슴에 걸린다. 히말라야 종교권, 즉 힌두교와 불교에서 '옴' 만큼 중요한 말이 또 어디 있을까. 하여튼 똥바는 보통 술이 아니라는 결론을 내린다.

사실 붓다의 발음도 인도에서는 각기 다르다. 붓다 · 붇다 · 부다 · 부드다 · 브읏다 등 미묘한 차이가 있다. 그러나 모두 하나를 이르는 말이며 똥바 역시 그렇다. 하지만 현지어로 발음하는 일이 나쁘지 않아 이제는 뚱바를 버리고 똥바를 택하며 옴을 마음에 새긴다.

히말라야, 특히 해가 일찍 뜨는 동쪽 히말라야를 여행한 사람에게 똥바는 그리운 그 무엇으로 자리잡는다. 기장과 비슷한, 현지어로 꼬도라는 곡식을 발효시켜 더운물을 가득 부어 빨대로 빨아먹는 술을 한국에 사는 사람들이라면 평소에 상상이나 했던가.

꼬도만으로 만드는 것이 아니다. 산이 험해 꼬도를 많이 경작하지 못하는 곳에서는 보리, 옥수수 심지어는 콩을 적당히 섞어 만든다. 나름대로 독특한 맛은 있지만 아무리 그렇다 해도 순수한 꼬도만 못하다.

시킴 히말라야의 명물 만드는 방법은 이렇다.

1. 꼬도를 잘 씻는다. 잘 씻지 않은 꼬도로 만든 똥바는 나중에 빨대로 빨면 모래와 흙이 씹히는 경우가 왕왕 있기에 수확, 운반과정에 필요 없는 불순물들을 깨끗하게 걸러낸다.

2. 꼬도를 삶을 그릇을 말끔하게 헹구어 낸다. 소금기가 있으면 안 되고, 이 지역 사람들이 음식이나 차에 흔하게 첨가하는 신맛 도는 레몬 성분도 없애야 한다. 후에 발효하는 과정에서 이 두 가지, 염분과 산성 때문에 망치게 된다.

3. 씻은 그릇에 역시 잘 씻은 꼬도를 넣고 물을 넉넉하게 붓는다.

4. 끓인다. 이때 사람 손이 닿지 않도록 한다. 금속 역시 안 된다. 가끔 나무주걱으로 휘저어 주며 적당히 끓여내고 익으면 바가지로 물을 조금씩 줄여 준다.

5. 어두운 곳, 즉 광 같은 곳에 비닐을 넓게 펼쳐 놓고 말려 쪄낸 꼬도가 식기를 기다린다.

6. 온기가 약간 남았다 싶을 때 누룩 가루를 위에 골고루 뿌린다. 빨간 고추 하나와 숯 덩어리 하나를 옆에 얹는다. 똥바를 만드는 동안 부정 타지 말라는 의미다.

7. 이 모두를 커다란 주머니에 담는다. 담고 나서 그 위에 다시 누룩가루를 뿌리고, 향을 태우고 남은 재, 룽따 그림 종이를 태운 재를 함께 위에 넣는다. 이 모든 것을 허락한 붓다에게 드리는 예법이다.

8. 입구를 꽁꽁 묶어 완전 밀봉하고, 담요를 여러 장 덮어 빛이 스며들어가지 않도록 배려한다.

9. 3일 후에 꺼내어 통에 옮겨 담는다. 다시 뚜껑을 잘 닫고 보통 한 달

시킴 히말라야에서 꼬도를 이용해서 술 내리는 모습을 자주 본다. 히말라야 햇살로 빚어낸 곡식으로 빚어낸 술은 히말라야 자체를 나타내는 준 감로수가 된다.

정도 삭힌 후에 꺼낸다.

"이 술 어떻게 만들어요?"

물어보고 꼼꼼하게 받아쓰는 일은 왜일까?

맛이 뛰어나기 때문이다. 집에 돌아가 비슷하게나마 만들어 놓고 빨대로 빨며 겨울밤을 그윽하게 보내기 위해서다.

사람들이 네팔을 자주 여행하면서 똥바를 맛보고 네팔 술이라고 주장한다. 현재 똥바는 먼지구덩이 카트만두를 비롯해서 랑탕 히말라야의 입구 마을 둔체 등등, 다른 지역으로 넓게 퍼졌다. 정확히 이야기하자면 이 술의 고향은 캉첸중가 일대로 과거 시킴 왕국의 영토 안이다. 따라서 똥바의 정확한 고향을 이야기하라면 시킴 히말라야가 정답이 된다.

같은 캉첸중가 자락이라도 서쪽 네팔 쪽과 동쪽 시킴 히말라야에서 똥바를 만드는 방법은 다르다.

네팔에서 똥바로 유명한 타플레중 쪽은 물의 양을 넉넉하게 넣고 자작하게 끓인다. 펄펄 끓기 시작하면 바가지로 물을 퍼내 줄여 가는데 비해, 시킴은 직접 끓이지 않고 똥바 제작하는 찜통을 통해 중탕으로 쪄낸다. 시간이 많이 걸리고 정성 역시 그만큼 많이 들어가지만 당연히 향이 깊고 더욱 진한 참맛을 느낄 수밖에 없다. 더구나 이 지역에서 만들어지는 건강한 꼬도와 함께 지형과 기후를 반영하는 술의 핵심인 누룩이 다르기에 카트만두, 둔체, 루클라, 남체의 똥바와 비교한다는 자체가 모순이다.

한편 네팔의 똥바 통은 대부분 나무를 깎아 만든다. 뚜껑을 씌우기도 하고 통에 금속을 둥글게 말아 장식하기도 한다. 최근에 랑탕 히말라야, 꿈부 히말라야에서는 플라스틱 그릇이나 심지어는 스텐 그릇까지 등장했다. 반면에 시킴에서는 오로지 캉첸중가에서 자생한 대나무를 잘라낸 대나무 통만을 고집한다. 통에는 일체의 장식이 없고 빨대 역시 대나무라 그 태도가 기본적으로 친자연적으로 솔직담백하다.

며칠 전, 네팔력으로 설날. 마을 사람들이 모두 쏟아져 나온 왁자지껄한 마을을 지나게 되었다. 대부분 깨끗한 옷을 차려입고 언덕 위의 한자리에 모여 있었다. 이들의 새해 행사는 다른 것이 아니라 남녀노소 이렇게 모여 똥바를 마시는 일이었다. 혼기에 이른 마을 처녀는 어른들의 똥바 통 안에 뜨거운 물을 부으며 상냥한 미소를 짓는 모습이 자신의 얼굴을 두루두루 알리려는 듯했다.

이들에게 똥바는 단순히 술이 아니라 하나의 문화 도구였다. 그러니 예법이 없을 수 없다.

품종이 좋은 꼬도로 발효시키고 잘 숙성시켜서 향기로운 대나무 통에 꽉꽉 눌러 담고, 위에는 부정이 타지 않게 보릿가루 혹은 보리쌀 알을 서너 개 올려놓은 후, 펄펄 끓인 물을 부은 후에 3분을 기다린다. 급한 사람들이 성급하게 빨대에 손이 가지만, 컵라면조차도 최저 3분을 요구하는 마당에 시킴 히말라야의 특상품을 맛보는 데 이 정도의 기다림은 차라리 행복이다.

신년 행사에 나타난 외국인에 그들은 환호했다. 덕분에 잘라낸 지 얼마 되지 않은 향기로운 대나무 똥바 통이 앞에 놓였다. 이런 시간 동안은 술을 좋아하는 혈통에 감사드린다. 단 한 모금으로 거의 사경을 헤매는 친구를 둔

이렇게 대나무 통에 꼬도로 만든 똥바를 넣고, 뜨거운 물을 부은 후, 대나무 빨대로 빨아 마신다.

나로서는 가는 곳마다 토속주를 무리 없이 음미할 수 있는 유전자가 고맙다.

우리 부모님은 이북출신, 함경도 아바이다. 다른 아바이처럼 개마고원이나 백두산 부근 출신이 아니라 토끼 등짝에 해당하는 해변가가 고향이시다. 내 기억에 의하면 부모님께서 하신 산 이야기의 빈도를 따져보자면 수학여행 때 가본 금강산이 으뜸이고, 조상을 모신 뒷산이 그 다음이다. 대신 어린 시절 명태, 가자미 식혜, 정어리, 풍어, 태풍, 해일, 만선 등등 바다에 관한 이야기를 귀에 못 박히도록 들으며 커왔다. 음식 역시 바다 산(産)이었으니 이 물띠 아바이, 아들이 산에 간다는 이야기를 쉽게 이해하지 못했다.

그런데 인생이란 어디 그런가. 군용 항고를 집안에 들어온 자라처럼 내팽개치고, 돈 모아 구입한 반짝이는 버너를 몇 달 동안이나 가두어 두어도, 이 아들, 책가방 안에 냄비를 넣고 일요일 도서관 간다고 집을 나서 잡목을 모아 밥 지어 먹으며 교복 입고 능선을 오르내렸다. 결국 그 종착역은 히말라야가 되어서 이렇게 깊고 높은 마을에서 술잔을 만지락거리고 있다.

그래도 부친은 술이 세다. 그것마저 없었다면 내 유전자는 지금쯤 불만에 가득 찬 불평을 들었으리라. 똥바 통을 앞에 놓고 산 너머 무엇이 있을까 궁금했던 아들, 바다 건너 무엇이 있을까 궁금했던 아버지에게 산 속의 술 권하고 싶은 생각이 든다.

더운물에 향과 알코올 성분이 우러나오면 대나무 빨대로 빨아먹는다. 휘저으면 발효 중에 꼬도 안에 생긴 몸에 좋지 않은 어떤 성분 때문에 다음날 두통이 올 수 있어 피한다. 적당히 숙성된 꼬도라면 더운물을 세 번 정도 부으면 맛이 다한다.

음식은 지형과 기후를 적절히 반영하게 된다. 이 똥바는 신체에 많은 수분을 공급해 주기에 고산증이 예방된다. 또 발효음식이라 여행 중에 만나는 설사, 변비 등 장(腸)에서 일어나는 장애를 막아주고, 똥바 안의 알코올 성분은 몸을 덥혀주기에 밤에 추위를 몰아준다. 신기한 것은 다른 술이 주는 온기보다 훈훈한 온기가 아주 오래 지속되기에 산 속 고지에서 편하게 잠들 수 있다는 점이다.

술은 약 중에서도 상약(上藥)으로 대우받아 약식주동원(藥食酒同原)이라는데 히말라야에서 똥바는 바로 이 자격을 증명한다.

시킴을 방문했을 경우 똥바를 맛보지 않는다면 가장 중요한 일을 빼놓는 것과 같다. 음주를 하지 못하는 사람들에게는 심심한 사의를 표할 수밖에 없다.

똥바는 술의 원료인 꼬도와 뜨거운 물이 기본이다. 꼬도를 키우기 위해서 시킴 히말라야 위를 운항하는 태양, 달빛, 별빛이 관여했고, 능선 위를 지나가는 바람이 한몫했다. 벵갈에서부터 유입된 빗물 역시 꼬도를 키워냈다. 대지는 풍부한 영양분을 제공했다. 시킴 히말라야에서 자라던 나무는 베어지고 장작이 되어서는 계곡에 흐르는 물을 끓여 발효된 똥바 안에 스며들어 섞였다.

그냥 똥바라고 이야기하지만 이 안에는 시킴이라는 우주가 고스란히 담겨있는 셈이다. 시킴에 앉아 시킴을 마시는 일이다.

선현께서는, 산을 오르면서 세속을 버리고 선경을 즐기듯이, 술을 마실 때는 세속을 접고〔不與世事〕 음주를 일상으로 삼듯이〔遂酌飮爲常〕 마시라고 하셨다. 산이나 술이나 두고 온 것들에 얽매이면 참맛을 잃는다고 토를 다셨다.

산을 여행하면서 저녁 무렵에 산마을에서 마시는 술은 그래서 최고로 친다. 그러다가 술이 취하면 문득 옥산이 장차 무너질 듯한〔傀俄若玉山之將崩〕 경지에 닿는다.

똥바가 무엇인지 가늠하고 앉아 시킴을 통째로 마시는 경계도 크게 다르지는 않으리라.

아스타망갈라, 8가지 성물

티베트 불교에는 상서러운 여덟 가지 상징물〔팔길상(八吉祥)〕이 있다. 티베트 불교가 세력을 내보이는 지역이라면 사원은 물론이고 주택의 커튼, 게스트 하우스의 벽을 장식한 문양 등등, 이 상징물을 어김없이 만난다. 흔히 길상팔보(吉祥八寶)로 부르며 시킴 히말라야 곳곳에서 이 문양을 쉽게 보게 된다.

히말라야를 다니면서 이 그림을 제일 먼저 의미있게 만난 장소는 좀솜이라는 마을이었다. 투숙한 마르코폴로 게스트 하우스의 벽에는 사면에 띠처럼

순서대로 일산, 금색물고기, 보병, 연꽃, 소라고동, 매듭문양, 깃발, 법륜을 상징하는 성물 그림이다.

이 문양을 그려놓았다.

"저것이 뭘 상징할까?"

조개 그림 앞에 서 있는 나에게 게스트 하우스 주인은 열심히 설명했다. 알아들을 수 없는 이야기였지만 이 그림들을 만나면 좀솜에서 부는 고원의 바람소리를 듣는다.

시킴 히말라야에서도 이 문양으로 장식한 커튼을 젖히며 사원으로 들어가고, 선술집으로 들어섰다.

차트라, 일산(日傘) · 보산(寶傘) ——

우산(雨傘)을 의미하는 영어는 umbrella로, 어원은 라틴어 그늘(umbra)을 의미한다. 파라솔(parasol) 역시 막다 혹은 태양을 의미하는 어원으로부터 출발했다. 우산 · 양산이 만들어진 초기에는 비〔雨〕, 태양과는 전혀 무관했다. 이 일산은 기원전 500년경에 인도에서 그리스로 전파되었고, 그리스는 로마로 이 일산을 옮겨 주었다.

일산은 상류층의 지위, 명예의 상징으로 쓰였다. 앗시리아의 경우 오직 왕만이 우산을 가질 수 있을 정도였다. 아시아에서는 지위의 고하를 우산의 숫자로 나타내는 경우까지 있었고, 소유한 숫자와 더불어 우산의 층에 따라 권위를 표현했으니 중국의 왕은 4층, 시암의 왕은 7~9층이나 되었다.

불교의 경우 붓다 상징물로 채택되었다. 스투파 위에는 이런 양산—우산을 얹었다. 로마 가톨릭에서는 의식에 권위를 나타내는 상징물로 옴브렐로네〔일산〕가 있다. 인도에서 건너온 유산이 로마 가톨릭 내에 자리잡고 있는 셈이다.

일산은 뜨거운 햇빛을 차단시켜 준다. 일산은 붓다의 권위와 함께 인생에 있어 악(惡), 질병, 장애를 막아주는 것을 상징한다.

수바르나 마차, 금색 물고기〔金雙魚〕

본래 불교에서 물고기는 불안면학(不眼勉學), 용맹정진을 의미한다. 밤에도 눈을 감지 않는 모습은 해탈의 열망에 대한 수행의 상징이다. 절집에 매단 풍경을 보면 그 의미가 새삼스럽다.

길상팔보에서 물고기는 바다에서 튀어 올라온 모습을 보인다. 생사윤회의 고해(苦海)에서 벗어났으니 열반, 해탈에 이르는 추구를 상징하게 된다. 물고기 빛이 황금빛인 이유는 반야의 지혜를 의미하며, 두 마리는 생명창조의 기본인 음과 양이다.

뿌르나 칼라사, 보병(寶甁)

보병에는 온갖 보물들이 가득하다. 불가에서의 최고의 보물은 금은재화가 아니라 깨달음이다. 이 보물이 가득 든 항아리는 마치 보석처럼, 혹은 보석보다 소중한 깨달음을 담아 부족함이 없음을 상징한다.

빠드마, 연꽃〔蓮花〕

더러움에서 줄기를 올리고 꽃을 피워냈지만 결코 더러움에 물들지 않는 연꽃. 번뇌와 죄악으로 가득한 사바 세계에서 피어나는 연꽃.

산카, 소라고동〔白海螺〕

본래 힌두교에서는 전쟁시에 전진의 신호로 사용했다. 불교의식에 사용하는 의식법구(儀式法具)에는 범종, 북, 목어, 운판, 경, 발, 목탁, 금강저, 금강령, 석장, 쇠북〔金鼓 · 飯子〕, 염주, 불자, 법라(法螺)가 있다. 이 법라는 하얀 소라고동으로 만든다. 티베트에서는 법회중에 이 법라를 부는데 다르마를 널리 퍼트린다는 의미를 갖는다. 어리석은 존재들이 이 소리를 듣고 깨달음으로 향하는 여정을 시작하라는 의미다. 또한 소라고동은 오른쪽 한쪽으로만 자란다. 법의 공부 역시 외곬으로 후퇴 없이 그러하라는 주문이다.

스리바스타, 매듭문양〔吉祥結〕———

문양을 따라가다 보면 시작과 끝이 없이 계속 꼬리를 물고 진행된다. 한 존재의 삶이 끝없는 인연고리를 통해 무궁하게 연결되어 있음을 보여 주며, 결국 깨달음에 도달하면 온전히 하나였음을 알게 됨을 의미한다.

드바자, 승리의 깃발〔勝利幢〕———

깃발은 붓다와 보디삿뜨바의 무량한 공덕의 승리를 나타낸다. 무지에 대해서 불법을 설파하고 결국 그 지혜를 통해 승리를 거두었음을 선포하는 상징이다. 당번(幢幡)은 긴 장대에 깃발을 매단 것을 말하며, 때로는 여러 가지 수를 놓고 옥과 같은 보석으로 치장하기도 한다.

다르마 차크라, 수레바퀴〔法輪〕———

항상 굴러가고 있는 다르마의 수레바퀴를 말하며, 중심은 계율을, 8개의 살은 팔정도를 의미한다. 진리의 수레바퀴는 붓다의 깨달음이 모든 중생에게 전해져 자유와 평화를 누림을 의미한다.

「팔길상경(八吉祥經)」을 보면 사위국의 기수급고독원에서 붓다가 사리불에게 설한다.

무방애유희(無放碍遊戱), 무장애업주길(無障碍業柱吉), 금취(金娶), 미성(美聲) 등등의 세계에 여덟 붓다에 대해 설명한다. 그리고 나서 그 명호를 받들면 나타나는 장점을 이야기한다.

상서로운 여덟 가지 상징물은 여덟 붓다에 다름 아니다. 모두 붓다를 상징하기에 이것을 집에 모시면 좋지 않은 것들로부터 수호를 받는다고 여긴다. 일종의 붓다의 가피가 된다.

시킴 지역에는 이 팔길상을 주제로 만든 다양한 상품들이 있다. 기념품으로 하나쯤 소장해도 좋아 보인다.

고장강이 회계에서 돌아오자, 사람들은 그곳 산천의 아름다움에 대해 물었다.
그가 말하기를 "온갖 바위들이 빼어남을 다투고 골짜기마다 물이 다투어 흐르는데,
초목이 그 위를 덮고 있는 것이 마치 구름이 피어오르고
노을이 자욱한 듯했다"고 설명했다.
—『세설신어(世說新語)』〈언어(言語)〉에서

남선우의 『역동의 히말라야』를 참고하면 협의의 히말라야는 통상

1. 아삼 히말라야

2. 부탄—시킴 히말라야

3. 네팔 히말라야

4. 가르왈 히말라야

5. 펀잡 히말라야로 분류된다.

이 중에서 가장 동쪽에 자리잡은 히말라야는 아삼이고 그 옆이 부탄—시킴 히말라야가 된다. 그러나 부탄과 시킴이 다른 나라임을 감안한다면 부탄 히말라야와 시킴 히말라야로 다시 작게 쪼갤 수도 있겠다.

동쪽에서 시작된 히말라야는 아삼에 이어 부탄에서 몸을 일으키지만 8천 미터 급의 고봉을 하나도 품어내지 못한다. 시킴 히말라야에 이르러야 8천586미터의 캉첸중가가 크게 용솟음치고, 히말라야 대간을 좌측, 즉 히말라야의 맹주인 서쪽 네팔 히말라야에 넘겨주게 된다. 따라서 동쪽 히말라야에서 아침 햇살이 가장 먼저 도달하는 곳은 시킴 히말라야가 된다.

히말라야 전체에서 시킴 히말라야의 크기를 비교한다면 그야말로 눈물 한 방울이다. 그러나 이 작디작은 시킴 히말라야를 사람들은 '히말라야의 진주' 라고 부르는 데 주저하지 않는다.

낮은 지역은 224미터, 가장 높은 곳은 8천586미터의 캉첸중가가 충청북도 크기 땅덩어리 안에 모조리 자리잡고 있다고 상상해 보라.

밑으로는 과일과 곡물이 풍부하게 수확되는 아열대가 떠받치고, 그 위로는 꽃들과 나무들이 뽐내는 온대지역, 이어 야크들이 방목되는 야생화 천지의 고산지역, 그리고 마지막으로 백설로 장식한 신성을 품은 다섯 첨봉들까지 서로 다정하게 촘촘히 좁혀 앉아 있는 곳이 시킴 히말라야다.

따라서 이곳 식물군과 동물군의 생태계는 지구상 다른 지역에서는 찾아보기 어렵다. 같은 히말라야라도 서쪽 끝의 K2를 중심으로 펼쳐지는 사막에 다름 아닌 황량함을 대비한다면, 이곳은 온갖 동식물로 생명력이 넘치고, 그들로 인해 활기차고 더불어 녹색과 백색이 어우러져 아름다운 풍경을 도출하는 축복의 땅이다. '히말라야의 진주' 라는 별칭이 다른 지역을 견주어 보아도 조금도 아깝지 않아, 개인적으로 더 좋은 단어가 없다는 것이 아쉬울 정도다.

산에서 산을 제대로 감상하는 법은 '잊는 것'이다. 하늘을 비행하는 비행사는 비행의 위험함을 잊어야만 아름다움을 감상할 능력이 생긴다. 바다를 항해할 경우 바다의 위험을 벗어나야만 미적 감각이 눈에 들어온다. 경애희노애락(敬愛喜怒哀樂)은 물론 생사(生死) 그리고 모시는 신(神)까지 통째로 잊는 살불살조(殺佛殺祖)까지 나가야 산이 산이 되고 물은 물이 된다. 잊고 나가는 길

시킴 히말라야는 나 홀로 산객을 거절한다. 개인적으로 시킴의 대도시까지 들어갈 수는 있지만 그 지역을 벗어나기 위해서는 도반을 요구한다. 마치 〈Sikkim〉 Buddhist State—불국토라 부르는 이 지역이 단일민족이 아니라 렙차족, 부티아족, 네팔인들이 승가를 이루어 함께 세월이라는 길을 걸어가고 있음을 반영하는 듯하다.

원주민은 렙차족으로 시킴의 진정한 주인이다. 우리네 이웃들과 얼굴 생김새가 비슷해서 시골장터 어디서나 흔히 만날 수 있는 친절하고 순박한 그리고 수줍은 표정이 눈에 익숙하다.

렙차족을 생각하면 산을 좋아하는 사람으로서는 형제처럼 따스함을 느낀다. 사실 고백하건대 나는 중학교 빡빡머리 시절 어느 날부터인가 산에 미치기 시작했다. 일요일 도서관 간다고 부모님에게 말씀드리고, 책가방 안에 코펠을 넣고 교복을 입은 채 산으로 튀기 시작하더니 이제는 자다가 산이 부르는 소리를 들을 수 있는 자리까지 왔다.

어쩌다가 몇 푼 안 되는 비밀쌈짓돈이라도 생기면 설산 지도를 꺼내 놓고 이곳저곳 들여다보다가, '아휴, 이 푼돈으로 가기는 어딜 가!' 한숨 짓는 날이 많다. 일 년에 한 번이라도 히말라야를 걸어보지 못하면 신열로 고생해야 하는 설산병(雪山病) 중환자다.

살아가기 넉넉한 평야, 농사짓기 좋은 비옥한 대지를 젖혀두고, 산 속으로 기를 쓰고 올라간 그들에게 동질감뿐 아니라 형제애를 느끼는 것은 당연하다. 렙차족의 지도자가 자신의 부족을 이끌고 울창한 숲을 헤치고 급한 경사를 올라서며 웅대한 백색 캉첸중가를 향해 끌리듯이 나가는 장면을 생각하면 가슴이 다 뭉클하며 눈물이 나오려 한다.

내가 전생에 한때 렙차족으로 살지 않았을까, 생각하기까지 이르렀으니, 렙차족들은 내가 시킴 히말라야에서 자신들을 얼마나 그윽하고 다정한 눈길로 바라보았는지 모를 것이다.

정말이지 그들의 어깨에 손을 걸치며 이렇게 이야기하고 싶었다.

"형제여, 정말 반갑소. 우리는 모르기는 해도 전생에 한마을에서 살았을 거요."

오래 전부터 시킴에 대해 무엇인가 끌려왔던 이유 중에 하나가 이것이라고 결론을 내릴 정도였다.

이쯤에서 다시 투자 화상을 생각해 보자.

조주는 투자를 기다리는데, 늦은 시간 투자가 기름 한 병을 들고 돌아오니 조주 선사가 말했다.

"투자의 소문을 들은 지 오래건만, 와서 보니 기름 장수 늙은이뿐이로군요."

투자가 답한다.

"그대는 기름 장수 늙은이만 보았지, 투자는 알아보지 못하는군요."

"어떤 것이 투자입니까?"

"기름이오. 기름."

무엇이 투자 스님일까.

시킴 히말라야를 투자 스님으로 친다면 일단 투자 스님을 뵙고 온 사람이 다른 사람들에게 알려야 한다면 어떻게 설명해야 할까.

투자 스님이 주석한 투자산은 어디에 있는데, 어떻게 가야 하고, 여러 산과는 달리 어찌 어찌 생기고, 봉우리 모습은 어떠하고 얼마나 높으며, 한 발 더 나가서는 그 산에 어떤 꽃이 피고 무엇이 사는지를 설명한다. 스님은 어떻게 생기고 키는 얼마며, 행색은, 걸음걸이는…….

충청북도 크기만한 조그마한 땅덩어리, 이곳 서북쪽에 세계 3위봉의 캉첸중가가 웅대하게 자리하고, 정상에서 시작하는 백색 능선이 파도처럼 출렁이며, 빙하에서 흘러 내려오는 물이 대지를 적시는 왕국. 계곡에는 네팔인이 75%, 렙차족 14%, 부티아족 10% 정도가 옹기종기 모여 사는 땅.

이 정도면 충분할까?

시킴을 접근하면서 가장 중요한 것은 바로 시킴의 구성 요소가 무엇인가? 하는 점이 된다. 이 안에는 시킴의 역사, 민족, 문화, 토양, 동식물, 기후, 음식 등등이 각기 덩어리〔온(蘊)〕로 자연 안에서 유기적으로 상호관계를 유지하며 통일되어 있다.

물론 가장 중요한 것은 지리적인 면이다. 자연이 있어 끊임없이 불어오는 바람과 창망한 구름 사이에서 온갖 나무들과 꽃이 피어나고, 그곳에 동물들이 둥지를 튼다. 또한 사람이 모여 살아 생활과 더불어 문화를 일으키게 된다. 지리는 사람으로 치면 모습을 갖추는 외모가 되니 투자 스님이 키가 작고, 얼굴이 검고, 허리가 구부정하고 등등, 이런 식으로 표현된다.

투자 스님이 어찌 생겼는지 알아야 산에 사는 여러 스님 중에 임제 스님인지, 황벽 스님인지, 투자 스님과 구별한다. 일단 정확히 골라내야 시작이 가능하다.

그러나 비단 이것뿐 아니다. 시킴을 시킴으로 만드는 요소는 너무나 많다. 조주 선사가 투자를 바라본 기름 장수 늙은이뿐이 아니듯이 시킴을 만드는 많은 요소들이 있다.

여행을 하는 행위는 여행을 하라는 부름에 응하는 것이다. 길에서 무엇인가 찾는 것은 찾아보라는 부름에 응하는 것이고, 이렇게 사는 것은 그렇게 살라는 부름에 답하는 일이다.

여행이나 삶이나 길에서 해야 하는 일은 부름에 따른 길을 이해하는 일이다. 히말라야를 걷는 행위들이 그랬다. 내가 가고 싶다고 해서 히말라야를 갈 수 있는 해는 드물었다. 채워도 결코 채워지지 않는 밑빠진 호주머니, 장남으로 살아가며 지켜야 하는 제삿날들, 갑자기 닫아버리는 국경 등등, 부름이 없으면 일방적으로 들어갈 방법이 없었다. 한편 산에 입장해서 눈사태, 산사태가 없어야 했고, 구름과 안개를 걷어가야 설산을 가슴 서늘하게 볼 수 있었다. 시킴 히말라야라고 예외는 아니었다.

삶이 능동인 듯하지만 부름을 따르는 안명순명(安命順命) 수동의 역할이 컸다. 왜 할 수 있는지, 왜 이래야 하는지, 그것을 이해해야 했다.

여행으로 도착한 지역을 바라보는 방법도 비슷했다.

“왜 이렇게 살아야 하는지?”

“이 지역의 문화는 왜 이렇지?”

어느 지역에서 발견되는 가옥의 형태와 구조는 기후환경의 영향을 가장 많이 받는다. 가옥뿐 아니라 종교, 학문, 문화와 관습 등등이 대부분 자연으로부터 원형이 개화한다. 시킴 히말라야에서 이런 역동적인 교향악을 만든 존재는 칸첸중가다.

그들의 수동성 · 능동성을 바라보는 자리에서 외양이 저렇게 이루어지고 정신은 이렇게 형성된 기전이 보이며 이해가 싹트게 되었다. 겉으론 단지 기름 장수 늙은이로 바라보이지만 그 늙은이는 누구인지, 왜 기름을 사러 장에 가야만 하는지, 무엇을 하다가 늙은이가 되었는지, 왜 저런 말을 하는지, 수동 · 능동의 모습을 찾아보는 가운데 산은 산이고 물은 드디어 물이 되었다.

참 신기한 일이었다.

"나 · 는 · 누구인가?"

"나는 어디서 와서 어디로 흘러가는가?"

무엇을 좇아왔다가 가는지 모르며 살다가, 문득 생긴 이 궁금증으로 집 밖으로 나와 십 년 이상을 다니면서 '나'에 대해 질문을 던져 보았다. 그런데 히말라야에 이르러서는 질문이 가끔 슬며시 바뀌었다.

"남 · 들 · 은 · 누구인가?"

"너는 누구고 어디서 와서 어디로 가는가?"

"시킴 히말라야는 무엇인가?"

신기한 것은 질문의 방향이 '나'에서 '남'으로 바뀐 점이 아니라, '남'에 대해 접근할수록 '나'에 대해 묻고 얻어 낸 답과 같아진다는 점이었다.

그 오랜 세월동안 내 자신에게 묻고, 들었던 질문과 답변이 시킴 히말라야에 대한 문답과 다르지 않았다. 더구나 히말라야는 생명구조를 가지고 있었다.

결국 시킴 히말라야에서 시선 앞으로 주어진 요소[蘊]들을 보고, 질문하고, 대답을 듣고, 이해하는 가운데 불교 왕국, 똥바 천국, 난초 왕국, 설산 왕국, 나비와 새들의 고향 등등, 다양한 아비다르마적인 성분들이 드러났다. 물론 다음은 이렇게 나타난 각양각색의 경색(景色)들을 합쳐 화엄으로 보는 일이었다.

투자 스님을 단순하게 기름 장수로 보는 일은 그르지만 모든 것을 알고 나면 '기름이오, 기름' 즉 기름 한 가지만으로 전체를 파악할 수 있다. 작은 꽃잎 하나에 불성이 고스란히 드러나는 것처럼, '뉘집 문을 두드린다고 주인이 없을소냐(敲門處處有人應).' 똥바 한 방울에 시킴 히말라야가 모조리 앉아 있다.

조주 스님 그 시절 겸손한 맘 적어서(趙州當年小謙光)
선상에 앉은 채 왕을 맞았네(不下禪床見趙王).
금산이 크다지만 그것뿐이랴(爭似金山無量相)
온 누리가 그대로 선상 아닌가(大天都是一禪床).
—요원 선사

시킴은 티베트 불교 문화권이기에 많은 부분이 티베트와 공통분모를 가진다. 이야기를 끌고 가다 보니 티베트 이야기와 겹쳐지고, 한 발 더 나아가 우리의 불교이야기, 인도의 근원까지 더듬어 중언부언이 되어 부족한 점이 많은 책이 되어 버렸다. 반쯤만 토로하고(半呑半吐), 말은 하고 싶은데 개인적인 체험이라 하지 않은(欲語還休) 것들도 있다. 더러는 서리 맞은 단풍잎을 돈이라 이야기한 꼴(落霜黃葉作金錢)이 아닌가 걱정되는 부분도 있다.

투자 스님을 제대로 설명했는지 알 수 없다. 그분의 법문과 법력을 전하기에 능력이 너무 부족해서 아무래도 미흡한 기분을 떨쳐낼 수 없다.

그러나 시킴 히말라야에 관한 책을 국내에서 처음 만들었다는 정도에 의의를 두려고 한다. 글을 닫으면서 미흡한 기분과 글이 부족하기에 죄송한 마음을 가지면서, 세월 뒤편에 오시는 안목 높은 분들의 선선한 글들을 기다린다. 개인적으로 시킴 여행은 아직 끝내지 못했기에 개정판(改訂版)은 이어지리라. 덕분에 시킴 히말라야를 또다시 걸을 예정으로 행복한 기분이 함께 어울린다.

따시 속, 시킴(시킴이여, 번영이 있을지어다).

참고서적

『구루의 땅』 라마 아나가리카 고빈다, 민족사, 1992

『그리스도를 본받아』 토마스 아 켐피스, 기독교 문서 선교회, 1995

『근원에 머물기』 앤 마렌, 도로시 메디슨, 한문화, 2000

『내가 만난 내 영혼의 성자들』 바가반 다스, 물병자리, 2000

『내가 애송하는 禪偈』 석정, 불일출판사, 1985

『노자』 왕필, 예문서원, 1997

『논어』 류성완, 인아트컴, 2002

『도교』 앙리 마스페로, 까치, 1999

『동양의 광기』 오다 스스무, 다빈치, 2002

『마음은 없다』 데이비드 가드먼, 탐구사, 2000

『말라르메』 최석, 건국대학교 출판부, 1997

『무의식의 분석』 칼 융, 선영사, 1992

『문수보살의 연구』 정병조, 한국불교연구원, 1989

『미라래빠』 에반스 웬츠, 고려원미디어, 1992

『미라보 다리 아래 세느 강이 흐르고』 아폴리네르, 태학당, 1993

『밀교의 세계』 정태혁, 고려원, 1996

『바다의 선물』 A.M.린드버그, 범우사, 1999

『벽암록』 현암사, 2001

『붓다와 다르마』 B.R.암베드카르, 민족사, 1991

『사분율』 동국역경원, 2002

『사진과 함께 읽는 삼국유사』 일연, 까치글방, 1995

『산꼭대기의 과학자들』 제임스 트레필, 지호, 2001

『산은 내게 말한다』 라인홀트 메스너, 예담, 2002

『살아있는 에너지』 콜럼 코츠, 양문, 2001

『선가귀감(禪家龜鑑)』 서산휴정, 바나리, 2000

『생명의 느낌』 이블린 폭스 켈러, 양문, 2001

『생명의 다양성』 에드워드 윌슨, 까치, 1995

『생육신(生育神)과 성무술(性巫術)』 송조인, 동문선, 1998

『세설신어』 유의경, 살림, 1996

『셸링의 예술철학』 김혜숙, 자유출판사, 1992

『소금과 문명』 새뮤얼 애드셰드, 지호, 2001

『순례 이야기』 필 쿠지노, 문학동네, 2003

『신동엽 전집』 신동엽, 창작과 비평사, 1980

『신묘장구대다라니』 임근동, 솔바람, 2002

『신화』 K.K.Ruthvan, 서울대출판사, 1987

『실크로드 이야기』 수잔 휫필드, 이산, 2001

『아버지의 산』 릭 리지웨이, 화산문화, 2002

『아이거 북벽』 정광식, 경당, 2003

『아인슈타인은 틀렸다』 올프 알렉산더르손, 양문, 1998

『양초 한 자루에 담긴 화학 이야기』 마이클 패러더이, 서해문집, 1998

『역경잡설』 남회근, 문예출판사, 1998

『역동의 히말라야』 남선우, 사람과 산, 1998

『연꽃속의 보석이여』 스티븐 배철러, 불일출판사, 1989

『영혼의 도시 라싸로 가는 길』 알랙산드라 다비드 넬, 다빈치, 2002

『예술이란 무엇인가』 수잔 K. 랭커, 문예출판사, 1999

『우주로부터의 귀환』 다치바나 다카시, 청어람미디어, 2002

『우파니샤드』 한길사, 1996

『위대한 전환』 제리 맨더, 에드워드 골드스미스, 동아일보사, 2001

『유마경』 통윤, 시공사, 1997

『인간과 기술』 슈펭글러, 서광사, 1999

『인도와 네팔의 불교성지』 정각, 불광출판부, 불기 2541

『임천고치』 곽희, 문자향, 2003

『자연과 자유 사이』 강영안, 문예출판사, 2001

『자연, 예술, 과학의 수학적 원형』 마이클 슈나이더, 경문사, 2002

『자연철학의 이념』 F.W.J.셸링, 서광사, 1999

『장자』 현암사, 1999

『조탑공덕경』 불교시대사, 1991

『중국철학과 예술정신』 조민환, 예문서원, 1998

『철학원리로서의 철학』 F.W.J.셸링, 서광사, 1999

『칸트의 도덕철학』 H.J. 페이튼, 서광사, 1990

『콘라드』 제프리 마이어스, 책세상, 1999

『티베트불교 체험기』 석설오, 효림, 2002

『티베트의 신비와 명상』 김규현, 도피안사, 2000

『티벳, 삶, 신화 그리고 예술』 마이클 윌리스, 들녘, 2002

『티벳의 성자를 찾아서』 멕도널드 베인, 정신세계사, 1987

『티벳 해탈의 서』 파드마삼바바, 정신세계사, 2000

『파라다이스의 사냥꾼』 피터 래비, 홍익출판사, 2002

『풍토와 인간』 와쓰지 데쓰로우, 장승, 1993

『해탈의 빛 마하무드라』 허버트 권터, 고려원, 1992

『형이상학』 루이 밀레, 한길크세주, 1999

『화하미학』 이택후, 동문선, 1999

『환상과 미메시스』 캐스린 흄, 푸른나무, 2000

『히말라야가 처음 허락한 사람 텐징 노르가이』 에드 더글라스, 시공사, 2003

〈종이거울 자주보기〉 운동을 시작하며

유 · 리 · 거 · 울 · 은 · 내 · 몸 · 을 · 비 · 춰 · 주 · 고
종 · 이 · 거 · 울 · 은 · 내 · 마 · 음 · 을 · 비 · 춰 · 준 · 다

〈종이거울 자주보기〉는 우리 국민 모두가 한 달에 책 한 권 이상 읽기를 목표로 정한 새로운 범국민 독서운동입니다.

국민 각자의 책읽기를 통해 우리 나라가 정신적으로도 선진국이 되고 모범 국가가 되어 인류 사회의 평화와 발전에 기여하기를 바라는 마음으로 이 운동을 펼쳐 가고자 합니다.

인간의 성숙 없이는 그 어떠한 인류행복이나 평화도 기대할 수 없고 이루어지지도 않는다는 엄연한 사실을 깨닫고, 오직 개개인의 자각을 통한 성숙만이 인류의 희망이고 행복을 이루는 길이라는 것을 믿기 때문입니다.

이에, 우선 우리 전 국민의 책읽기로 국민 각자의 자각과 성숙을 이루고자 〈종이거울 자주보기〉 운동을 시작합니다.

이 글을 대하는 분들께서는 저희들의 이 뜻이 안으로는 자신을 위하고 크게는 나라와 인류를 위하는 일임을 생각하시어, 흔쾌히 동참 동행해 주시기를 간절히 바랍니다.

감사합니다.

2003년 5월 1일

공동대표 : 조홍식 이시우 황명숙

지도위원

관조성국 나가성타 송암지원 미산현광 일진 각묵 방상복(신부) 양운기(신부)
서명원(신부) 조홍식(성균관대명예교수) 이시우(前서울대교수) 황명숙(한양대명예교수)
강대철(조각가) 권경술(법사) 김광삼(현대불교신문발행인) 김광식(부천대교수)
김규칠(어론인) 김기철(도예가) 김상락(단국대교수) 김석환(하나전기대표)
김성배(미, 연방정부공무원) 김세용(도예가) 김숙자(주부) 김영진(변호사)
김영태(동국대명예교수) 김웅화(한양대교수) 김재영(동방대교수) 김호석(화가)
김호성(동국대교수) 남준(동국대도서관) 민희식(한양대명예교수) 박광서(서강대교수)
박범훈(작곡가) 박성근(낙농업) 박성배(미, 뉴욕주립대교수) 박세일(서울대교수)
박영재(서강대교수) 박재동(애니메이션감독) 서혜경(전주대교수) 성재모(강원대교수)
소광섭(서울대교수) 손진책(연출가) 송영식(변호사) 신규탁(연세대교수) 신송심(주부)
신희섭(KIST학습기억현상연구단장) 안상수(홍익대교수) 안숙선(판소리명창)
안장헌(사진작가) 우희종(서울대교수) 유재근(연심회주) 윤용숙(여성문제연구회장)
이각범(한국정보통신대교수) 이규경(화가) 이규택(경서원대표) 이근후(의사)
이상우(굿데이신문회장) 이윤호(경기대교수) 이인자(경기대교수) 이일훈(건축가)
이재운(소설가) 이중표(전남대교수) 이철교(동국대출판부) 이택주(한택식물원장)
이한성(안성장학새마을금고이사장) 이호신(화가) 임현담(히말라야순례자)
전재근(서울대교수) 정계섭(덕성여대교수) 정병례(전각가) 정웅표(서예가)
한승조(고려대명예교수) 허영욱(죽산농협조합장) 홍사성(불교신문주필)
홍신자(무용가) 황보상(의사) 황우석(서울대교수)

가나다순 -

〈종이거울자주보기〉 운동 본부
전화 031-676-8700 / 전송 031-676-8704
E-mail cigw0923@hanmail.net

〈종이거울 자주보기〉 운동 회원이 되려면

1. 먼저 〈종이거울 자주보기〉 운동 가입신청서를 제출합니다.
2. 매월 회비 10,000원을 냅니다.(1년 또는 몇 달 분을 한꺼번에 내셔도 됩니다.)
   국민은행 245-01-0039-101(예금주;김인현)
3. 때때로 특별회비를 냅니다. 자신이나 집안의 경사 및 기념일을 맞아 희사금을 내시면, 그 돈으로 책을 구하기 어려운 특별한 분들에게 책을 증정하여 〈종이거울 자주보기〉 운동을 폭넓게 펼쳐 갑니다.

〈종이거울 자주보기〉 운동 회원이 되면

1. 회원은 매월 책 한 권 이상 읽습니다.
2. 매월 책값(회비)에 관계없이 좋은 책, 한 권씩을 댁으로 보냅니다.
   (회원은 그 달에 읽을 책을 집에서 받게 됩니다.)
3. 저자의 출판기념 강연회와 사인회에 초대합니다.
4. 지인이나 친지, 또는 특정한 곳에 농종의 책을 10권 이상 구입하여 보낼 경우 특전을 받습니다.(평소 선물할 일이 있으면 가급적 책으로 하고, 이웃이나 친지들에게도 책 선물을 적극 권합니다.)
5. '도서출판 종이거울' 및 유관기관이 주최 · 주관하는 문화행사에 초대합니다.
6. 책을 구하기 어려운 곳에 자주, 기쁜 마음으로 책을 증정합니다.
7. 〈종이거울 자주보기〉 운동의 홍보위원을 자담합니다.
8. 집의 벽 한 면은 책으로 장엄합니다.